国家出版基金项目
NATIONAL PUBLICATION FOUNDATION

电子信息前沿专著系列

“十四五”时期国家重点出版物出版专项规划项目

空间信息网络任务规划与资源调度

周笛 盛敏 李建东 刘润滋 等 著

Mission Planning and Resource Scheduling in Space Information Networks

工信学术出版基金
Industry and Information Technology Academic Publishing Fund

人民邮电出版社
北京

图书在版编目（CIP）数据

空间信息网络任务规划与资源调度 / 周笛等著. --
北京 : 人民邮电出版社, 2023.7
（电子信息前沿专著系列）
ISBN 978-7-115-58482-3

Ⅰ. ①空… Ⅱ. ①周… Ⅲ. ①卫星通信系统－研究
Ⅳ. ①TN927

中国版本图书馆CIP数据核字(2022)第048675号

内 容 提 要

空天科技是“十四五”期间瞄准的 8 个前沿科技领域之一，面向动态突发任务需求的多维资源联合调度是提升空间信息网络服务效能的关键技术。本书从网络的多种任务特征入手，研究任务需求，通过任务重构，形成更适合网络传输的高效任务元；进一步设计多维资源的时空关系联合表征体系，桥接、聚合大时空多维资源，以实现非稀缺资源对稀缺资源的替代，从而避免资源的浪费，有效缓解“瓶颈资源”对网络服务能力的制约，提升整个网络的服务能力。针对常规任务需求，本书找到了观测资源分布与传输资源分布不匹配对任务规划性能影响的耦合机理，弄清了信道非均匀时空特性对任务规划以及链路调度的制约关系，实现了差异性任务需求与网络多维资源的有效匹配。针对动态突发任务需求，本书提出了基于动态突发任务到达模糊信息的两阶段任务规划方案以及基于动态规划的多维资源联合调度技术，实现了动态突发任务需求与资源的高效匹配。最后，本书研究了人工智能在空间信息网络任务规划与资源调度中的应用，通过探索任务分布时空特征以及动态资源状态分布未知的资源结构对资源调度策略的影响，实现了对多样任务需求以及动态资源状态的快速任务响应。

本书适合通信、网络和航空航天领域的研究人员，高等院校相关专业的研究生，以及相关企业中的研发及工程技术人员阅读参考。

◆ 著　　　周　笛　盛　敏　李建东　刘润滋　等
责任编辑　杨　凌
责任印制　焦志炜

◆ 人民邮电出版社出版发行　　北京市丰台区成寿寺路 11 号
邮编　100164　　电子邮件　315@ptpress.com.cn
网址　https://www.ptpress.com.cn
北京九天鸿程印刷有限责任公司印刷

◆ 开本：700×1000　1/16
印张：14.25　　　　　　2023 年 7 月第 1 版
字数：278 千字　　　　　2023 年 7 月北京第 1 次印刷

定价：149.00 元

读者服务热线：(010)81055256　印装质量热线：(010)81055316
反盗版热线：(010)81055315
广告经营许可证：京东市监广登字 20170147 号

电子信息前沿专著系列

总 序

电子信息科学与技术是现代信息社会的基石，也是科技革命和产业变革的关键，其发展日新月异。近年来，我国电子信息科技和相关产业蓬勃发展，为社会、经济发展和向智能社会升级提供了强有力的支撑，但同时我国仍迫切需要进一步完善电子信息科技自主创新体系，切实提升原始创新能力，努力实现更多“从 0 到 1”的原创性、基础性研究突破。《中华人民共和国国民经济和社会发展第十四个五年规划和 2035 年远景目标纲要》明确提出，要发展壮大新一代信息技术等战略性新兴产业。面向未来，我们亟待在电子信息前沿领域重点发展方向上进行系统化建设，持续推出一批能代表学科前沿与发展趋势，展现关键技术突破的有创见、有影响的高水平学术专著，以推动相关领域的学术交流，促进学科发展，助力科技人才快速成长，建设战略科技领先人才后备军队伍。

为贯彻落实国家“科技强国”“人才强国”战略，进一步推动电子信息领域基础研究及技术的进步与创新，引导一线科研工作者树立学术理想、投身国家科技攻关、深入学术研究，人民邮电出版社联合中国电子学会、国务院学位委员会电子科学与技术学科评议组启动了“电子信息前沿青年学者出版工程”，科学评审、选拔优秀青年学者，建设“电子信息前沿专著系列”，计划分批出版约 50 册具有前沿性、开创性、突破性、引领性的原创学术专著，在电子信息领域持续总结、积累创新成果。“电子信息前沿青年学者出版工程”通过设立专家委员会，以严谨的作者评审选拔机制和对作者学术写作的辅导、支持，实现对领域前沿的深刻把握和对未来发展的精准判断，从而保障系列图书的战略高度和前沿性。

“电子信息前沿专著系列”首批出版的 10 册学术专著，内容面向电子信息领域战略性、基础性、先导性的应用，涵盖半导体器件、智能计算与数据分析、通信和信号及频谱技术等主题，包含清华大学、西安电子科技大学、哈尔滨工业大学（深圳）、东南大学、北京理工大学、电子科技大学、吉林大学、南京邮电大学等高等院校国家重点实验室的原创研究成果。本系列图书的出版不仅体现了传播学术思想、积淀研究成果、指导实践应用等方面的价值，而且对电子信息领域的广大科研工作者具有示范性作用，可为其开展科研工作提供切实可行的参考。

希望本系列图书具有可持续发展的生命力，成为电子信息领域具有举足轻重影响力和开创性的典范，对我国电子信息产业的发展起到积极的促进作用，对加快重要原创成果的传播、助力科研团队建设及人才的培养、推动学科和行业的创新发展都有所助益。同时，我们也希望本系列图书的出版能激发更多科技人才、产业精英投身到我国电子信息产业中，共同推动我国电子信息产业高速、高质量发展。

2021 年 12 月 21 日

前言

空天科技是“十四五”期间瞄准的8个前沿科技领域之一，空间信息网络作为国家重大信息基础设施，是推动“空天地一体化”国家经济和战略性建设的抓手。国家自然科学基金“空间信息网络基础理论与关键技术”重大研究计划中给出的空间信息网络的明确定义是“以空间平台（如同步卫星或中低轨道卫星、平流层气球和有人或无人驾驶飞机等）为载体，实时获取、传输和处理空间信息的网络系统”。空间信息网络向上可支持超远程、大时延可靠传输的深空探测，向下可支持对地观测的高动态、宽带实时传输。为了抢占空间资源、占频保轨，世界各国纷纷利用商业资本及科技优势打造空间信息网络，意图抢占空间业务服务的先机，并且开展相关研究项目，重点涉及空间信息网络相关基础设施建设、基础理论与关键技术研究，以及系统应用等多维层面。

与传统的地面信息网络相比，空间信息网络具有空间节点高动态运动、网络时空行为复杂、任务类型多样且需求差异大等特点。与此同时，空间信息网络资源的类型多样，网络资源状态及资源之间冲突关系复杂且呈现时变性。因此，面向传统静态拓扑的图模型与优化理论已不能适用于多种异构动态变化的节点连接的空间信息网络，必须发展动态图模型与优化理论。发展动态图模型与优化理论的关键在于解决多维多尺度任务的特征提取、大时空高动态资源的一体化表征，以及基于动态稀疏链路的动态突发任务规划与资源调度问题，从而实现网络资源的调度与动态融合，提升网络对不同任务的服务效能。

面向动态突发任务需求的多维资源联合调度方法是提升网络对不同任务服务效能的重要手段，亟须从网络的多种类型业务特征入手，研究任务需求，通过任务重构，形成更适合网络传输的高效任务元；进一步设计多维资源的时空关系联合表征体系，桥接、聚合大时空多维资源，以实现非稀缺资源对稀缺资源的替换，从而避免资源的浪费，有效缓解“瓶颈资源”对网络服务能力的制约，提升整个网络的服务能力；最终通过面向常规任务与动态突发任务的资源调度方法设计，实现面向多种任务的快速任务规划及高效的资源调度，从而提升对空间信息网络资源的有效利用。本书介绍的主要研究成果是在国家自然科学基金委员会“空间信息网络基础理论与关键技术”重大研究计划支持下完成的，围绕空间信息网络模型与高效组网机理的科学问题，从任务、资源一体化表征和资源优化技术出发，重点研究了 4 个方面的关键问题：空间信息网络任务重构与大时空异构资源一体化表征体系，面向常规任务的空间资源调度技术，面向动态突发任务的空间资源调度技术，以及人工智能在空间信息网络任务规划与资源调度中的应用。

本书全面阐述了空间信息网络任务与资源的时空相关特性，以及任务规划与资源调度技术。本书分为 4 个部分，共 10 章内容，具体内容安排如下。第 1 章概述空间信息网络特征与内涵，分析其发展面临的科学与技术挑战（周笛、盛敏执笔）。第一部分（第 2、3 章）的主要内容为空间信息网络任务重构与多维资源联合表征：第 2 章对空间信息网络中的各类任务需求进行分析，探索不同任务之间的相关性，研究典型任务的拆分与聚合方法（刘润滋、李建东执笔）；第 3 章基于时变图理论提出多种空间信息网络资源的表征模型，揭示资源在时间、空间两个维度上的关联性与协同关系（刘润滋执笔）。第二部分（第 4 ~ 6 章）的主要内容为面向常规任务的空间信息网络资源管理与优化：第 4 章介绍面向对地观测任务的资源联合调度及星间链路规划（周笛执笔）；第 5 章介绍基于信道感知的中继卫星任务规划（周笛执笔）；第 6 章考虑中继卫星在用户间切换所需时间的差异性和时变性，提出一种基于天线转动时间的中继卫星系统数传任务规划方法（刘润滋执笔）。第三部分（第 7、8 章）的主要内容为面向动态突发任务的空间信息网络资源管理与优化：第 7 章提出一种面向动态突发任务需求的多维资源联合调度方法（周笛执笔）；第 8 章在研究动态突发任务数据到达分布信息未知的任务特征的基础上，提出一种基于动态突发任务到达模糊信息的两阶段任务规划方法（周笛执笔）。第四部分（第 9、10 章）的主要内容为人工智能在空间信息网络任务规划与资源调度中的应用：第 9 章介绍迁移学习在空间信息网络任务规划中的应用，通过研究变化的任务结构的相似性，引导卫星资源调度，以适应网络任务需求的动态变化（周笛执笔）；第 10 章将强化学习无模型约束的特点应用在面向动态资源的空间信息网络的多维资源联合调度过程中，并设计了基于强化学习的智能资源调度方法（周笛执笔）。全书由周笛统编定稿。

本人所在的科研团队对本书的写作与出版给予了很大的支持，团队多年来一直致力于空间信息网络可重构体系架构设计及资源管控技术研究，并与西安卫星测控中心一直保持着紧密的合作，具有较好的理论及工程实践基础。

近十年来，我非常荣幸能在李建东教授和盛敏教授所带领的团队中开展我的科研工作，这为我能撰写本书所必须具备的学术实践和成果积累提供了有力支撑。特别感谢两位教授在本书撰写过程中给予的支持。同时，感谢刘润滋副教授在本书撰写过程中提供的诸多建议及有力支持。从李建东教授和盛敏教授对本书章节内容结构的宏观把控，到刘润滋副教授对本书研究内容的微观建设，均为我撰写本书提供了有力的支撑。在此，还要感谢为本书的整理及校对而辛勤工作的学生们，他们是王怡昕、郝琪、贺红梅、鲍晨曦等。

最后，十分感谢家人对我工作的大力支持、理解及包容。

由于时间和水平有限，书中疏漏之处在所难免，敬请读者批评指正。

周笛

2022 年 8 月于西安

目 录

第二部分　面向常规任务的空间信息网络资源管理与优化

第三部分　面向动态突发任务的空间信息网络资源管理与优化

第四部分 人工智能在空间信息网络任务规划与资源调度中的应用

第1章　绪论

本章首先对空间信息网络（Space Information Network，SIN）系统进行概述，介绍网络的基本组成及工作过程；然后重点分析空间信息网络的国内外发展趋势，阐释我国空间信息网络发展的紧迫性以及未来的发展方向；最后进一步分析空间信息网络在任务规划与资源调度方面所面临的科学挑战和技术挑战。

1.1　空间信息网络系统概述

空天科技是“十四五”瞄准的8个前沿科技领域之一，空间信息网络作为国家重大信息基础设施，推动着“空天地一体化”国家经济和战略性建设[1]。国家自然科学基金“空间信息网络基础理论与关键技术”重大研究计划中给出了空间信息网络的明确定义：空间信息网络是以空间平台（如同步卫星或中低轨道卫星、平流层气球和有人或无人驾驶飞机等）为载体，实时获取、传输和处理空间信息的网络系统。近年来，随着物联网、云计算和大数据等新兴技术的飞速发展，地面无线通信在用户数量和业务服务需求支持等方面呈爆炸式的增长。然而，受到网络容量和覆盖范围的限制，传统地面网络并不能保证在任何地点、任何时间都提供具有高数据速率和高可靠性的无线接入服务。与地面信息网络相比，空间信息网络具有广覆盖、高吞吐量和灵活组网等特点，可用于对地观测和测绘、智能运输系统、军事任务、灾难救援、天体物理等[2]，并逐步从民事应用衍生至星际科学研究，从而实现全球人文科学、经济生态等领域的有机耦合。

空间信息网络按照空间属性可划分为空间段、地面段和用户段3个部分，如图1-1所示。其中，空间段主要由在轨卫星、无人机和平流层飞艇等多种升空平台组成[3]，作为承接空间信息网络系统数据传输的骨干网；地面段主要包括恢复和处理数据的数据处理中心、分配和调度资源至各空间平台和地面站的网络控制分系统，以及多类地面站（遥感地面站、遥测遥控站和中继地面站）；用户段则主要包括各类个人终端、便携站等满足用户需求的用户终端。空间信息网络向上可支持超远程、大时延可靠传输的深空探测，向下可支持对地观测的高动态、宽带实时传输。为了抢占空间资源、占频保轨，世界各国纷纷利用商业资本及科技优势打造空间信息网络，意图抢占空间业务服务先机，并开展相关研究项目，重点涉及空间信息网络相关基础设施建设、基础理论与关键技术研究，以及系统应用等多维层面。

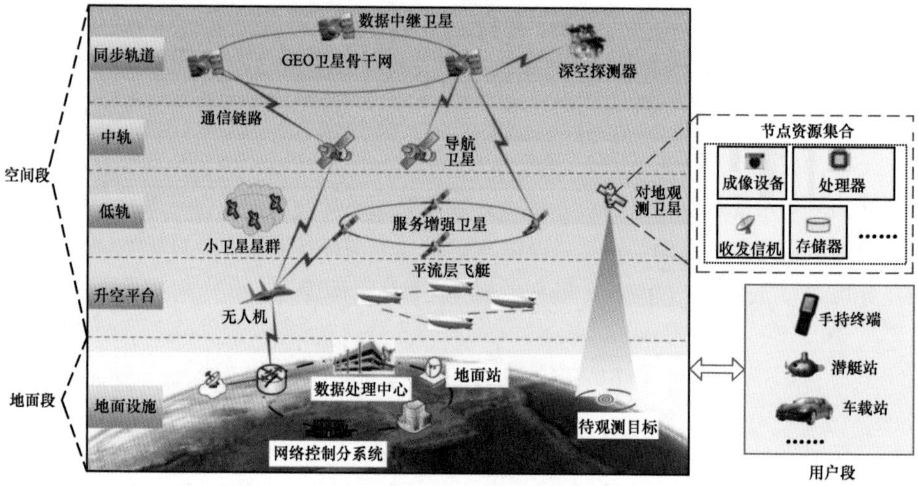

图 1-1　空间信息网络的组成

现阶段空间信息网络仍采用“预先申请—离线规划—遥控执行”的方式来规划任务，其直接原因是大部分非地球同步轨道卫星都不具备自主规划任务的能力[4]。如图 1-2 所示，以观测任务为例，用户首先需提前一段时间向观测系统运营管理中心发出观测任务请求，请求内容包括待观测目标位置、图像大小、质量需求（分辨率、压缩方式等）、成像方式［合成孔径雷达（Synthetic Aperture Radar，SAR）成像或光学成像等］及任务执行时间。其次，观测系统运营管理中心通过收集的观测任务请求，根据从卫星测控系统获得的卫星状态参数及大气云层参数等环境参数，采用适配的资源调度技术得到任务规划的方案。进一步，若某些任务的数据无法全部经由对地观测卫星回传到地面，则可通过观测系统运营管理中心向中继系统运营管理中心发起中继请求，中继系统运营管理中心根据任务请求、卫星状态参数及资源使用情况对下一规划周期内的任务做出规划。当任务规划完成后，观测系统运营管理中心根据所得任务规划方案向用户反馈结果，并将任务规划方案分别转化为数据接收指令和卫星操作指令分发至遥感地面站和卫星测控系统，由卫星测控系统将其上注到对应的对地观测卫星。因此，在下一个周期内，对地观测卫星将依据指令对待观测目标进行成像操作，同时压缩原始图像，并经由遥感地面站或数据中继卫星（Data Relay Satellite，DRS，简称中继卫星）将这些采集到的数据回传至地面，通过地面段网络传输至数据处理中心。数据处理中心将重构这些图像数据并将其转化为图像成品，最终将图像成品分发给发起任务请求的用户。

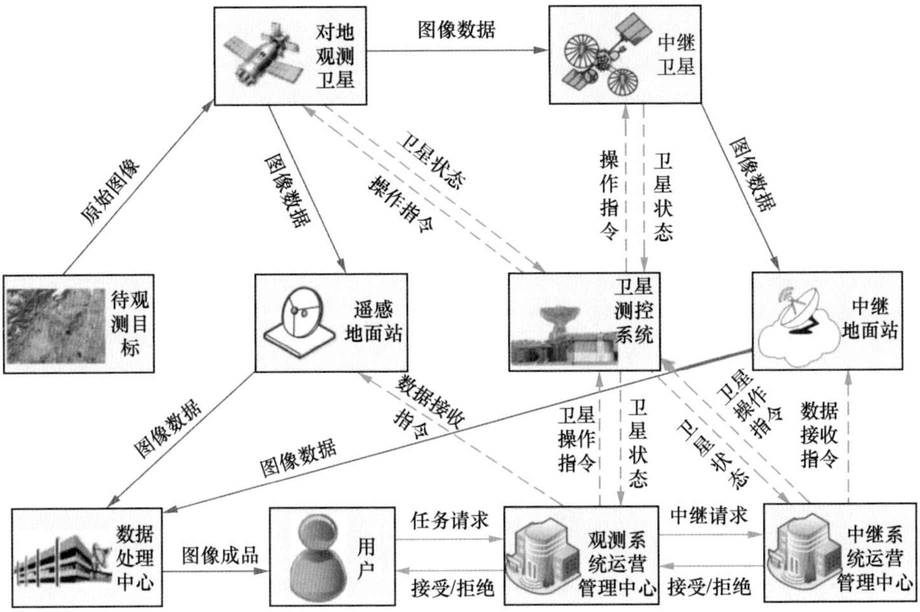

图 1-2　空间信息网络工作过程示例

1.2　空间信息网络的国内外研究现状

地面通信网络先后经历了模拟通信（1G）、GSM（2G）、IMT-2000（3G），并发展到了 LTE（4G）系统，具备了较为成熟的理论体系和技术手段。然而，快速增长的数据流量给无线网络带来了越来越大的压力，预计在未来 20 年内，无线网络的压力将增加 10 000 倍[3]。为了提高系统容量并满足不断增长的用户服务需求，超密集网络的规模日益庞大，其中大规模阵列天线和毫米波被认为是地面网络中特别有前景的方法，尤其是对于第五代移动通信（5th Generation Mobile Communication，5G）网络。但与此同时，移动通信服务的覆盖范围对于社会发展和经济建设也是一个严峻的挑战。国际电信联盟在 2022 年 11 月 30 日发布的《事实和数字》中指出，在低收入国家，可使用 4G 网络服务的人口仅占总人口的 34%。此外，根据《6G 总体愿景与潜在关键技术白皮书》中的数据，截至 2021 年 6 月 6 日，80% 以上的陆地区域和 95% 以上的海洋区域尚未被移动宽带服务覆盖。因此，世界发达国家纷纷利用商业资本及科技优势打造卫星网络来抢占互联网业务的先机。

早在 20 世纪末，美国铱星公司便欲构建由 66 颗人造卫星组成的铱星移动通信系统，但由于对当时的地面通信网络来说过于超前且成本过高，因此没有继续深入研究。

如今全球已有多家公司通过整合互联网和卫星网络资源来大力发展全球化业务，其中铱星公司便于2017年宣布成功部署了首批10颗“下一代”铱星，并在2018年继续发射了40颗铱星，最终形成了75颗铱星组网。美国SpaceX公司则于2015年宣布了由1.2万颗卫星构成的星链项目，且在2019年首次将60颗卫星发至太空，截至2023年7月1日，SpaceX公司已向太空发射了4768颗星链卫星。据该项目总负责人马斯克介绍，星链项目可为全球38亿以上未被网络覆盖的人提供最高容量达1Gbit/s的宽带服务。OneWeb公司也于2017年提出了包含2000颗卫星的“星座互联网”计划。美国联邦通信委员会（Federal Communications Commission，FCC）的批准文件中显示，Telesat低轨道星座计划预计发射至少117颗卫星，并于2018年首次成功发射低地球轨道（Low Earth Orbit，LEO，简称低轨）卫星。

纵观国内，2000年，我国便发布了《中国的航天》白皮书，提出要建设多功能、多轨道、多卫星系统的空间基础设施；建设完整、连续、长期稳定运行的天地一体化网络系统。同年，北斗卫星导航系统发射了两颗地球静止轨道卫星，能够为用户提供定位、测速等通信服务。截至2020年底，我国共完成了39颗卫星发射组网，建立了北斗三号全球卫星导航系统，进一步为用户提供连续、稳定、可靠的宽带业务。

2016年，我国颁布了《中华人民共和国国民经济和社会发展第十三个五年规划纲要》，且在同年12月又颁布了《“十三五”国家信息化规划》，均明确要求建设海、陆、空、天一体化信息基础设施，构建覆盖全球、无缝连接的空间信息网络。而据《中国航天报》2021年的报道，我国将组建“国网”公司来专门负责统筹空间互联网建设的规划与运营。为了进一步加快空间信息网络的建设，中国航天科技和中国航天科工两大集团开始建设自己的低轨通信项目——“鸿雁星座”和“虹云工程”。其中，由中国航天科技集团主导、长城公司等单位共同出资的“鸿雁星座”计划发射300多颗近地轨道卫星，并建设一定数量的地面数据处理中心，形成空地一体的通信系统，其系统容量可服务200万户以上移动通信用户、20万户以上宽带互联网用户及1000万台以上物联网终端，实现全球无缝覆盖，全天候、全时段为用户提供上下行宽带数据服务。

同时，“虹云工程”计划发射156颗卫星，每颗重500kg，运行在高度为1000km的空间轨道上，采用Ka频段通信，每颗卫星有4Gbit/s的吞吐量。2019年，中国航天科工集团在酒泉卫星发射中心成功发射了“虹云工程”首颗卫星。预计到2025年末，将实现全部156颗卫星组网运行，完成业务星座构建。与“鸿雁星座”不同的是，它优先向全球用户提供“宽带互联网”服务。系统以互联网接入为基础功能，具备通信、导航和遥感一体化、全球覆盖、系统自主可控的特点，以其高速率、低时延等特征，为全球用户提供通信、导航增强和遥感信息一体化综合服务。

可以看到，在业务需求和技术发展的双重驱动下，构建从业务、体制、频谱、系统等不同层次进行融合的空间信息网络已是大势所趋。为了实现全球连续性、一致性、可靠性、及时性及安全性均较优的信息服务，空间信息网络将以智能化和弹性化[5]为核心，大力推进航天器对地传输模式向星际、星地中继网络化模式的转变，以及点到点传输向端到端传输的转变，并提供高带宽、高灵活接入、高效率、高拓展性的服务方式，掌握多元化任务的重构与规划、有限网络资源的智能重构及动态资源的统一调度等相关技术方法，充分利用频率和轨位资源，快速提高网络接入、互联和服务能力，增强我国在国际科技航天中的实力与地位。

1.3 空间信息网络面临的科学挑战与技术挑战

与传统的地面信息网络相比，空间信息网络具有节点高动态运动、网络时空行为复杂、任务类型多样且需求差异大等特点。与此同时，空间信息网络资源类型多样，由于节点的高动态特性，网络资源状态以及资源之间冲突关系复杂且呈现时变性。面向传统静态拓扑的图模型与优化理论不能适用于多种异构动态变化的节点连接的空间信息网络，必须发展动态图模型与优化理论，其核心的技术挑战在于多维多尺度任务特征提取、大时空高动态资源的一体化表征，以及基于动态稀疏链路的动态突发任务规划，从而实现网络资源的调度与动态融合，提升网络对不同任务的服务效能。

针对多维动态突发任务需求，亟待研究资源调度方法，以提高网络在任务服务方面的效能。本书着眼于网络的多种任务特征，介绍了任务需求结构的特点，并通过对任务进行重构，创建了更适合网络传输的高效任务元。此外，本书介绍了一种多维资源的时空关系联合表征体系，可桥接、聚合大时空多维资源，指导非稀缺资源对稀缺资源的有效替换，避免资源浪费，并缓解“瓶颈资源”对网络服务能力的制约，从而提升整个网络的服务能力。最终，本书介绍的面向常规任务与动态突发任务的资源调度方法，实现了多种任务的快速任务规划和高效资源调度，有效提高了空间信息网络的资源利用率。

参考文献

[1] 吴巍 . 天地一体化信息网络发展综述 [J]. 天地一体化信息网络 , 2020, 1 (1): 11-26.

[2] LIU J, SHI Y, FADLULLAH Z, et al. Space-Air-Ground integrated network: A survey[J]. IEEE Communications Surveys & Tutorials, 2018, PP(4): 1-1.

[3] KUANG L, JIANG C, QIAN Y, et al. Terrestrial-satellite communication networks[M]. Berlin: Springer, 2018.

[4] 刘润滋 . 空间信息网络容量分析与资源管理方法研究 [D]. 西安 : 西安电子科技大学 , 2016.

[5] 王厚天 , 刘乃金 , 雷利华 , 等 . 空间智能信息网络发展构想 [J]. 空间电子技术 , 2018, 15(5): 27-34.

第一部分　空间信息网络任务重构与多维资源联合表征

第一部分重点研究空间信息网络任务重构与多维资源联合表征。首先对空间信息网络的各类任务需求进行分析，探索不同任务之间的相关性，研究典型任务的拆分与聚合方法。进一步，针对空间信息网络的资源多样性与动态性特征，基于时变图理论提出多种空间信息网络资源的表征模型，揭示资源在时间和空间两个维度上的关联性与协同关系，从而为以较低的复杂度实现网络多维资源的联合调度提供理论基础。

第 2 章重点介绍空间信息网络任务分析与预处理方法。首先，从复杂任务本身的特性着手，对复杂任务需求进行特征分析及聚类，从而减小由任务之间的差异性导致的难以统一规划的困难，使得多种任务统一规划成为可能。其次，介绍数传、观测等典型任务的拆分与聚合方法，为任务的高效规划提供理论基础。

第 3 章重点介绍空间信息网络资源表征方法。首先，基于时变图理论提出不同类型资源的联合表征模型。该章介绍的资源表征模型从时间和空间两个维度表征了空间信息网络中的观测、计算、存储、通信、能量、天线等资源，并描述了多维资源协同完成任务时的关联。其次，进一步讨论构建实际系统的资源时变图时，时间间隔（时隙）长度 τ 的取值对刻画网络准确性及资源时变图的规模的影响，并给出满足一定刻画准确度条件下 τ 值的确定方法。通过构建资源表征模型，空间信息网络的任务规划和资源调度方法设计问题可以转化为图论中的基础问题，为资源的高效调度提供理论基础。

第 2 章　空间信息网络任务分析与预处理

空间信息网络中有各种不同类型的任务，不同类型的任务需求之间具有较大的差别；同时，由于任务间有相关性，所以可以通过整合不同的任务需求实现不同任务同时执行，例如，观测任务和通信任务都需要数传的功能，可以耦合执行。如果不对海量任务需求进行分析梳理，会给空间信息系统中海量任务的统一规划带来较大的复杂度，从而制约网络资源的有效利用。因此，需要对空间信息网络的各类任务需求进行分析，探索不同任务之间的相关性，通过利用不同任务在时间和空间两个维度上的关联性对任务进行预处理，从而为设计高效的任务规划与资源调度方法提供基础。

2.1　引言

随着空间科学与信息技术的不断发展，空间信息网络的规模不断增加，所承载的任务类型也日趋丰富。常见的任务类型包括对地观测、航天测控、数传、预警、导航定位、通信等。随着空间信息网络中异构卫星系统（对地观测、航天测控、数据中继卫星系统等）的不断融合，网络中不同类型任务的规划过程相互制约且相互影响，如何高效地调度网络中数量巨大且类型不同的任务已经成为制约下一代空间信息网络服务能力的关键问题之一。

现阶段，任务需求分析与任务预处理方面缺乏较为系统的研究工作，现有的任务表征工作主要是针对观测类任务展开。例如，马满好等人在文献 [1] 中针对对地观测任务使用标准规划预研进行分析建模，但只能应用于单平台单观测任务；冉承新等人在文献 [2] 中给出了复杂卫星任务的分解方法，但只针对单一类型的任务；范志良等人在文献 [3] 中对侦察任务基于规划域定义语言进行建模，但只针对单一类型的侦察任务。

上述工作能够对观测类任务需求进行表征，并对复杂观测任务进行拆分、聚合等预处理，然而，空间信息网络中的任务种类较多，即便针对观测类任务，来自不同用户的观测需求也具有较大的差异，如果不对大量任务进行分析梳理，会给空间信息网络中海量任务的统一规划带来较大的复杂度，从而制约网络资源的有效利用。因此，需要对空间信息网络中的各类任务需求进行分析，探索不同任务之间的相关性，通过利用不同任务在时间和空间两个维度上的关联性对任务进行预处理，从而构造任务流，方便任务与资源间的匹配映射。

本章后续安排如下：第 2.2 节对复杂任务需求进行特征分析，并对复杂任务进行聚类，从而减小由任务之间的差异性导致的难以统一规划的困难；第 2.3 节研究空间信息网络中典型任务的拆分与聚合方法，为空间信息网络高效的任务规划与资源调度提供基础；第 2.4 节对本章内容进行小结。

2.2　空间信息网络任务特征及聚类

本节主要从复杂任务本身的特性着手，通过对复杂任务需求进行特征分析及聚类，减小由任务之间的差异性导致的难以统一规划的困难，使多种任务统一规划成为可能，进一步克服任务类型的多样性导致的任务之间特性差异较大的问题，从而提高系统任务规划的效率。

2.2.1　任务特征分析

空间信息网络任务类型多样，不同类型的任务有不同的应用背景，对应的任务要素也各不相同。任务要素是任务的具体表征，针对特定的任务，要根据该任务的功能特征将其提炼成多个要素，例如卫星通信任务的要素包含带宽、误码率、时延等。利用任务要素量化具体的任务，可以满足任务规划模块从任务要素到资源的映射需求。常见的任务类型包括对地观测、航天测控、数传、预警、导航定位、通信等。表 2-1 给出了部分任务的功能描述及其抽象要素。下面以对地观测、航天测控、预警为例对任务功能及任务要素的提取进行具体阐述。

表 2-1　不同类型任务的任务要素

任务类型	功能描述	任务要素
对地观测	对地观测卫星利用光电遥感器或无线电接收机等设备，在空间轨道上对目标实施侦察、监视或跟踪，以搜集地面、海洋或空中目标的情报。这类任务具有观测面积大、范围广、速度快、效果好、可长期或连续监视，以及不受国界和地理条件限制等优点	目标区域 时延需求 观测频率 电磁波信息 成像分辨率 图像类型 观测时长

（续表）

任务类型	功能描述	任务要素
航天测控	航天测控系统对航天器进行跟踪、测量、监视、控制，使地面系统能随时掌握其飞行情况，从而达到运行使用目的。这类任务具有时延小、可靠性高的特点	航天器 ID 航天器轨道信息 测控时间范围 测控时长 测控圈次 资源偏好 任务类型 优先级
预警	由多颗卫星组成预警网，用于监视和发现敌方战略导弹的发射、跟踪其飞行并发出警报，或监视导弹试验和航天发射活动，监视和发现大气层内外的核爆炸等。这类任务通常会发现并跟踪导弹的红外辐射，向地面系统发送目标图像并显示导弹尾焰图像的运动轨迹。地面系统可据此识别目标的真伪，判明导弹发射点和落点的位置，以便己方及时组织战略防御和反击。这类任务具有反应灵敏、预警范围广、有一定抗毁能力、工作寿命长等特点	预警目标 弹道轨迹 探测方式 探测频率 成像分辨率 目标跟踪能力 定位能力 反应能力 传输能力
通信	利用人造地球卫星作为中继站来转发无线电波，从而实现两个或多个用户终端或地面站之间的通信。这类任务具有服务质量（Quality of Service，QoS）高、时延小、可靠性高的特点	带宽（语音、数据传输要求的带宽） 误码率（不同的通信方式对应不同的误码率） 通信时延（不同的通信方式对应不同的通信时延）
导航定位	为用户提供全球范围的全天候、连续、实时的三维导航定位和测速服务。这类任务具有 QoS 高、时延小、可靠性高的特点	定位精度 时间同步精度 覆盖能力 定位能力 目标跟踪能力（对目标持续的跟踪定位能力）
应急救援	利用在轨卫星搜索和营救失事飞机和船舶的技术。这类任务具有时延小、可靠性高的特点	应急能力（卫星的轨道机动能力） 响应时延（卫星从接到命令到实施救援所需的最大时间间隔） 救援区域

1. 对地观测任务

对地观测是指卫星通过既定的运行轨道，利用携带的星载遥感器或无线电设备，对特定的地面目标进行成像的过程。卫星对地观测任务是指根据用户提出的对地观测需求转化的、具有明确的可用资源和可用时间窗口的服务要求。对地观测任务的运行流程为：地面控制中心根据用户需求和系统配置情况生成控制指令序列，通过地面测控站或中继卫星载入卫星，卫星根据控制指令利用有效载荷获取数据，通过数传系统传回地面接收站和信息处理中心，信息处理中心再将数据分发到用户。如表 2-2 所示，对地观测任务可以根据不同的分类原则分为多类[4]。

表 2-2　对地观测任务分类

分类原则	类型
时间紧迫性	应急任务、常规任务
目标范围	点目标任务、区域目标任务
采样多少	简单任务（一次性任务）、复杂任务（多次观测任务，如立体成像、周期性任务等）
待观测目标的运动性	静止目标任务、移动目标任务
图像类型	可见光成像、多光谱成像、SAR 成像等

通过用户提出的对地观测任务需求可以提炼出对地观测任务的要素。如表 2-3 所示，对地观测任务要素可以分为 4 类，分别为待观测目标类、成像要求类、空间维度类和时间维度类。其中，待观测目标类要素包含目标区域类型和待观测目标状态。目标区域类型包含点目标和区域目标，待观测目标状态分为移动目标和固定目标。成像要求类要素，包含成像类型和成像分辨率。成像类型主要包括可见光、多光谱、SAR 等，成像分辨率主要明确对地观测卫星对地面目标成像的精度水平。空间维度类要素包含目标位置和地理特征。时间维度类要素包含观测频率和最大观测时隙。观测频率表示轨道的回归能力，最大观测时隙表示最大可观测时间长度占时隙长度的比例，判定该时隙内两节点间的关系。

表 2-3　对地观测任务要素分类

任务要素分类	任务要素
待观测目标	目标区域类型 待观测目标状态
成像要求	成像类型 成像分辨率
空间维度	目标位置 地理特征
时间维度	观测频率 最大观测时隙

2. 航天测控任务

航天测控是指通过测控设备对航天器的飞行轨道、姿态及星上分系统工作状态进行跟踪、测量、监视和控制，保障航天器按照预先设计好的状态飞行和工作，以完成规定任务的行为及过程。航天测控任务则是指根据卫星用户提出的测控需求转化的、具有明确的可用资源和可用时间窗口，能够直接提供给资源管理部门作为生成测控方案的参考的卫星测控服务要求。如表 2-4 所示，航天测控任务可以根据不同的分类原则分为多类[5]。

表 2-4 航天测控任务分类

分类原则	测控类型	备注
测控对象	工程测控	针对卫星平台
	业务测控	面向应用载荷
测控目的、卫星状态	应急测控	故障或其他特殊情况
	日常测控（一般测控）	
测控类型	遥控	有上行链路，重要
	遥测	
	测定轨	
测控所处阶段	发射段测控	关键段
	返回段测控	关键段
	长期管理（运行）段测控	

航天测控任务的执行过程大致分为以下 5 个阶段：接收测控计划阶段、测控准备阶段、捕获跟踪阶段、释放阶段、事后处理阶段。

（1）接收测控计划阶段：地面测控站接收卫星运营管理中心发送的测控计划，确定参与测控的天线与辅助设施，检查设备状态，一旦发现故障，及时反馈。同时，根据计划确定测控窗口信息，制定具体的测控组织措施。

（2）测控准备阶段：测控设备由其他状态转入“待机”状态，主要用于完成测控设备参数的设定，使之符合卫星测控的要求。同时，天线预指向卫星可能出现的方位、引导雷达搜索卫星信号等工作也在这一阶段进行。

（3）捕获跟踪阶段：测控设备由“待机”状态依次进入“捕获”状态和“跟踪”状态。测控工作的主体均在此阶段完成，包括信息交换链路的建立、遥控指令与注入数据的发送、遥测数据接收等。该阶段一直持续到卫星进入释放阶段。

（4）释放阶段：向卫星发送出站指令，关闭星上相应设备（如用于存储、转发数据传输的延迟遥测设备等）以减少功耗。同时，测控设备天线回位，设备恢复“空闲”状态，或者进入“待机”状态，准备进行下一次测控。

（5）事后处理阶段：通过测控中心对测控数据进行处理以获得更多信息。

通过用户提出的测控任务需求可以提炼出测控任务的要素。如表 2-5 所示，测控任务要素可以分为 4 类，分别为时间、空间属性类，服务效果类，资源偏好类和应用类。其中，时间、空间属性类任务要素包含测控航天器 ID、航天器轨道信息、测控时间范围，给出了测控目标侧位置信息以及测控服务时间范围的要求。服务效果类任务要素来自用户对测控服务所提出的要求，包含测控时长、测控圈次，其中测控时长表示用户所要求的一次测控服务需要达到的时间长度。资源偏好类任务要素来自用户对测控资源所提出的要求，包含可接受服务资源、不可接受服务资源、优先资源、资源的多样性。应用类任务要素来自测控任务的应用背景，包含测控类型、优先级。

表 2-5　测控任务要素分类

任务要素类型	说明	任务要素
时间、空间属性	测控目标侧位置信息以及测控服务时间范围的要求	测控航天器 ID 航天器轨道信息 测控时间范围
服务效果	来自用户对测控服务所提出的要求，主要可分为时间型要求和数量型要求两种	测控时长 测控圈次
资源偏好	来自用户对测控资源所提出的要求	可接受服务资源 不可接受服务资源 优先资源 资源的多样性
应用	来自测控任务的应用背景	测控类型 优先级

3. 预警任务

天基预警是指通过星载传感设备对区域内可疑目标（弹道导弹）的飞行轨道和姿态进行跟踪、测量和监视，将确定的可疑目标信息提供给拦截系统，由拦截系统对可疑目标进行跟踪拦截，以完成反导任务。其中，卫星预警任务是根据可疑目标的相关参数形成预警卫星传感资源调度需求。由于弹道导弹的飞行过程通常可以划分为 3 个阶段，即主动段、自由段和再入段[6]，因而预警任务可相应地划分为主动段预警任务、自由段预警任务和再入段预警任务。

预警任务的发起一般是由高轨预警卫星开始的。在轨的高轨预警卫星周期性地重复扫描整个地区，当该地区出现可疑目标信号时，高轨预警卫星就跟踪该可疑目标信号并对其进行初步分析辨别、分类，识别出实际存在威胁的目标，并将探测轨迹特征点信息发送至地面站。地面指挥中心通过星地链路获取早期预警信息，若接收到单星待观测目标的特征点达到 3 个以上，就通过特征匹配，对当前预警目标进行初步判断，实现早期的威胁评估。地面指挥中心根据当前的目标情况，形成预警任务集，将跟踪调度指令和预测目标信息传递给低轨卫星，由低轨卫星进行精确的跟踪探测。低轨卫星收到分解后的预警任务和调度指令，通过传感器扫描跟踪行为，对目标进行高精度探测跟踪，并对其探测结果进行判断处理，排除虚警目标，保留真实目标的检测结果[7]。预警任务的要素包含预警目标、弹道轨迹、探测方式、探测频率、成像分辨率、目标跟踪能力、定位时延、反应时延、传输时延等。预警任务具有如下特点。

（1）复杂性

预警星座的星载传感器资源众多，在多目标场景下，它们与弹道目标之间的可视关系复杂。卫星（星载传感器资源）执行目标探测任务时，具有一个可探测的时间窗口，只有在该时间窗口内，星载传感器才能对可疑目标执行探测任务。

（2）可预测性

面向弹道目标的预警任务虽然具有复杂性，但是通常也具有一定程度的可预测性。因为一旦获取了弹道目标的助推段参数，就可根据弹道动力学粗略地预测目标的弹道轨迹，此时依据预警星座中各卫星的星历，可粗略地预测各预警卫星对目标的可视时间窗口，为预警任务的调度和星载传感器资源的分配提供决策依据。

（3）随机性

预警任务随着弹道目标的出现而产生，而弹道目标的发射时间和地点均具有随机性，因此，针对弹道目标的预警任务的产生也是随机的。另外，在执行预警任务的过程中，新的目标随机出现，待跟踪目标的数量和状态都会随时变化，各种类型的资源也随时可能会发生故障。另外，还存在测量的随机误差等其他随机因素。

（4）动态性

预警任务涉及星载传感器资源、可疑目标及系统环境。低轨预警卫星、弹道目标会发生相对高速运动，系统环境也会动态变化，因此预警任务必定具有动态特征，是一个动态变化的过程。当这些动态变化的数量和影响超过一定的界限时，通常便要对预警任务进行动态重调度。

（5）实时性

由于预警任务的随机性和动态性，事先对预警任务进行全局规划不再具有可行性。因此，预警任务的调度与成像侦察卫星不同，具有极强的实时性，需要实时调度传感器资源去执行任务。极小的调度时延，都有可能产生目标丢失等极为严重的后果。

2.2.2 任务聚类

任务聚类的目的是将差异化任务进行聚合划分。聚类后的任务通过任务型重构融合或拆分成新的任务，便于后续的任务规划与资源调度。本书主要介绍使用 k-近邻算法进行任务聚类。k-近邻算法采用测量不同特征值之间的距离这一方法来进行分类。将任务元集合视为一个样本数据集合（称为训练样本集），该集合中的每个任务元都存在标签，即知道训练样本集中每个任务元与所属分类的对应关系。输入没有标签的新任务元后，k-近邻算法首先将新数据的每个特征与训练样本集中数据对应的特征进行比较，然后提取训练样本集中特征最相似任务元（最近邻）的分类标签。一般来说，算法只选择训练样本集中的 k 个最相似的任务元，通常 k 取不大于 20 的整数。最后，算法选择 k 个最相似任务元中出现次数最多的分类，作为新任务元的分类。k-近邻算法的流程如图 2-1 所示。

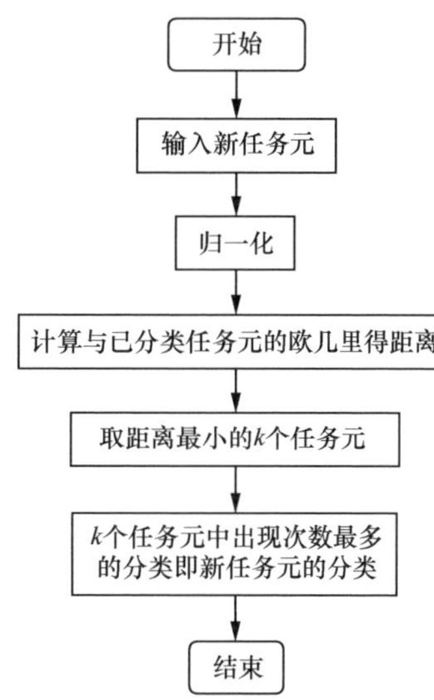

图 2-1 k-近邻算法的流程

以侦察任务为例，首先将侦察任务按照任务要素（时间窗松紧度、分辨率和优先级）提取成任务元，通过使用 k-近邻算法，将任务元数据归一化，接着计算这个任务元与已分类任务元之间的欧几里得距离，并取距离最小的 k 个任务元，统计它们的分类，将这 k 个任务元中出现次数最多的分类定为新任务元的分类。最后，可以将该侦察任务聚类为松时间窗—低分辨率—低优先级、紧时间窗—低分辨率—低优先级、松时间窗—高分辨率—低优先级、紧时间窗—高分辨率—低优先级、松时间窗—低分辨率—高优先级、紧时间窗—低分辨率—高优先级、松时间窗—高分辨率—高优先级、紧时间窗—高分辨率—高优先级这 8 类。

2.3 任务的拆分与聚合方法

空间信息网络中的任务种类较多，即便是同一类任务，来自不同用户的任务需求也具有较大的差异，如果不对大量任务进行预处理，会给空间信息网络的任务规划带来较大的复杂度，从而制约网络资源的有效利用。任务拆分与任务聚合是比较常见的任务预处理方法。其中，任务拆分是指根据任务的特性，按照一定的方法，将某个或某些任务拆分成多个子任务的过程；任务聚合是指按照一定的方法，将性质相近的多个任务合并成一个任务的过程，任务类型可以是同一颗卫星上的数传任务、周期性固定观测点任务、区域测绘任务拆分后的任务元、移动侦察任务拆分后的任务元等。不同类型的任务具有不同的关键属性，其拆分与聚合方法也有所不同，本节将针对不同类型的任务展开具体讨论。

2.3.1 数传任务的拆分与聚合方法

由于空间信息网络中任务来源的多样性，不同的数传任务请求的时间窗松紧度、服务时长等参数具有较大差异，如果不针对不同任务请求的差异性进行区分，会导致部分种类任务规划的效率较低。例如，由于服务时间较长的任务容易与其他任务发生冲突，其规划成功率较低，如图 2-2（a）所示，当中继卫星天线的工作时间中已有任务 2 与任务 3 时，即使任务 1 的可行调度窗口内仍剩余足够的空闲时间，任务 1 也无法被成功调度。通过对较大的数据进行拆分打包，不同的包可在不同的时间采用不同的路径回传，这样可以有效提高大数据量任务被成功调度的可能性，如图 2-2（b）所示，当任务 1 被拆分成两部分后，它可以与任务 2、任务 3 一起被成功调度。另外，由于卫星单址天线的转动速度较慢，当卫星天线从服务一颗用户卫星（User Satellite，US）切换到服务另一颗用户卫星时，需要预留较长的时间用于天线转动。如果用户任务请求的服务时长较短，则意味着天线空转时间将占据较大的比例，因此合理安排中继卫星天线服务用户的顺序成为影响中继卫星服务能力的重要因素，如图 2-3 所示，当任务请求的传输时间较短时，如果选择了不恰当的服务顺序，就会严重降低中继卫星系统的资源利用率。因此，有必要对数传任务的拆分与聚合方法进行研究。

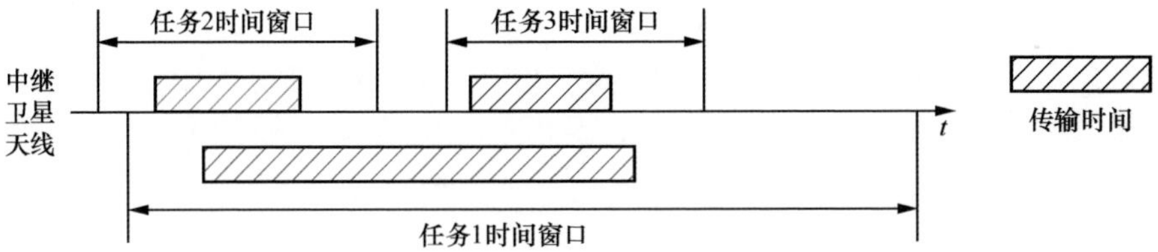

（a）长传输时间任务冲突

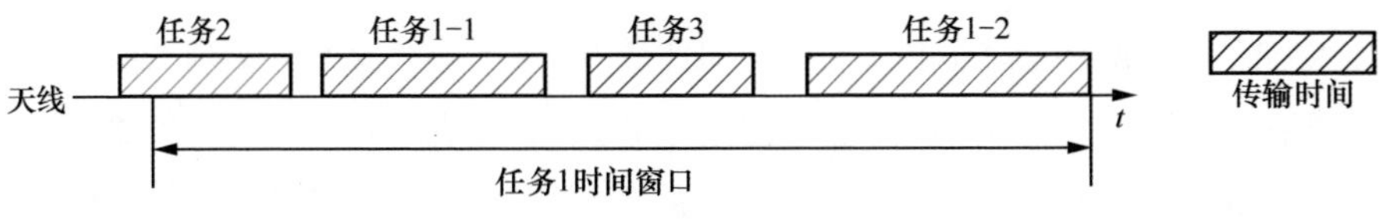

（b）拆分处理

图 2-2　长传输时间数传任务

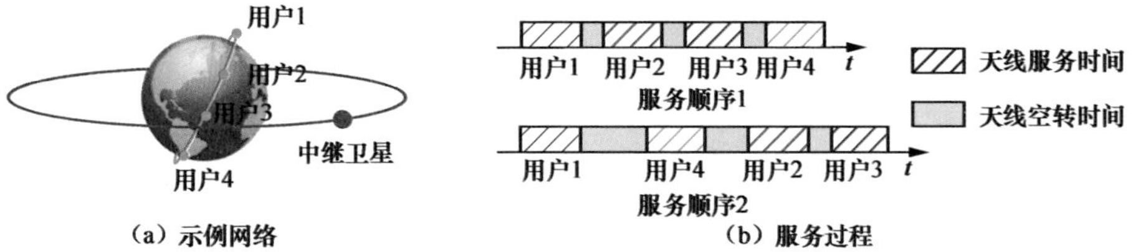

图 2-3　短传输时间数传任务

1. 数传任务拆分

网络中的任务集合用 $J=\{1,\cdots,n\}$ 表示。对于任务 j，其请求使用一个五维元组 $[a_j, b_j, p_j, K_j, \text{us}_{\text{mc}(j)}]$ 表示，其中，a_j 表示任务 j 最早能够开始服务的时间，b_j 表示任务 j 最晚结束服务的时间，换言之，$[a_j, b_j]$ 为任务 j 的可行调度窗口；p_j 表示任务 j 传输数据需要的时间（称为服务时间）；K_j 表示任务 j 选择使用的天线集合；$\text{mc}(j)$ 表示发起任务 j 的用户卫星编号。根据用户的任务请求，中继卫星系统通过任务规划策略将卫星天线的工作时间分配给各任务。

数传任务的服务时间越长，拆分后给规划系统带来的增益越明显，而对于服务时间较短的任务，拆分后带来的增益有限且会增加规划的复杂度，因此需要选择合适的任务进行拆分。定义服务时间拆分门限 T_c，当服务时间长度超过 T_c 时，将其拆分成两个子任务。具体而言，对于一个任务 j，若其服务时间 $p_j>T_c$，则将其拆分为两个服务时间相等的子任务 i_1、i_2，它们的服务时间为原任务的一半，其请求可以表示为

$$\begin{cases}\left[a_{i_1},b_{i_1},p_{i_1},K_{i_1},\text{us}_{\text{mc}(i_1)}\right]=\left[a_j,b_j,\dfrac{p_j}{2},K_j,\text{us}_{\text{mc}(j)}\right]\\\left[a_{i_2},b_{i_2},p_{i_2},K_{i_2},\text{us}_{\text{mc}(i_2)}\right]=\left[a_j,b_j,\dfrac{p_j}{2},K_j,\text{us}_{\text{mc}(j)}\right]\end{cases}\tag{2-1}$$

用集合 J_1 表示任务集中所有拆分成功的任务，将其表示为

$$J_1=\{j\,|\,p_j>T_c, j\in J\}\tag{2-2}$$

集合 I_1 表示 J_1 中的任务拆分后形成的子任务，即

$$I_1=\{i\,|\,i\in\{i_1,i_2\}=Z_c(j), j\in J_1\}\tag{2-3}$$

其中，转化函数 $\{i_1,i_2\}=Z_c(j)$ 表示进行拆分的任务与拆分后的子任务之间的映射关系。

2. 数传任务聚合

对于可行调度窗口相似，且卫星天线在其间切换所需的转动时间较小的两个任务，将其聚合为一个任务既可以约束天线转动时间又能降低任务规划的复杂度。数传任务所需的服务时间越短，天线转动时间所占的比例越大，聚合后带来的增益越明显，而对于服务时间较长的任务，聚合后带来的增益有限且会限制规划的灵活性。另外，

天线在两个任务之间切换所需时间越短，聚合后带来的增益越明显，而当切换时间较长时，聚合将很难带来增益。因此，为了保证聚合后的效果，特别定义了天线转动时间门限 S_J 与服务时间聚合门限 T_J。

对于任务 $j_1, j_2 \in J$，如果其服务时间小于 T_J，且存在天线 $k \in K_{j_1} \cap K_{j_2}$ 在 j_1、j_2 之间的切换时间小于 S_J，以及两个任务的可行调度窗口的交集足够大，则称任务 j_1、j_2 达到聚合条件。聚合条件的表达式为

$$\begin{cases} p_{j_1}, p_{j_2} < T_J \\ K_{j_1 j_2} \neq \varnothing, \quad K_{j_1 j_2} = \{k \mid s_{j_1 j_2}^k < S_J, k \in K_{j_1} \cap K_{j_2}\} \\ \min\{b_{j_1}, b_{j_2}\} - \max\{a_{j_1}, a_{j_2}\} > p_{j_1} + p_{j_2} + \max\limits_{k \in K_{j_1 j_2}} s_{j_1 j_2}^k \end{cases} \tag{2-4}$$

其中，$s_{j_1 j_2}^k$ 表示天线 k 在任务 j_1、j_2 间切换所需时间。任务 j_1、j_2 聚合后得到子任务 i 的参数如式（2-5）所示：

$$\left[a_i, b_i, p_i, K_i, \text{us}_{\text{mc}(i)}\right] = \begin{bmatrix} \max\{a_{j_1}, a_{j_2}\}, \min\{b_{j_1}, b_{j_2}\}, p_{j_1} + \\ p_{j_2} + \max\limits_{k \in K_{j_1 j_2}} s_{j_1 j_2}^k, K_{j_1 j_2}, \{\text{us}_{\text{mc}(j_1)}, \text{us}_{\text{mc}(j_2)}\} \end{bmatrix} \tag{2-5}$$

值得注意的是，对于任务 j_1，可能存在多个任务与之满足聚合条件，为了最大化聚合后获得的增益，定义任务 j_1、j_2 的聚合权重为

$$\sigma_{j_1 j_2} = \frac{\left|K_{j_1} \cap K_{j_2}\right|}{\max\limits_{k \in K_{j_1 j_2}} s_{j_1 j_2}^k} \frac{\min\{b_{j_1}, b_{j_2}\} - \max\{a_{j_1}, a_{j_2}\}}{p_{j_1} + p_{j_2} + \max\limits_{k \in K_{j_1 j_2}} s_{j_1 j_2}^k} \tag{2-6}$$

可以看出，$\sigma_{j_1 j_2}$ 越大，j_1、j_2 聚合后获得的增益越大。在此基础上，将配对集合 J 中满足聚合条件的子任务问题转化为最大加权匹配问题，可使用图论中的经典算法求解，此处不赘述。

用集合 J_2 表示聚合成功的任务集，I_2 表示聚合后的子任务集，如式（2-7）所示：

$$I_2 = \{i \mid i = Z_J(j), \ j \in J_2\} \tag{2-7}$$

其中，转化函数 $i = Z_J(j)$ 表示进行聚合的任务与聚合后的子任务之间的映射关系。

3. 数传任务仿真验证

为了验证本书介绍的任务拆分与聚合方法（简称本书算法）的有效性，基于 STK 与 MATLAB 仿真软件搭建场景来评估执行该算法后在成功规划任务数、资源利用率、公平性等方面带来的增益。考虑一个由 3 颗中继卫星、20 颗低轨卫星和 3 个中继地面站构成的网络场景，设定规划时长为 1 天，网络中存在 400 个任务，分属 4 种任务类型，分别为：短服务时间及松时间窗、短服务时间及紧时间窗、长服务时间及松时间窗和长服务时间及紧时间窗。下面介绍 4 种任务类型的服务时间与时间窗松紧度参数设置。

短服务时间及松时间窗（简称短时间松窗）：短服务时间概率分布见表 2-6，在确定服务时间的范围后，实际的服务时间将由此范围内的均匀分布函数随机生成。定义任务 j 的时间窗松紧度为服务时间与可行调度窗口的比值，即 $TWT_j = \dfrac{p_j}{b_j - a_j}$。10% 任务的时间窗松紧度 TWT=1，其余任务的 TWT 将按分布 $U(0.2, 0.5)$ 随机生成。

表 2-6　短服务时间概率分布

服务时间（s）	[50, 295)	[295, 540)	[540, 785)	[785, 1030)	[1030, 1275)
概率	0.05	0.05	0.10	0.20	0.30
服务时间（s）	[1275, 1520)	[1520, 1765)	[1765, 2010)	[2010, 2255)	[2255, 2500)
概率	0.10	0.05	0.05	0.05	0.05

短服务时间及紧时间窗（简称短时间紧窗）：服务时间的生成方式与短时间松窗任务相同。30% 任务的 TWT=1，其余任务的 TWT 将按分布 $U(0.5, 1)$ 随机生成。

长服务时间及松时间窗（简称长时间松窗）：长服务时间概率分布见表 2-7，在确定服务时间的范围后，实际的服务时间将由此范围内的均匀分布函数随机生成。10% 任务的 TWT=1，其余任务的 TWT 将按分布 $U(0.2, 0.5)$ 随机生成。

表 2-7　长服务时间概率分布

服务时间（s）	[50, 295)	[295, 540)	[540, 785)	[785, 1030)	[1030, 1275)
概率	0.05	0.05	0.05	0.05	0.10
服务时间（s）	[1275, 1520)	[1520, 1765)	[1765, 2010)	[2010, 2255)	[2255, 2500)
概率	0.30	0.20	0.10	0.05	0.05

长服务时间及紧时间窗（简称长时间紧窗）：服务时间的生成方式与长时间松窗任务相同。30% 任务的 TWT=1，其余任务的 TWT 将按分布 $U(0.5, 1)$ 随机生成。

随机生成 20 个具有不同任务需求的仿真场景，对比考虑任务拆分与聚合的本书算法以及不考虑任务拆分与聚合的任务规划方法（GRASP 算法）的性能。图 2-4（a）所示为本书算法与 GRASP 算法的成功规划任务数对比，可以看出，本书算法使不同场景中的成功规划任务数都有一定程度的提高。图 2-4（b）所示为本书算法与 GRASP 算法的天线利用率对比，与 GRASP 算法相比，本书算法的天线利用率提高了约 25%。可以看出，本书算法对天线利用率的提升显著高于成功规划任务数。

为了解释上述现象，图 2-4（c）展示了两种算法对于 4 类任务的平均成功规划任务数，可以看出，采用 GRASP 算法时，长服务时间的平均成功规划任务数明显低于短服务时间的平均成功规划任务数，而采用本书算法时，4类任务的平均成功规划任务数比较接近。换言之，与GRASP算法相比，本书算法主要优化了长服务时间的平均成功规划任务数。另外，由于任务聚合有利于减少天线转动消耗的时间，因此与传统算法相比，本书算法可以显著提高资源利用率。为了进一步说明本书算法的公平性，图2-4（d）比较了两种算法的公平性（Jain）指标，可以看出，本书算法的公平性明显优于GRASP算法。

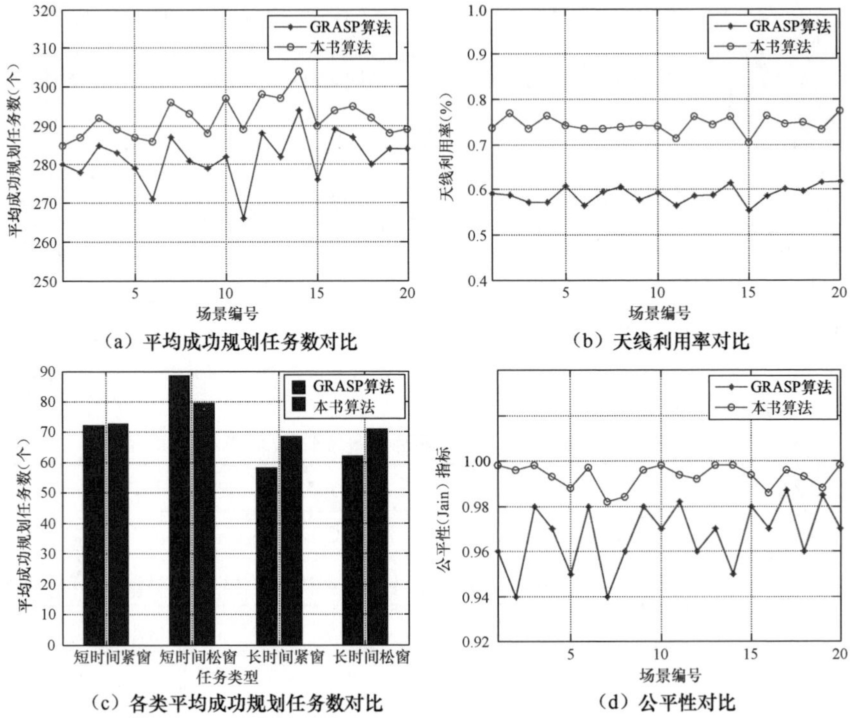

（a）平均成功规划任务数对比　（b）天线利用率对比

（c）各类平均成功规划任务数对比　（d）公平性对比

图2-4　数传任务拆分与聚合方法的性能验证

2.3.2　观测任务的拆分与聚合方法

对于观测任务而言，如果任务观测区域较大，单个卫星传感器通常只能观测到区域目标的局部，无法一次性观测。这种区域目标观测任务通常需要将观测区域拆分为多个子区域，每个子区域可以一次性观测。类似地，如果不同的观测任务对成像载荷的分辨率要求相似，且待观测目标及观测窗口在空间和时间维度上相关，则可以将其聚合，以提高空间信息网络观测资源的服务效率。

1. 观测任务拆分

由于卫星的轨道运动，空间信息网络的观测资源为一个给定任务提供的服务在时间和空间维度上是不连续的。对地观测卫星的成像设备只能在一些离散的时间窗口内观测给定的目标，并有一定的条带宽度限制。一般来说，一个观测任务在时间和空间维度上需求的容量越大，其匹配资源的数量越少，并且与其他任务发生冲突的概率就越大。因此，观测任务拆分是为了在时间和空间维度上分解大型任务，以提高匹配资源的数量。通过观测任务拆分，一方面可以为闲置的资源提供更多的利用机会；另一方面，可以降低匹配资源的冲突程度。

观测任务拆分不仅与待观测目标区域相关，还与卫星轨道参数和星载传感器参数有关。观测区域拆分中，单景大小和条带宽度是依据卫星载荷参数来确定的，而条带的方向则与卫星的轨道有关。如果对地观测卫星为推扫式成像卫星，成像载荷开机后对地面一定幅宽的条带区域进行成像，而条带的长度则由载荷的开机时间决定。针对这类卫星，可以依据卫星的飞行径向和传感器幅宽，将观测区域拆分为固定宽度的平行条带，具体流程如下[8]。

（1）遍历区域目标集中的每个区域目标。针对区域目标的成像设备类型要求及最低分辨率要求，选择可用卫星集合。

（2）遍历可用卫星集合中的每颗卫星，根据各卫星对目标区域进行分解。

（3）根据卫星轨道参数，计算任一卫星与目标区域的时间窗口集合，并删除其中不满足观测任务时间要求的时间窗口。

（4）遍历时间窗口集合中的每个时间窗口，根据每个时间窗口进行分解：

① 得到给定时间窗口内卫星对当前卫星有效观测的最小角度与最大角度；

② 按照不同的观测角度对区域进行分解，从最小角度开始，以 $\Delta\lambda$ 为角度偏移量进行偏移，直至最大角度；

③ 在每种观测角度下，均生成一个任务元。

（5）将卫星与当前区域目标在各个时间窗口内分解得到的任务元加入当前目标的任务元集合中。

（6）将所有卫星与区域目标分解的任务元加入整网的任务元集合中。

2. 观测任务聚合

为使点目标任务与区域目标任务拆分形成的任务元能够统一参与任务聚合，区域目标任务拆分后形成的任务元可视为特殊的点目标任务，这两类任务最终可统一为任务元。所谓的卫星任务聚合，就是指对卫星观测任务拆分产生的任务元进行聚合，按照一定的规则把其中能被同一颗卫星过境时执行的若干任务元合并成一个任务元，使最终形成的任务集合可在多颗协同工作的卫星之间进行统一规划。对于区域目标任务拆分后形成的任务元，聚合时还应考虑区域目标成像的约束问题，这增加了问题建模的复杂度。

任务属性的相关程度是决定任务元能否聚合的主要因素。

（1）目标位置：目标位置决定了卫星的观测窗口与侧视角度，两个任务元的位置需要足够接近，以便它们可以被一个条带覆盖。

（2）所需成像设备和分辨率：两个任务元所需成像设备的类型必须相同，任务要求的最小分辨率也决定了所需卫星与遥感器的要求。

（3）可行观测窗口：两个任务元可行观测窗口的交叉部分需要足够长，以便获得完整的观察。

（4）调整时间：对于两个邻近的任务元，它们的观测窗口之间必须有足够的时间，以便卫星进行侧视角度的调整。

（5）时间约束：聚合任务的观测时间窗口必须在卫星的单次开机时间限制内。

基于上述条件，设计观测任务聚合条件如下[9]。

（1）遍历所有的区域目标与点目标，获取它们的观测窗口、任务优先级、所需成像设备、分辨率、侧视角度等属性。

（2）根据待观测目标的属性，将满足任务聚合条件的任务进行聚合。具体而言，对于点目标，同一条带中，对地观测卫星可以调整侧视角度以观测不同位置的目标；对于区域目标，对地观测卫星需要使用区域目标要求的侧视角度进行观测，这就要求要聚合的任务目标必须有相同要求的侧视角度。将满足聚合条件的任务进行聚合，得到聚合任务并加入聚合任务集，将被聚合任务从原任务集中删去。

（3）遍历聚合任务集，根据聚合任务的优先级进行排序，将重复观测的具有较低优先级的聚合任务进行还原并加入原任务集，将被还原任务从聚合任务集中删去。

（4）遍历聚合任务集与原任务集，若有任务满足聚合条件，则从步骤（1）开始重新进行任务聚合；若任务都不满足聚合条件，则进入步骤（5）。

（5）将聚合任务集与原任务集中的任务加入任务规划集合。

任务元聚合完成后，合成观测任务的观测时间和观测角度均是由其包含的任务元决定的，聚合所产生的任务元对应卫星的一次观测活动。卫星观测点目标时，可以根据需要调整卫星的侧视角度，只要该角度满足任务对观测角的约束，且此时的观测范围能将点目标包括在某观测带内即可。当卫星观测区域目标时，由于区域目标任务元的观测角度往往在任务拆分时就已经确定，若对其进行调整，则卫星对区域的观测部分会发生偏移，因此不能调整卫星对区域目标任务元的观测角度，只能通过扩展观测时间来实现对多个观测任务元的合并观测。

3. 观测任务仿真验证

仿真实验 1

考虑图 2-5 所示的场景。其中 os_1 和 os_2 是两颗对地观测卫星，每颗卫星绕地球飞行一圈约需 100min，每天绕地球飞行约 14 圈。空间信息网络中有 3 项对地观测任务：任务 1、任务 2 的待观测目标为点目标，任务 3 的待观测目标为区域目标，这 3 项任务的属性在表 2-8 中列出。由于任务 1 和任务 2 具有相邻的位置和相同的成像类型，并且可行观测窗口也有很多的重叠，可以将其合并为一个任务元（ob_1）。而对于任务 3 来说，由于其可行观测窗口有限，可以将其拆分为两个任务元（ob_2 和 ob_3），并利用两颗对地观测卫星进行协同观测。

假设有一项紧急任务（任务 4）到达运营管理中心，此时有如下 4 种任务处理方法：不聚合不拆分、拆分但不聚合、聚合但不拆分和聚合且拆分。具体而言，如果采用不聚合不拆分方法，一颗卫星一次只能执行一项任务；采用拆分但不聚合方法，可以将一个区域目标拆分成多个点目标；聚合但不拆分方法可以将多个点目标聚合为一个区域目标，而不能将一个区域目标拆分为多个点目标；聚合且拆分方法可以将多个点目标聚合为一个区域目标，也可以将一个区域目标拆分为多个点目标。表 2-9 给出了 4 种方法完成任务所需的时间对比。可以看出，通过任务的聚合与拆分，可以显著降低常规任务的时延。

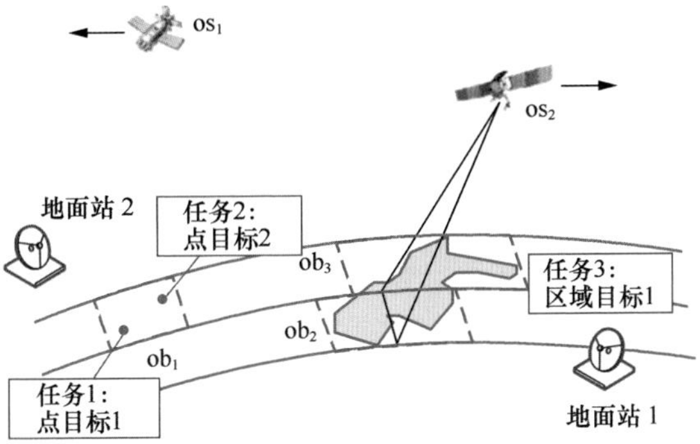

图 2-5　对地观测任务拆分与聚合示例场景

表 2-8　3 项对地观测任务的属性

任务名称	最小观测时间（s）	分辨率（m）	优先级	任务可行观测窗口（s）	成像类型
任务 1	30	1	0.6	[400, 8400]	SAR
任务 2	50	1	0.9	[1300, 6300]	SAR
任务 3	250	20	0.8	[1500, 2500]	SAR

表 2-9 不同的拆分与聚合方法完成任务所需的时间对比（单位：h）

类型	任务 1	任务 2	任务 3	任务 4
不聚合不拆分	1.4	12.6	13.2	0.4
拆分但不聚合	1.4	1.4	1.3	0.4
聚合但不拆分	1.4	12.6	13.2	0.4
聚合且拆分	1.4	1.4	1.3	0.4

仿真实验 2

考虑如下空间信息网络场景：网络中包含 4 颗对地观测卫星，每颗卫星绕地球飞行一圈约需 100min，每天绕地球飞行约 14 圈。卫星上传感器的横向回转角度范围为 [−30°, 30°]。有 200 个点目标和 100 个区域目标在地球表面随机分布，纬度在 [−30°, 60°] 之间，经度在 [0°, 150°] 之间。在观测任务中，任务规划周期为 24h，紧急任务（需要在 2h 内完成）占 10% ~ 30%。

在此场景中，本实验首先研究任务总数对任务完成率和资源利用率的影响，然后进一步研究紧急任务对任务规划的影响。图 2-6（a）所示为采用不聚合不拆分、拆分但不聚合、聚合但不拆分和聚合且拆分 4 种方法的成功规划任务数对比。由图可见，不聚合不拆分方法的性能最差，因为它既不考虑任务聚合，也不考虑任务拆分；拆分但不聚合方法的性能略优于不聚合不拆分方法，这是因为该方法只将区域目标拆分为多个点目标，而没有考虑如何有效地完成观测任务，只有当所有点目标任务都完成时，区域目标任务才能完成，所以可能导致区域目标任务仍难以完成；聚合但不拆分方法的性能优于前两种方法，这是因为任务聚合可以减少任务之间的冲突，同时提高传感器的资源利用率，因此点目标的任务完成数会显著增加；聚合且拆分方法的性能优于其他 3 种方法，说明任务聚合和任务拆分协同进行可以进一步提高性能。

为了研究观测资源的利用情况，图 2-6（b）给出了采用 4 种方法时对地观测卫星成像设备的平均工作时间。可以看出，由于同时考虑了任务聚合和任务拆分，聚合且拆分方法具有最佳的资源利用率。

为了进一步展示任务聚合与拆分方法的优势，可以考虑一个扩展场景，在该场景中，当执行常规任务时，有 20 ～ 140 项紧急任务请求到达。图 2-6（c）所示为两种规划方法的常规任务受损数对比：第一种是任务删除方法，即终止计划中的常规任务并在计划中插入紧急任务；第二种是聚合且拆分方法，通过任务聚合来缓解紧急任务突发所造成的冲突。因此，聚合且拆分方法对常规任务的损坏次数比任务删除方法更少。

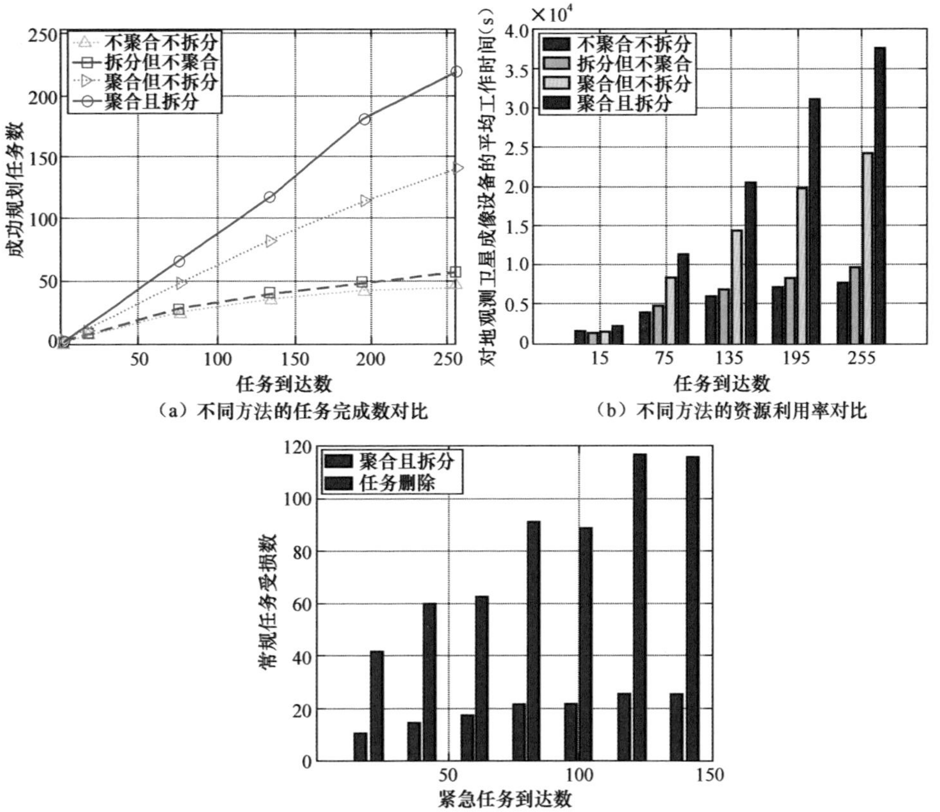

（a）不同方法的任务完成数对比　　（b）不同方法的资源利用率对比

（c）紧急任务对常规任务的影响

图 2-6　不同方案的仿真结果对比

2.4　本章小结

本章主要从空间信息网络复杂任务本身的特性着手，首先对复杂任务需求进行特征分析，并对复杂任务进行聚类，从而降低了由任务之间的差异性导致的统一规划的难度，然后进一步研究了空间信息网络典型任务的拆分与聚合方法，为空间信息网络高效的任务规划与资源调度提供了基础。

参考文献

[1] 马满好 , 祝江汉 , 范志良 , 等 . 一种对地观测卫星应用任务描述模型 [J]. 国防科技大学学报 , 2011, 33(2): 89-94.

[2] 冉承新，熊纲要，王慧林，等．基于 HTN 的卫星应用任务分解方法 [J]. 中国空间科学技术，2010(3): 76-83.

[3] 范志良，王迪，任海燕，等．基于 PDDL 的侦察卫星应用任务建模研究 [J]. 航天控制，2009, 27(5): 77-82.

[4] 姜维，庞秀丽．组网成像卫星协同任务调度方法 [M]. 哈尔滨：哈尔滨工业大学出版社，2016.

[5] 凌晓冬．多星测控调度问题建模及算法研究 [D]. 长沙：国防科技大学，2009.

[6] 孙福煜．预警卫星系统探测任务调度策略及仿真方法研究 [D]. 长沙：国防科技大学，2018.

[7] 刘闻．基于 Agent 的天基预警体系的建模仿真方法研究 [D]. 北京：中国运载火箭技术研究院，2019.

[8] 刘晓路，陈盈果，李菊芳，等．基于 CHARTER 机制的减灾卫星调度问题研究 [J]. 国防科技大学学报，2010, 32(5): 166-172.

[9] 白保存．考虑任务合成的成像卫星调度模型与优化算法研究 [D]. 长沙：国防科技大学，2008.

第 3 章　基于时间扩展图的资源表征模型

针对空间信息网络的资源多样性与动态性特征，本章主要研究多维资源联合表征方法，并揭示资源在时间、空间两个维度上的关联性与协同关系，从而为以较低的复杂度实现网络多维资源的联合调度提供理论基础。由于空间信息网络具有间歇性的资源可见性及复杂的时空特性，传统静态图理论无法建模各种资源的时变性及不同资源的承接、转化关系，因此本章基于时变图模型表征空间信息网络的观测、传输、计算、存储、天线、能量等多种资源。

3.1　引言

随着空间科学和信息技术的发展，近年来空间信息网络在国家安全、航空航天、环境监测、交通管理、工农业、抢险救灾等领域起到了日益重要的作用。面对不断增长的任务需求，如何规划空间信息网络或设计高效的资源管理方法已成为该领域的研究热点。合适的网络模型是空间信息网络规划、优化的基础。由于作为网络节点的卫星沿既定轨道高速运动，空间信息网络的拓扑具有高动态、可预测的特性。而且，由于空间信息网络是稀疏且链路间歇连通的，网络中缺少实时存在的端到端路径，大量数据需要依靠存储—携带—转发的方式抵达目的节点。上述特性导致在传统的无线网络性能分析中得到的可以广泛应用的静态图模型[1-2]和随机图模型[3-5]不再适用于空间信息网络。作为刻画网络拓扑演进过程的一种有效工具，近年来时变图理论在时延容忍网络（Delay Tolerant Network，DTN）中得到了广泛的应用。常见的时变图分为如下两大类。

（1）快照序列图

快照序列图（Snapshots Sequence Graph）通过离散时间点上的静态网络拓扑来刻画网络的动态演进过程[6-7]，与之原理相似的还有演进图（Evolving Graph）[8-9]。这两类图的构造原理为：通过将网络中的多个快照叠加得到一幅静态图，图中的每条弧（又称为边）都有一个连通时段标识来表示该链路在哪些时隙内是可连通的。尽管快照序列图（及演进图）能够通过离散时间点上的静态图来描述网络中节点的移动行为，但它却无法刻画相邻快照间各类资源的联系及资源移动性对任务执行过程的影响，这就导致静态图中的理论工具（如最大流最小割定理、最短路由算法等）无法有效地应用在动态网络中。例如，通过使用迪杰斯特拉（Dijkstra）算法等可以很方便地求解每个快照内的端到端最短路由，但是如果需要求解跨越多个快照的端到端路径，则需要为其设计较复杂的算法[10]。因此，快照序列图比较适合用在铱星系统等网络拓扑规则、快照数量少、绝大多数分组能够在一个快照时间内到达目的节点的准静态网络[11]，而不适用于网络稀疏且间歇性连通、多数分组需要经历多个快照才能抵达目的节点的高动态网络。

（2）时间扩展图（Time-expanded Graph）

为了建模网络拓扑变化对数据传输的影响，文献 [12] 提出了时间扩展图，通过引入存储弧将离散的时间快照连接起来，从而实现从时间和空间两个维度对网络拓扑演进过程的建模。时间扩展图是一个分层有向图，图中的每一层对应网络的一个时隙，层内拓扑为该时隙内的网络快照，从而实现了动态网络的静态化表征。在此基础上，动态网络中的最短路由、最大吞吐量求解等问题都可以直接转换成静态图中的流问题，而且静态图中的理论工具都可以直接应用在时间扩展图中。由于具有上述优势，时间扩展图被广泛应用在 DTN（如卫星网络、车载网及传感器网络等）的性能分析、高效链路调度，以及路由算法设计等领域的研究中。例如，Malandrino 等人使用时间扩展图建模车辆运动轨迹可预测的车载网络，并将该网络中最大吞吐量的内容分发问题建模为图中的网络流问题，通过优化得到了最优的内容分发策略[13-14]；Huang 等人基于时间扩展图模型设计了一种传感器网络中能够保障给定时段内连通性的低开销链路调度方法[15-16]；Iosifidis 等人通过将 DTN 中数据的存储传输策略建模为时间扩展图中的网络流问题来分析网络中节点存储容量大小对吞吐量、时延等性能的影响[17]；Fraire 等人将 DTN 中的最短时延路径问题转化为时间扩展图中的最短路由问题，并在此基础上提出了网络中最小化端到端路由时延的连接规划方法[18-19]。

虽然时间扩展图能够刻画网络拓扑演进过程并建模其对数据存储传输过程的影响，但是若想通过时间扩展图直接建模与分析空间信息网络仍有一些尚待解决的问题。首先，时间扩展图仅建模了网络中的存储和通信资源，然而与传统地面网络相比，空间信息网络中的任务执行过程更复杂，往往需要更多种类的资源协同完成。以对地观测任务为例，一次完整的执行过程由星载成像设备获取图像、星载图像压缩、星载数据存储、数据回传等步骤构成，其间需要协同调度观测、计算、存储、通信共 4 种资源。因此，仅使用时间扩展图无法建模空间信息网络的全部任务执行过程。其次，时间扩展图无法建模星上资源受限对数据传输的影响。具体而言，通过卫星轨道参数仅能预测给定时段内节点间的位置关系能否满足建立通信链路的要求，由于星上的收发信机和天线数量十分有限，当给定时隙内一颗卫星与多颗卫星或多个地面站满足通信条件时，并不能保证其与所有可通信节点都建立通信链路。换言之，通过卫星轨道参数仅能预测网络中的通信机会，并不能完全确定网络中具体的通信链路，因此，基于轨道信息构建的时间扩展图中也仅能表示空间信息网络中的通信机会，而无法建模星载收发信机和天线数量给数据传输带来的限制。除此之外，由于卫星载荷能力的限制，卫星上的电池容量和太阳能收集板的大小也十分有限。这意味着卫星上的观测、数传等动作受限于星上能量预算，而现有的时间扩展图无法表征能量受限对任务执行的影响。

因此，本章致力于对传统的时间扩展图进行扩展，使其能够更精准地刻画空间信息网络场景。本章其余部分的安排如下：第 3.2 节、第 3.3 节、第 3.4 节、第 3.5 节分别介绍基于时间扩展图的空间信息网络通信—存储资源表征模型、观测—通信—存储—计算资源表征模型、能量资源表征模型和天线资源表征模型，第 3.6 节通过搭建仿真场景展示这些资源表征模型的应用结果，第 3.7 节对本章进行简要的总结。

| 3.2　基于时间扩展图的通信—存储资源表征模型 |

传统的快照序列图模型（见图 3-1）通过离散时间点上的静态网络拓扑来刻画网络的动态演进过程，其能实现空间信息网络通信资源的时空二维表征，却无法体现网络中的存储资源。时间扩展图模型通过引入存储弧将离散的时间快照连接起来，实现了网络中通信与存储资源的联合表征。如图 3-2 所示，时间扩展图是一个分层有向图，图中的每一层对应网络的一个时隙，层内拓扑为该时隙内的网络快照。时间扩展图中的顶点为网络节点在不同时隙内的副本。图中的弧分为两类，分别为链路弧和存储弧：链路弧用来表示各时隙内存在的链路，其容量为该链路在对应时隙内能传输的数据量的最大值；存储弧用来建模节点通过自身存储空间携带数据的能力，其容量为对应节点存储空间的大小。

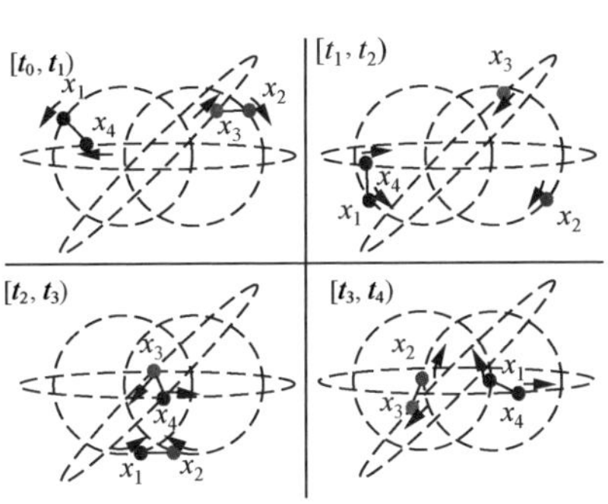

（a）网络拓扑

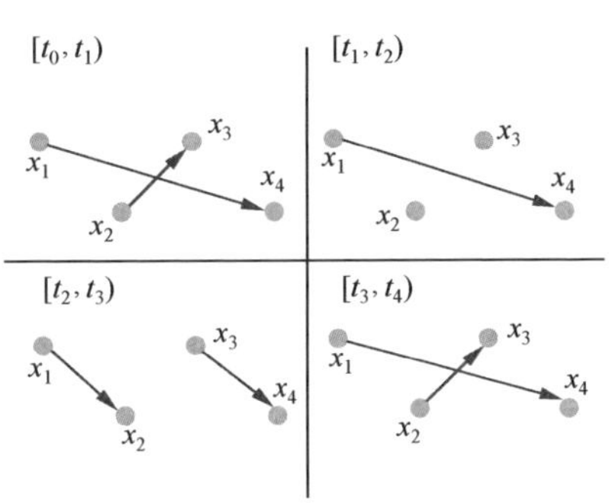

（b）快照序列图

图 3-1　传统的快照序列图模型

图 3-2 的左半部分描述空间信息网络链路的时变特征，右半部分对空间信息网络

资源的时变性进行表征。纵轴表征时间维度，揭示空间信息网络资源的时变特征；横轴表征空间维度，揭示空间特性。各时隙内的弧（图中的蓝色线）表示第 k 个时隙链路 l_{ij} 的传输能力：$C(v_i^k,v_j^k)=r_{ij}(t_k-t_{k-1})$。其中，$r_{ij}$ 表示链路 l_{ij} 的传输速率。跨时隙的弧（图中的红色线）表示 t_k 时刻节点携带数据的能力：$C(v_i^k,v_i^{k+1})=b_i$。时间扩展图既表征了空间信息网络资源的时空二维性，又实现了链路资源与存储资源的联合表征，进而可支持不同资源之间的抉择和运算。

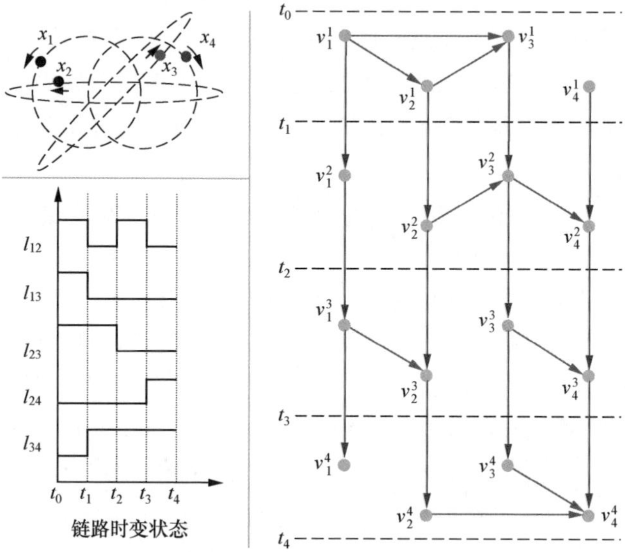

图 3-2 空间信息网络的时空二维表征

可以看出，时间扩展图在本质上是动态网络在时间轴上的延展，存储弧的引入一方面使其具有能够从时间和空间两个维度联合表征通信、存储两种资源移动行为的能力，另一方面可支持对跨越多个快照的任务执行过程的建模，从而实现了动态网络的静态化表征。在此基础上，动态网络中的最短路由、最大吞吐量求解等问题都可以直接转换为静态图中的流问题，而且静态图中的理论工具都可以直接应用在时间扩展图中。

3.3 基于时间扩展图的观测—通信—存储—计算资源表征模型

虽然时间扩展图能够联合表征空间信息网络的通信—存储资源并建模其对任务执行过程的影响，但空间信息网络中的任务执行过程往往需要更多种类的资源协同完成。以对地观测任务为例，一次完整的执行过程由星载成像设备获取图像、星载图像压缩、星载数据存储、数据回传等步骤构成，其间需要协同调度观测、计算、存储、通信共

4 种资源。因此，仅使用时间扩展图无法建模空间信息网络的全部任务执行过程。本节对传统的时间扩展图模型进行扩展，通过设计资源时变图模型来实现空间信息网络观测—通信—存储—计算 4 种资源的联合表征。

考虑的空间信息网络场景如图 3-3 所示，该网络包含：多颗对地观测卫星，使用集合 $OS=\{os_1, os_2, \cdots, os_n, \cdots\}$ 表示；多颗中继卫星，使用集合 $RS=\{rs_1, rs_2, \cdots, rs_n, \cdots\}$ 表示；多个遥感地面站，使用集合 $GS=\{gs_1, gs_2, \cdots, gs_n, \cdots\}$ 表示；一个数据处理中心，用 dc 表示。数据处理中心与遥感地面站之间通过高速光纤链路相连。另外，网络中还存在多个待观测目标，分布在地球表面，用集合 $OB=\{ob_1, ob_2, \cdots, ob_n, \cdots\}$ 表示。

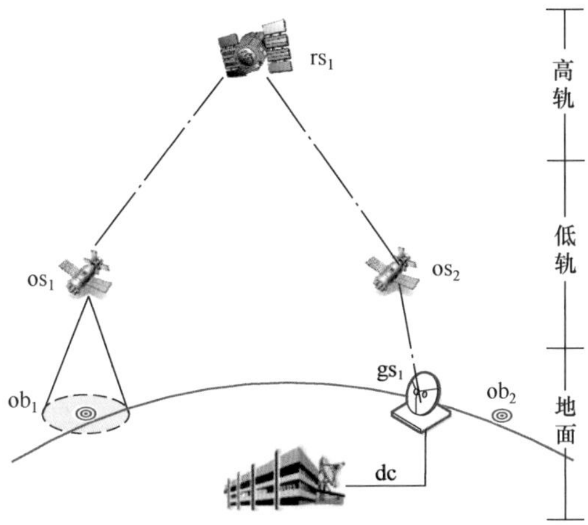

图 3-3 空间信息网络场景

资源时变图是一个分层有向图，每层对应空间信息网络中的一个时隙。与传统的时变图中使用顶点表示网络中的节点、弧表示链路不同，资源时变图中使用顶点表示网络中的节点或者使用实体、弧表示网络中的资源。如图 3-4（a）所示，对地观测卫星携带观测、计算、存储、通信资源（成像设备、图像压缩单元、存储器、收发信机）。为了表示对地观测卫星的上述资源，使用图 3-4（b）所示的模型来表示对地观测卫星。

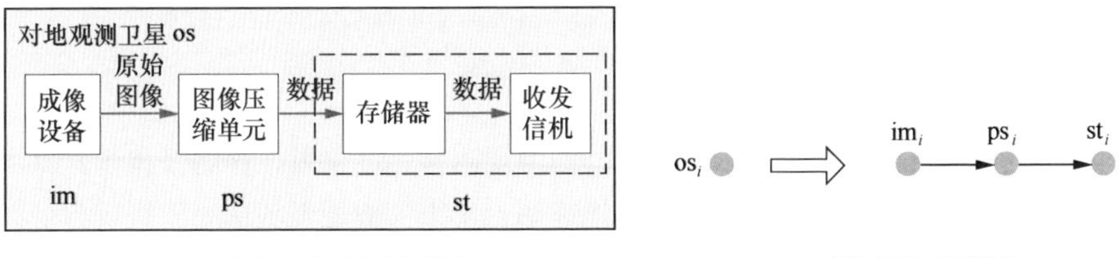

（a）对地观测卫星功能模块　　（b）对地观测卫星模型

图 3-4 对地观测卫星功能化表示

资源时变图的具体构造方法如下。首先把网络周期 $[0, T)$ 划分为 K 个等长的时隙，用 τ 表示每个时隙的长度。假设网络的拓扑状态在每个时隙内保持不变，仅在时隙切换的瞬间发生变化。如图 3-5 所示，资源时变图 $ZG_K(V,A)$ 是一个 K 层有向图，V 和 A 分别代表图中的顶点集合和弧的集合。顶点集合 V 中包含两类顶点，分别为普通顶点和虚拟顶点，即 $V=V_O \cup V_R$，其中 V_O 和 V_R 分别为普通顶点和虚拟顶点的集合。资源时变图中每一层的每个普通顶点代表对应时隙中空间信息网络中的一个节点（待观测目标、遥感地面站、数据处理中心）或者被拆分为卫星节点的一个功能模块。例如，ob_2^1 代表第一个时隙中的待观测目标 ob_2。具体地，如式（3-1）所示：

$$V_O = V_{OB} \cup V_{IM} \cup V_{PS} \cup V_{ST} \cup V_{RS} \cup V_{GS} \cup V_{DC} \tag{3-1}$$

其中，V_{OB}、V_{IM}、V_{PS}、V_{ST}、V_{RS}、V_{GS} 和 V_{DC} 分别代表空间信息网络中的所有待观测目标、对地观测卫星成像设备、对地观测卫星图像压缩单元、对地观测卫星存储传输模块、中继卫星、遥感地面站和数据处理中心在每个时隙内副本的顶点集合。以所有待观测目标在每个时隙内副本的顶点集合 V_{OB} 为例，其可表示为

$$V_{OB} = \left\{ ob_i^k \mid 1 \leqslant k \leqslant K, 1 \leqslant i \leqslant |OB| \right\} \tag{3-2}$$

资源时变图中仅包含一个虚拟顶点 v_r（即 $V_R = \{v_r\}$），用来收集因压缩而损失的数据。

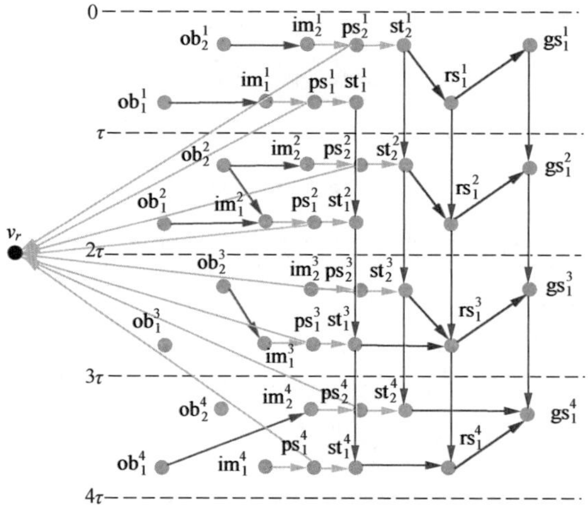

图 3-5　资源时变图

资源时变图中的弧可以分为 4 种，分别为观测弧、链路弧、存储弧和计算弧，即 $A = A_O \cup A_L \cup A_S \cup A_C$。观测弧表示对地观测卫星上的成像设备从地面待观测目标获取信息的能力，如果在第 k 个时隙内待观测目标 ob_i 在对地观测卫星 os_j 的成像设备 im_j 的可视范围内，则存在观测弧 $(ob_i^k, im_j^k) \in A_O$。因此，观测弧集合 A_O 可以表示为

$$A_{\mathrm{O}}=\left\{\left(\mathrm{ob}_i^k,\mathrm{im}_j^k\right) \mid \mathrm{lc}\left(\mathrm{ob}_i\right)\in R_{\mathrm{O}}\left(\mathrm{os}_j^k\right),\mathrm{ob}_i^k\in V_{\mathrm{OB}},\mathrm{im}_j^k\in V_{\mathrm{IM}}\right\} \tag{3-3}$$

其中，$\mathrm{lc}(\mathrm{ob}_i)$ 表示待观测目标 ob_i 的地理位置，$R_{\mathrm{O}}(\mathrm{os}_j^k)$ 表示对地观测卫星 os_j 在第 k 个时隙内的可视范围。观测弧 $(\mathrm{ob}_i^k,\mathrm{im}_j^k)$ 的容量为一个时隙内成像设备 im_j 能够获取的最大数据量，即

$$C\left(\mathrm{ob}_i^k,\mathrm{im}_j^k\right)=\mathrm{ro}_j\tau,\quad \forall\left(\mathrm{ob}_i^k,\mathrm{im}_j^k\right)\in A_{\mathrm{O}} \tag{3-4}$$

其中，ro_j 为成像设备 im_j 采集图像数据的速率。

链路弧表示空间信息网络中链路传输数据的能力。根据所代表链路的类型不同，链路弧又可分为机会链路弧和固定链路弧，即 $A_{\mathrm{L}}=A_{\mathrm{OL}}\cup A_{\mathrm{FL}}$。机会链路弧对应对地观测卫星与中继卫星（或遥感地面站）之间的通信链路，这些链路能否建立受到卫星轨道运动的影响。如果在第 k 个时隙内对地观测卫星 os_i 与中继卫星 rs_j 皆在对方的通信范围内，则存在链路弧 $(\mathrm{st}_i^k,\mathrm{rs}_j^k)$，同理，如果在第 k 个时隙内对地观测卫星 os_i 与遥感地面站 gs_j 皆在对方的通信范围内，则存在链路弧 $(\mathrm{st}_i^k,\mathrm{gs}_j^k)$。因此，有式（3-5）所示的条件：

$$\begin{aligned}A_{\mathrm{OL}}=&\left\{\left(\mathrm{st}_i^k,\mathrm{rs}_j^k\right) \mid \mathrm{lc}\left(\mathrm{os}_i^k\right)\in R_{\mathrm{C}}\left(\mathrm{rs}_j^k\right),\mathrm{lc}\left(\mathrm{rs}_j^k\right)\in R_{\mathrm{C}}\left(\mathrm{os}_i^k\right),\mathrm{st}_i^k\in V_{\mathrm{ST}}\right\}\\&\cup\left\{\left(\mathrm{st}_i^k,\mathrm{gs}_j^k\right) \mid \mathrm{lc}\left(\mathrm{os}_i^k\right)\in R_{\mathrm{C}}\left(\mathrm{gs}_j^k\right),\mathrm{lc}\left(\mathrm{gs}_j^k\right)\in R_{\mathrm{C}}\left(\mathrm{os}_i^k\right),\mathrm{st}_i^k\in V_{\mathrm{ST}},\mathrm{gs}_j^k\in V_{\mathrm{GS}}\right\}\end{aligned} \tag{3-5}$$

其中，$\mathrm{lc}(\mathrm{os}_i^k)$ 表示对地观测卫星 os_i 在第 k 个时隙内的位置，$R_{\mathrm{C}}(\mathrm{rs}_j^k)$ 表示数据中继卫星 rs_j 在第 k 个时隙内的通信范围。

固定链路弧对应中继卫星到遥感地面站，以及所有遥感地面站到数据处理中心的链路，这些链路始终存在。固定链路弧集合表示为

$$A_{\mathrm{FL}}=\left\{\left(\mathrm{rs}_i^k,\mathrm{gs}_j^k\right)\middle|\mathrm{rs}_i\in\mathrm{RS}\left(\mathrm{gs}_j\right),\mathrm{gs}_j^k\in V_{\mathrm{GS}}\right\}\cup\left\{\left(\mathrm{gs}_i^k,\mathrm{dc}^k\right)\middle|\mathrm{gs}_i^k\in V_{\mathrm{GS}},\mathrm{dc}^k\in V_{\mathrm{DC}}\right\} \tag{3-6}$$

其中，$\mathrm{RS}(\mathrm{gs}_j)$ 表示与遥感地面站 gs_j 固定连通的中继卫星集合。

机会链路弧和固定链路弧的区别在于，机会链路弧仅表示在某个时隙对地观测卫星到中继卫星（或遥感地面站）有传输机会，而固定链路弧表示在某个时隙中继卫星与遥感地面站（或遥感地面站与数据处理中心）之间有通信链路。例如，机会链路弧 $(\mathrm{st}_i^k,\mathrm{gs}_j^k)$ 表示在第 k 个时隙对地观测卫星 os_i 与遥感地面站 gs_j 之间的位置关系满足建立通信链路的条件，但是由于对地观测卫星和遥感地面站上的收发信机数量及对地观测卫星姿态的限制，在第 k 个时隙建立从 os_i 到 gs_j 的通信链路可能会与其他观测或数传动作相互冲突。因此，机会链路弧 $(\mathrm{st}_i^k,\mathrm{gs}_j^k)$ 仅表示在第 k 个时隙内 os_i 与 gs_j 之间存在通信机会，但无法保证二者之间一定有通信链路。与之相对的是，固定链路弧 $(\mathrm{rs}_i^k,\mathrm{gs}_j^k)$ 表示在第 k 个时隙中继卫星 rs_i 与遥感地面站 gs_j 之间存在通信链路。链路弧

的容量为其所对应链路在对应时隙内能够传输的最大数据量，即

$$C\left(v_i^k, v_j^k\right) = \int_{(k-1)\tau}^{k\tau} \mathrm{rd}_{\left(v_i, v_j\right)}(t)\mathrm{d}t, \qquad \forall\left(v_i^k, v_j^k\right) \in A_{\mathrm{L}} \tag{3-7}$$

其中，$\mathrm{rd}_{(v_i,v_j)}(t)$ 为链路 (v_i,v_j) 的传输速率。

对于星地（Satellite-to-Earth，SG）链路和星间（Inter-Satellite，IS）链路，其传输速率主要受卫星所在位置及信道状态的影响，因此可以根据轨道参数及气象信息来估计未来一段时间内的 $\mathrm{rd}_{(v_i,v_j)}(t)$ 。对于遥感地面站与数据处理中心之间的有线链路，其传输速率不随时间变化（$\mathrm{rd}_{(v_i,v_j)}(t) = \mathrm{rd}_{(v_i,v_j)}$），因此，对应链路弧的容量也可以表示为

$$C(v_i^k, v_j^k) = \mathrm{rd}_{(v_i,v_j)}\tau \tag{3-8}$$

存储弧表示空间信息网络中对地观测卫星、遥感地面站、数据处理中心等节点存储数据的能力。以对地观测卫星 os_i 为例，其可以通过自身存储器（包含在主体模块 st_i 内）存储数据一段时间，直到其获得传输机会为止。资源时变图中使用存储弧 $(\mathrm{st}_i^k,\mathrm{st}_i^{k+1})$ 表示 os_i 通过存储器把数据从第 k 个时隙携带到第 $k+1$ 个时隙。因此，存储弧集合可被表示为

$$\begin{aligned} A_{\mathrm{S}} = &\{(\mathrm{st}_i^k,\mathrm{st}_i^{k+1}) \mid 1 \leqslant i \leqslant |\mathrm{OS}|, 1 \leqslant k \leqslant K-1\} \\ &\cup \{(\mathrm{rs}_i^k,\mathrm{rs}_i^{k+1}) \mid 1 \leqslant i \leqslant |\mathrm{RS}|, 1 \leqslant k \leqslant K-1\} \\ &\cup \{(\mathrm{gs}_i^k,\mathrm{gs}_i^{k+1}) \mid 1 \leqslant i \leqslant |\mathrm{GS}|, 1 \leqslant k \leqslant K-1\} \\ &\cup \{(\mathrm{dc}^k,\mathrm{dc}^{k+1}) \mid 1 \leqslant k \leqslant K-1\} \end{aligned} \tag{3-9}$$

存储弧的容量为其所对应节点存储器的容量，即

$$C(v_i^k, v_i^{k+1}) = b(v_i), \quad v_i^k, v_i^{k+1} \in V_{\mathrm{ST}} \cup V_{\mathrm{RS}} \cup V_{\mathrm{GS}} \cup V_{\mathrm{DC}} \tag{3-10}$$

其中，$b(v_i)$ 表示空间信息网络中节点 v_i 的存储空间大小。

计算弧表示空间信息网络对地观测卫星上的图像压缩单元处理图像数据的能力。根据与代表图像处理单元的顶点的位置关系的不同，计算弧可以分为 3 个部分：$A_{\mathrm{C}} = A_{\mathrm{CI}} \cup A_{\mathrm{CO}} \cup A_{\mathrm{CL}}$，其中集合 $A_{\mathrm{CI}} = \{(\mathrm{im}_i^k,\mathrm{ps}_i^k) \mid 1 \leqslant i \leqslant |\mathrm{OS}|, 1 \leqslant k \leqslant K\}$ 中的弧表示原始数据进入图像压缩单元，集合 $A_{\mathrm{CO}} = \{(\mathrm{ps}_i^k,\mathrm{st}_i^k) \mid 1 \leqslant i \leqslant |\mathrm{OS}|, 1 \leqslant k \leqslant K\}$ 中的弧表示图像压缩单元输出压缩数据，集合 $A_{\mathrm{CL}} = \{(\mathrm{ps}_i^k, v_r) \mid 1 \leqslant i \leqslant |\mathrm{OS}|, 1 \leqslant k \leqslant K\}$ 中的弧表示图像数据由于图像压缩单元的作用而变少的过程。计算弧 $(\mathrm{im}_i^k,\mathrm{ps}_i^k) \in A_{\mathrm{CI}}$ 的容量为对应图像压缩单元一个时隙内最多能处理的原始数据量，即

$$C(\mathrm{im}_i^k,\mathrm{ps}_i^k) = \mathrm{rp}_i\tau, \quad \forall(\mathrm{im}_i^k,\mathrm{ps}_i^k) \in A_{\mathrm{CI}} \tag{3-11}$$

其中，rp_i 表示对地观测卫星 os_i 上的图像压缩单元的处理速率。

资源时变图中不同颜色的弧代表网络中不同类型的资源，弧之间的位置关系表

征了不同资源在时间和空间维度上的协同关系。例如，图 3-5 中，弧 (st_2^1,st_2^2) 与弧 (st_2^2,rs_1^2) 首尾相连，这表示在第二个时隙内对地观测卫星 os_2 存储的数据可以通过收发信机传输到中继卫星 rs_1。换言之，在第二个时隙内，对地观测卫星 os_2 的存储资源和通信链路 $os_1 \rightarrow rs_1$ 可以协同完成任务。而弧 (st_1^1,st_1^2) 与弧 (st_2^2,rs_1^2) 并不相连，这意味着其所代表的资源无法直接协同完成任务。资源时变图通过弧的关系从时间和空间两个维度表征了空间信息网络资源间的协同关系，进而揭示了资源的移动行为对协同关系及任务执行的影响。例如，图 3-6 中，弧 (st_1^1,st_1^2) 与弧 (rs_1^2,gs_1^2) 并不相连，而弧 (st_1^2,st_1^3) 与弧 (rs_1^3,gs_1^3) 通过弧 (st_1^3,rs_1^3) 相连，这意味着在第二个时隙内对地观测卫星 os_1 的存储资源无法与中继卫星 rs_1 的通信资源协同完成任务，而第三个时隙内由于对地观测卫星的移动，对地观测卫星 os_1 进入中继卫星 rs_1 的通信范围，因而其资源可以协同地将对地观测卫星的数据回传到地面。

| 3.4　基于时间扩展图的能量资源表征模型 |

卫星星座网络中，卫星依靠太阳能与电池供电。具体地，当卫星运动到地球向阳面时，太阳能收集板将太阳能转化为电能直接供应载荷工作并为电池充电，当其运动到地球背阴面时，电池放电供应载荷工作。值得注意的是，考虑到星载电池的工作特性，需要通过限制卫星在地球背阴面运行时电池的最大放电深度来延长其使用寿命。因此，当卫星处于地球背阴面时，其载荷工作受限于电池内的剩余电量和最大放电深度。由于对地观测卫星运行在低轨轨道（轨道高度为 400 ～ 1400km），其在地球背阴面运行的时间较长，约占其轨道周期的 1/3。与之对应的是，中继卫星位于高轨轨道（轨道高度为 35 786km），其几乎不会被地球遮挡，另外，由于中继卫星的平台能力较强，其携带的太阳能收集板足够大。因此，本章假设中继卫星上的电量供应充足，仅考虑对地观测卫星上的能量预算受限。对地观测卫星所携带的太阳能收集板的能量收集速率为 η，电池容量为 β，电池能够允许的最大放电深度为 $\zeta_{\max}$。因此，对于对地观测卫星 os_i，其能量收集速率为

$$\mathrm{eh}_i(t)=\begin{cases}\eta,\ \mathrm{os}_i\text{位于地球向阳面}\\ 0,\ \mathrm{os}_i\text{位于地球背阴面}\end{cases}\tag{3-12}$$

电池剩余电量 $\mathrm{el}(t)$ 需要满足式（3-13）：

$$(1-\zeta_{\max})\beta \leqslant \mathrm{el}(t) \leqslant \beta \tag{3-13}$$

可以看出，对地观测卫星上能量的收集、管理过程是一个受卫星轨道运动影响的动态过程。为了方便建模能量管理过程，提出了能量—时间扩展图。图 3-6 展示了

图 3-3 所示网络场景的能量—时间扩展图。能量—时间扩展图 $G_{\mathrm{E}}\left(V_{\mathrm{E}},A_{\mathrm{E}}\right)$ 是一个分层有向图，每一层对应网络中的一个时隙内对地观测卫星的能量收集、存储、消耗过程。顶点集合 $V_{\mathrm{E}}=V_{\mathrm{SN}}\cup V_{\mathrm{OS}}\cup V_{\mathrm{CN}}$，其中 $V_{\mathrm{SN}}=\{\mathrm{sn}^k|1\leqslant k\leqslant K\}$ 和 $V_{\mathrm{OS}}=\{\mathrm{os}_i^k\,|1\leqslant i\leqslant|\mathrm{OS}|,1\leqslant k\leqslant K\}$ 中的顶点分别表示太阳和对地观测卫星在每个时隙的副本；$V_{\mathrm{CN}}=\{\mathrm{cn}^k\,|1\leqslant k\leqslant K\}$ 中的顶点表示被消耗的能量的虚拟目的。

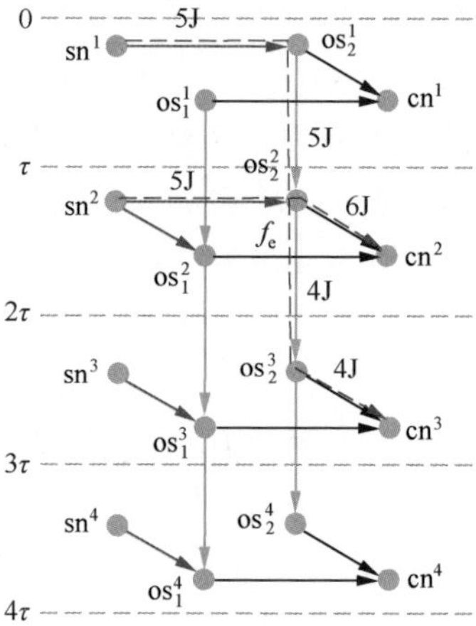

图 3-6 能量—时间扩展图

能量—时间扩展图中有 3 种弧，分别为能量收集弧、能量消耗弧和能量存储弧。能量收集弧代表对地观测卫星通过太阳能收集板收集能量的机会，其集合表示为

$$A_{\mathrm{EH}}=\left\{\left(\mathrm{sn}^k,\mathrm{os}_i^k\right)\right\} \tag{3-14}$$

能量收集弧 $(\mathrm{sn}^k,\mathrm{os}_i^k)$ 的容量为太阳能收集板在一个时隙内能够收集到的能量的最大值，即

$$C_{\mathrm{E}}(\mathrm{sn}^k,\mathrm{os}_i^k)=\eta\tau \tag{3-15}$$

能量消耗弧建模了对地观测卫星的能量消耗过程，其集合表示为

$$A_{\mathrm{EC}}=\{(\mathrm{os}_i^k,\mathrm{cn}^k)\big|1\leqslant i\leqslant\big|\mathrm{OS}\big|,1\leqslant k\leqslant K\} \tag{3-16}$$

能量存储弧建模了对地观测卫星上电池存储能量的能力，其集合表示为

$$A_{\mathrm{ES}}=\{(\mathrm{os}_i^k,\mathrm{os}_i^{k+1})\big|1\leqslant i\leqslant\big|\mathrm{OS}\big|,1\leqslant k\leqslant K-1\} \tag{3-17}$$

能量存储弧的容量为星载电池的容量，即有式（3-18）成立：

$$C_{\mathrm{E}}(\mathrm{os}_i^k,\mathrm{os}_i^{k+1})=\beta \tag{3-18}$$

可以看出，能量—时间扩展图上的流可以表示对地观测卫星上的能量收集、管理过程。以图 3-6 所示的流 f_{e} 为例，其表示对地观测卫星 os_2 在第一个时隙内通过太阳能收集板收集到 5J 能量，并通过电池保留至第二个时隙，在第二个时隙内 os_2 通过太阳能收集板收集到 5J 能量，工作消耗 6J 能量，将剩余的 4J 能量存储到电池中，直至第三个时隙将其消耗。因此，可通过能量—时间扩展图将能量管理问题建模为该图中的流问题。

为了构造能量—时间扩展图，需要预知卫星与地球、太阳三者之间的相对位置关系。已知卫星的轨道参数（包括轨道高度、倾角、升交点赤经），可以使用标准教科书中的方法或者 STK（Satellite Tool Kit）等卫星仿真工具来计算该卫星在任意给定时刻是否位于地球向阳面（或背阴面）。图 3-7 所示为我国 2014 年发射的资源一号 04 星（轨道高度为 778km，倾角为 98.5°，升交点赤经为 157.5°E）在一段长达 5h 的时间内（2016 年 7 月 9 日 4 ～ 9 时）所处的位置。可以看出，资源一号 04 星的轨道周期大约为 100min，在每一轨中，其在地球背阴面运行的时间大约为 33min。

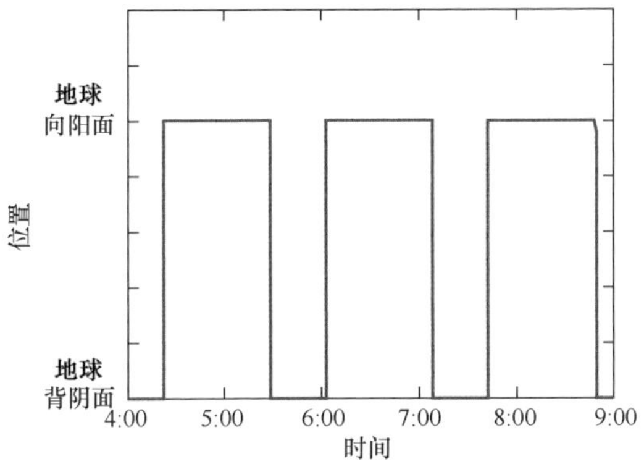

图 3-7　资源一号 04 星所处位置与时间关系

| 3.5　基于时间扩展图的天线资源表征模型 |

传统的时间扩展图仅能刻画空间信息网络存储和传输数据的能力，而无法建模其获取及处理信息的过程。而且，传统的时间扩展图无法区分一个节点上不同的通信资源，然而，当中继卫星具有多副用于服务对地观测卫星的天线时，天线的选择对于对地观测卫星数据回传过程具有十分重要的影响。这是因为中继卫星上使用的天线转动速度较慢，用于天线转动的时间与天线需要转动的角度成正比，这意味着天线的选择决定了中继卫星接收对地观测卫星数据时链路建立所需的时间。因此，为了建模的准确性，应该在网络模型中对中继卫星不同的天线加以区分。

在传统的时间扩展图中，每个顶点代表某个时隙内空间信息网络中的一个节点，这样会导致节点上不同的资源无法得到区分。为了区分中继卫星上不同的单址天线，将中继卫星的节点根据不同的功能划分为若干部分。在改进后的图模型中，将使用多个顶点的组合来表示空间信息网络的一个节点，其中每个顶点分别表示对应节点的一个功能模块。具体地，如图 3-8 所示，将中继卫星 rs_i 拆分成 $sa_{i,1}$, $sa_{i,2}$, $\cdots$, $sa_{i,m}$, $\cdots$及 rm_i 等部分，其中 $sa_{i,m}$ 表示中继卫星 rs_i 的第 m 副服务对地观测卫星的天线，rm_i 表示中继卫星 rs_i 的主体部分（除服务对地观测卫星的天线以外的部分，包括存储器和用于与遥感地面站通信的天线）。

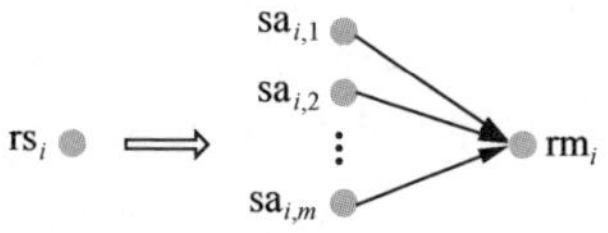

图 3-8　中继卫星模块拆分

基于上述提到的改进传统时间扩展图的方案，提出了改进的时间扩展图来建模空间信息网络。考虑一个如图 3-9 所示的空间网络场景，其中包含：多颗用户卫星，使用集合 US={us_1, us_2, $\cdots$, us_n, $\cdots$} 表示；多颗中继卫星，使用集合 RS={rs_1, rs_2, $\cdots$, rs_n, $\cdots$} 表示；每颗中继卫星有多副单接入天线为用户卫星服务，使用集合 SA_i={$sa_{i,1}$, $sa_{i,2}$, $\cdots$, $sa_{i,n}$, $\cdots$} 表示中继卫星的天线集合；多个遥感地面站，用集合 GS={gs_1, gs_2, $\cdots$, gs_n, $\cdots$} 表示；一个数据处理中心，用 dc 表示。

为了构造基于天线表征扩展的资源表征模型，首先把网络规划周期（Plan Horizon）$[0, T)$ 划分为 K 个等长的时隙，用 τ 表示每个时隙的长度。假设网络的拓扑状态在每个时隙内保持不变，仅在时隙切换的瞬间发生变化。图 3-10 为改进后的空间信息网络的时间扩展图。如图 3-10 所示，时间扩展图 $G_K(V, A)$ 是一个 K 层有向图，V 和 A 分别代表图中的顶点集合和弧的集合。

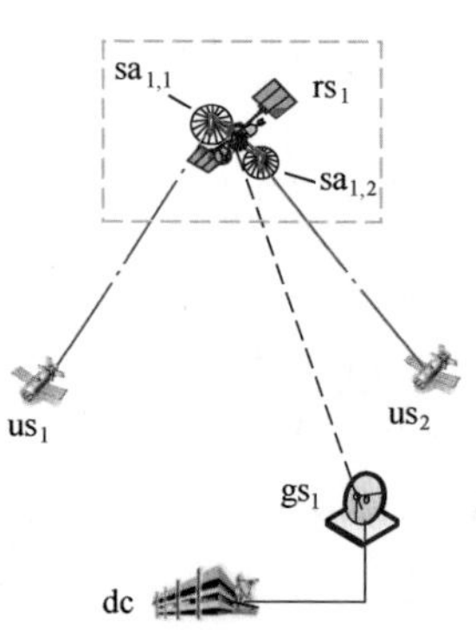

图 3-9　中继卫星网络场景

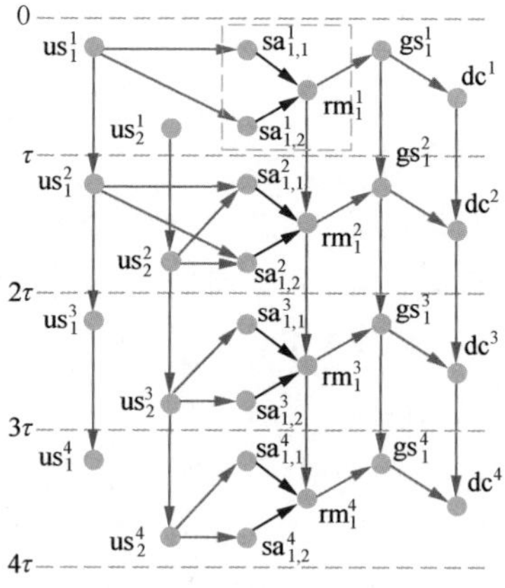

图 3-10　基于天线表征扩展的资源表征模型

基于天线表征扩展的资源表征模型中，每一层的每个顶点代表对应时隙内空间信息网络中的一个节点（待观测目标、遥感地面站、数据处理中心）或者被拆分卫星节点的一个功能模块（中继卫星服务天线和中继卫星除天线外的其余部分）。具体地，有

$$V = V_{\mathrm{US}} \cup V_{\mathrm{SA}} \cup V_{\mathrm{RM}} \cup V_{\mathrm{GS}} \cup V_{\mathrm{DC}} \tag{3-19}$$

其中，V_{US}、V_{SA}、V_{RM}、V_{GS}、V_{DC} 分别代表空间信息网络中的所有用户卫星、中继卫星服务天线、中继卫星主体部分、遥感地面站和数据处理中心在每个时隙内副本的顶点集合。

中继卫星 rs_i 由中继卫星服务天线 $\mathrm{sa}_{i,1}, \mathrm{sa}_{i,2}, \cdots, \mathrm{sa}_{i,m}, \cdots$ 和中继卫星主体部分 rm_i 组成。以代表所有用户卫星在每个时隙内副本的顶点集合 V_{US} 为例，其可表示为

$$V_{\mathrm{US}} = \left\{ \mathrm{us}_i^k \mid \mathrm{us}_i \in \mathrm{US}, 1 \leqslant k \leqslant K \right\} \tag{3-20}$$

时间扩展图中的弧可以分为 4 种，分别为机会链路弧、固定链路弧、存储弧和总线弧，即 $A = A_{\mathrm{OL}} \cup A_{\mathrm{FL}} \cup A_{\mathrm{S}} \cup A_{\mathrm{B}}$。

机会链路弧表示用户卫星和中继卫星服务天线之间的通信机会。机会链路弧集合表示为

$$A_{\mathrm{OL}} = \{ (\mathrm{us}_i^k, \mathrm{sa}_{j,m}^k) \mid \mathrm{lc}^k(\mathrm{us}_i) \in R_{\mathrm{C}}^k(\mathrm{rs}_j), \mathrm{us}_i^k \in V_{\mathrm{US}}, \mathrm{sa}_{j,m}^k \in V_{\mathrm{SA}} \} \tag{3-21}$$

其中，$\mathrm{lc}(\mathrm{us}_i^k)$ 表示用户卫星 us_i 在第 k 个时隙内的位置，$R_{\mathrm{C}}(\mathrm{rs}_j^k)$ 表示中继卫星 rs_j 在第 k 个时隙内的通信范围。

固定链路弧模拟了无时变特性的链路在每个时隙内的通信能力。如果在第 k 个时隙内中继卫星 rs_i 在遥感地面站 gs_j 的通信范围内，且遥感地面站 gs_j 与数据处理中心 dc 之间的通信链路存在，则固定链路弧集合可表示为

$$A_{\mathrm{FL}} = \left\{ \left(\mathrm{rm}_i^k, \mathrm{gs}_j^k \right) \middle| \mathrm{rs}_i \in \mathrm{RS}\left(\mathrm{gs}_j \right), \mathrm{gs}_j^k \in V_{\mathrm{GS}} \right\} \cup \left\{ \left(\mathrm{gs}_i^k, \mathrm{dc}^k \right) \middle| \mathrm{gs}_i^k \in V_{\mathrm{GS}}, \mathrm{dc}^k \in V_{\mathrm{DC}} \right\} \tag{3-22}$$

其中，$\mathrm{RS}(\mathrm{gs}_j)$ 表示与遥感地面站 gs_j 固定连通的中继卫星集合。机会链路弧（或固定链路弧）的容量是一个时隙内对应链路所能传输的最大任务数据量。由于遥感地面站与数据处理中心之间通过高速有线链路连接，假设这些链路的数据速率无穷大。

存储弧（见图 3-10 中的红线）模拟了用户卫星、遥感地面站和数据处理中心存储数据的能力。存储弧集合表示为

$$A_{\mathrm{S}} = \left\{ (v_i^k, v_i^{k+1}) \mid v_i^k \in V_{\mathrm{US}} \cup V_{\mathrm{RM}} \cup V_{\mathrm{GS}} \cup V_{\mathrm{DC}}, 1 \leqslant k \leqslant K-1 \right\} \tag{3-23}$$

总线弧（见图 3-10 中的黑线）表征了服务天线与其所属中继卫星主体部分之间的连接。总线弧集合表示为

$$A_{\mathrm{B}}=\left\{(\mathrm{sa}_{i,n}^{k},\mathrm{rm}_{i}^{k})\mid \mathrm{sa}_{i,n}^{k}\in V_{\mathrm{SA}},1\leqslant k\leqslant K\right\} \tag{3-24}$$

从图 3-10 可以看出，与传统的每一层中继卫星仅用一个顶点来表示不同，在基于天线表征扩展的资源表征模型中，中继卫星由 3 个部分来表示：与其服务天线对应的顶点、代表其主体部分的顶点，以及它们之间的总线弧。通过这种方式，改进的时间扩展图可以提供中继卫星接收、存储和转发过程的更复杂的表征。它区分了中继卫星的不同天线，可以对中继卫星的特定天线的服务过程进行建模。

3.6 应用与仿真

本节介绍如何构建实际空间信息网络的资源时变图，并讨论时隙长度的大小对资源时变图性能的影响。第 3.2 节给出了资源时变图的定义，其中将网络的规划周期划分为长度为 τ 的时隙，并假设网络拓扑在每个时隙内保持不变，仅在时隙切换的瞬间发生变化。然而，在一个实际的空间信息网络中，若要上述假设成立，往往需要将 τ 值设置得很小，这样会使资源时变图的规模过大，从而导致其在应用过程中计算复杂度过高。如果采用较大的 τ 值，由于上述假设不再成立，而资源时变图的每层仅能表征网络一个固定的拓扑状态，这就意味着此时资源时变图对网络拓扑的刻画会有一定的误差。τ 值越大，时间轴上的采样精度越低，则资源时变图的表征网络的准确性越差。因此，如何确定 τ 值是构建实际网络的资源时变图时的首要问题，为了保证资源时变图的性能，需要根据给定网络的拓扑演进规律在刻画精度和计算复杂度之间做出合适的折中。

给定一个实际的空间信息网络，构造其资源时变图的步骤如下。

首先，通过在 STK 软件中输入卫星、待观测目标、遥感地面站的信息，可以得到卫星与遥感地面站（或卫星与待观测目标）之间的关系（是否满足可通信 / 可观测条件）随时间变化的情况。需要输入 STK 的信息具体如下。

（1）卫星的轨道参数（包括轨道高度、倾角及升交点赤经），对地观测卫星俯仰角、滚动角的调整范围，中继卫星服务天线的最小俯仰角。

（2）遥感地面站的地理位置，遥感地面站天线的最小俯仰角。

（3）待观测目标的地理位置。

其次，根据网络的拓扑演进规律确定 τ 值。空间信息网络中仅有通信和观测动作受到卫星轨道运动的影响。因此，资源时变图刻画网络拓扑演进的准确性就是基于其对观测、通信时间窗描述的准确性。本书中提及的对地观测卫星皆为低轨卫星（轨道周期为几十至上百分钟），其与遥感地面站（或待观测目标）之间的通信（或观测）时间窗长度（几分钟到十几分钟）远小于其与中继卫星的通信时间窗的长度（几十分钟）。由于时间窗的长度受卫星轨道参数、遥感地面站（或待观测目标）的位置等影响较大，给定一个实际的系统，可以根据其对地观测卫星到遥感地面站（或待观测目标）时间窗长度的分布情况来确定 τ 值，后面将通过例 3.1 来具体说明。

最后，将网络的规划周期划分为长度为 τ 的若干时隙。考虑到部分时隙内拓扑可能会发生变化，对拓扑演进过程做出如下近似。如果在一个时隙内某颗对地观测卫星和待观测目标之间的关系发生变化，则根据该时隙内对地观测卫星和待观测目标之间的可观测时间长度占时隙长度的比例来判定将该时隙内两节点间的关系近似为可观测还是不可观测。如果可观测时间长度占时隙长度的比例不小于 0.5，则将该时隙内两节点间的关系判定为可观测，否则，判定为不可观测。同理，如果在一个时隙内某颗对地观测卫星和遥感地面站之间的关系发生变化，则根据该时隙内对地观测卫星和遥感地面站之间的可通信时间长度占一个时隙长度的比例来判定将该时隙内两节点间的关系近似为通信还是不可通信。近似后的拓扑演进过程即可满足第 3.2 节的假设。可以看出，时隙长度 τ 越长，上述近似带来的误差越大。针对近似后的拓扑，根据定义构建资源时变图。

例 3.1　考虑由 20 颗对地观测卫星、3 个遥感地面站和 5 个待观测目标组成的空间信息网络，其卫星轨道参数及遥感地面站位置、待观测目标位置设置如下。

（1）对地观测卫星 $os_1 \sim os_5$ 位于轨道高度为 778km、倾角为 98.5°、升交点赤经为 157.5°E 的轨道上，其纬度幅角分别为 0°、72°、144°、216°、288°；对地观测卫星 $os_6 \sim os_{10}$ 位于轨道高度为 631km、倾角为 97.9°、升交点赤经为 112.5°E 的轨道上，其纬度幅角分别为 30°、102°、174°、246°、318°；对地观测卫星 $os_{11} \sim os_{15}$ 位于轨道高度为 645km、倾角为 98.05°、升交点赤经为 67.5°E 的轨道上，其纬度幅角分别为 60°、132°、204°、276°、348°；对地观测卫星 $os_{16} \sim os_{20}$ 位于轨道高度为 649km、倾角为 97.95°、升交点赤经为 22.5°E 的轨道上，其纬度幅角分别为 18°、90°、162°、234°、306°。

（2）遥感地面站 gs_1、gs_2、gs_3 分别位于北京 (40°N, 116°E)、三亚 (18°N, 109°E)、喀什 (39.5°N, 76°E)。

（3）待观测目标分别位于巴西马米拉瓦 (2°S, 66°W)、澳大利亚约克角 (11°S, 142.5°E)、美国阿拉斯加海岸 (60°N, 148°W)、喜马拉雅山 (28°N, 87°E) 以及撒哈拉沙漠 (28°N, 11°E)。

图 3-11 为该网络中对地观测卫星到遥感地面站（或待观测目标）之间时间窗口的累积分布函数（Cumulative Distribution Function，CDF）曲线。可以看出，超过 90% 的时间窗口长度都大于 300s。将 τ 值设定为 300s 的 1/5，即 1min。由图 3-12 可以看出，对于任意一个时间窗口，使用上面介绍的最后一步中的拓扑近似方法，其至多导

致 60s 的估计误差。当时间窗口长度为 300s 时，至多引起 20% 的估计误差，时间窗口长度越长，误差比例越小。因此，在本例中，如果将 τ 值设定为 1min，则意味着资源时变图对超过 90% 的时间窗口的描述准确度将超过 80%。

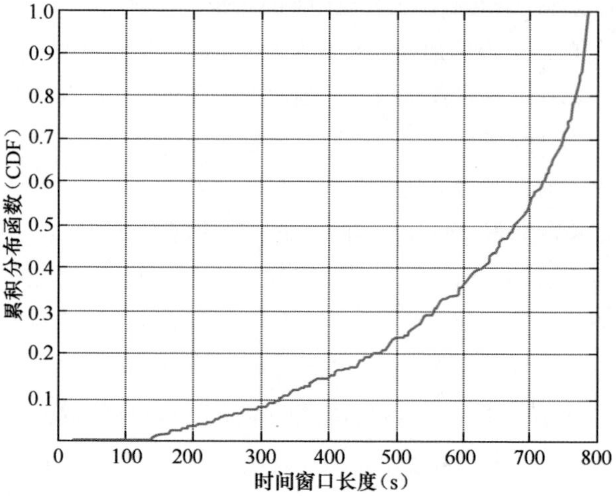

图 3-11　实际网络中时间窗口的累积分布函数曲线

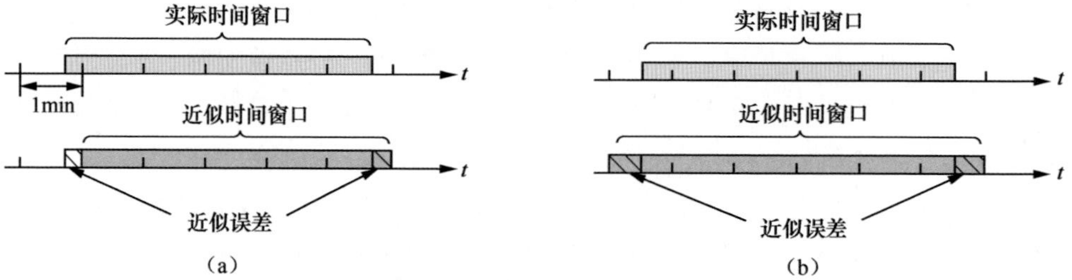

图 3-12　时间窗口采样近似示意图

3.7　本章小结

针对现有静态图模型刻画空间信息网络的不足之处，本章首先介绍了不同类型的基于时间扩展图的资源表征模型。这些资源表征模型从时间和空间两个维度表征了空间信息网络中观测、计算、存储、通信、能量等资源，并描述了多种资源协同完成任务时的关联。然后，本章进一步介绍了构建实际网络的资源时变图时，时隙长度 τ 的取值对刻画网络准确性及资源时变图的规模的影响，并给出了满足一定刻画准确度条件时 τ 值的确定方法。通过构建资源表征模型，空间信息网络中的任务规划和资源调度方法设计问题可以转化为图论中的基础问题，这为本书后续章节提供了理论基础。

参考文献

[1] BONDY J A, MURTY U. Graph theory with applications[J]. Journal of the Operational Research Society, 1977, 28(419): 237-238.

[2] JAIN K, PADHYE J, PADMANABHAN V N, et al. Impact of interference on multi-hop wireless network performance [J]. Wireless Networks, 2003, 11(4): 471-487.

[3] WANG X, BEI Y, PENG Q, et al. Speed improves delay-capacity trade-off in motioncast[J]. IEEE Transactions on Parallel & Distributed Systems, 2011, 22(5): 729-742.

[4] YAVUZ F, ZHAO J, YAGAN O, et al. Toward *k*-connectivity of the random graph induced by a pairwise key predistribution scheme with unreliable links[J]. IEEE Transactions on Information Theory, 2015, 61(11): 6251-6271.

[5] O'DELL R, WATTENHOFER R. Information dissemination in highly dynamic graphs[J]. Proceedings of the 2005 Joint Workshop on Foundations of Mobile Computing, 2005: 104-110.

[6] FISCHER D, BASIN D, ECKSTEIN K, et al. Predictable mobile routing for spacecraft networks[J]. IEEE Transactions on Mobile Computing, 2013, 12(6): 1174-1187.

[7] FISCHER D, BASIN D, ENGEL T. Topology dynamics and routing for predictable mobile networks[C]//IEEE International Conference on Network Protocols. NJ: IEEE, 2008: 207-217.

[8] FERREIRA A. On models and algorithms for dynamic communication networks: The case for evolving graphs[J]. Proceedings of Algotel, 2002.

[9] FERREIRA A, GOLDMAN A, MONTEIRO J. Performance evaluation of routing protocols for MANETs with known connectivity patterns using evolving graphs[J]. Wireless Networks, 2010, 16(3): 627-640.

[10] XUAN B, FERREIRA A, JARRY A. Computing shortest, fastest, and foremost journeys in dynamic networks[J]. International Journal of Foundations of Computer Science, 2003, 14(2): 267-285.

[11] LIU R, MIN S, LUI K, et al. Capacity analysis of two-layered LEO/MEO satellite networks[C]//2015 IEEE 81st Vehicular Technology Conference (VTC Spring). NJ: IEEE, 2015: 1-5.

[12] FORD L, FULKERSON D. Flows in Networks[M]. Princeton : Princeton University Press, 1962.

[13] MALANDRINO F, CASETTI C, CHIASSERINI C, et al. The role of parked cars in content downloading for vehicular networks[J]. IEEE Transactions on Vehicular Technology, 2014, 63(9):

4606-4617.

[14] MALANDRINO F, CASETTI C, CHIASSERINI C, et al. Content download in vehicular networks in presence of noisy mobility prediction[J]. IEEE Transactions on Mobile Computing, 2014, 13(5): 1007-1021.

[15] HUANG M, CHEN S, ZHU Y, et al. Topology control for time-evolving and predictable delay-tolerant networks[J]. IEEE Transactions on Computers, 2013, 62(11): 2308-2321.

[16] LI F, CHEN S, HUANG M, et al. Reliable topology design in time-evolving delay-tolerant networks with unreliable links[J]. IEEE Transactions on Mobile Computing, 2015, 14(6): 1301-1314.

[17] IOSIFIDIS G, KOUTSOPOULOS I, SMARAGDAKIS G. The impact of storage capacity on end-to-end delay in time varying networks[J]. 2011 Proceedings IEEE INFOCOM, 2011: 1494-1502.

[18] FRAIRE J, FINOCHIETTO J. Design challenges in contact plans for disruption-tolerant satellite networks[J]. IEEE Communications Magazine, 2015, 53(5): 163-169.

[19] FRAIRE J, FINOCHIETTO J. Routing-aware fair contact plan design for predictable delay tolerant networks[J]. Ad Hoc Networks, 2015, 25: 303-313.

第一部分小结

第一部分重点研究了空间信息网络任务与资源的表征与解析。第 2 章分析了空间信息网络的各类任务需求，基于任务要素提取设计了任务聚类方法，进一步提出了典型的任务拆分与聚合方法。第 3 章主要研究空间信息网络资源动态特性对其服务的影响，基于时变图理论提出了不同类型资源的联合表征模型，从而为以较低的复杂度实现对网络多维资源的联合调度提供了理论基础。

第二部分　面向常规任务的空间信息网络资源管理与优化

第二部分重点研究面向常规任务的空间信息网络资源管理与优化。首先，针对常规对地观测任务的任务规划过程中观测任务分布与传输资源分布不匹配的问题，研究面向对地观测任务的空间信息网络存储资源、通信资源、能量资源联合调度方案，提出一种基于时间扩展图和原始分解算法的低复杂度多维资源联合调度方法。然后，针对链路的信道状态分布对任务时空分布与链路传输能力匹配的制约问题，提出一个两阶段的联合优化网络可行星间链路调度和下行链路功率分配的策略，有效匹配中继数传任务需求与资源分布。最后，通过研究中继卫星在用户间切换所需时间的差异性和时变性，提出一种基于天线转动时间的中继卫星系统数传任务规划方法。

第 4 章重点关注对地观测任务分布与传输资源分布不匹配造成的资源瓶颈问题，研究面向对地观测任务的空间信息网络存储资源、通信资源、能量资源联合调度方案。第 5 章主要研究基于信道感知的中继卫星任务规划算法，综合考量网络星间链路连接规划、中继卫星星地链路系统功率分配对任务规划过程的影响，进而最大化网络中所有用户卫星中的最小任务完成数。第 6 章研究中继卫星在用户间切换所需时间的差异性和时变性，并提出一种基于天线转动时间的中继卫星系统数传任务规划算法。该算法通过在规划中继卫星天线服务用户顺序的过程中考虑其转动时间，使天线能尽可能在相距较近的用户之间切换，从而大大缩短了中继卫星天线的空转时间，提高了系统的资源利用率。

第 4 章 面向对地观测任务需求的多维资源联合调度及星间链路规划

空间信息网络中，卫星通过相互协作为高效的观测数据回传提供支撑。由于观测区域的差异性，卫星收集的任务数据具有差异性，从而使得网络待回传的任务数据具有差异性需求。此外，由于星上收发信机数及可用的能量预算是有限的，并不是所有潜在可见的通信链路均可用于实际的数据传输，因此，如何高效地利用网络中的多维资源回传大量且具有差异性的观测数据是一个亟待解决的问题。为此，本章研究面向对地观测任务的空间信息网络存储资源、通信资源、能量资源的资源联合调度方案，提出一种基于时间扩展图和原始分解算法的低复杂度多维资源联合调度方法，以解决对地观测任务分布与传输资源分布不匹配造成的局部资源瓶颈问题。

4.1 引言

对地观测任务在环境监测、情报侦察及灾难救援等领域有着不可替代的重要作用[1]。针对上述多样的应用场景，卫星每天都会获取大量的空间数据，例如，根据美国国家航空航天局（National Aeronautics and Space Administration，NASA）的对地观测数据和信息系统的统计，2014 年，超过十亿太字节（TB）的文件（大约 27.9TB/ 天）需要回传到用户[2]。因此，小卫星网络由于具有能耗低、网络部署开销低的优势，且能够通过卫星之间的协作有效地提升数据回传效率，因此被作为对地观测的有效平台，成为空间信息网络中的一个关键组成部分[3-4]。小卫星网络中的卫星节点沿轨道运行，因此具有典型的可预测、断续连通特性，这会导致时变的网络拓扑[5]。在这种情况下，数据传输采用存储—携带—传输的方式[6]。为了完成网络中的数据回传，利用网络通信链路的连接机会可预测的特点，文献 [7-8] 提出了连接图路由。在该方法中，网络通信链路的建立仅需两颗卫星物理可见且满足天线对准条件即可，而没有考虑卫星上有限的收发信机数及能量状况。不幸的是，由于资源的限制（如有限的星载收发信机数和动态变化的可用能量），并不是所有潜在可见的通信链路均可用[9]。具体来说，一方面，目前卫星上携带的收发信机数依然有限，因此，在同一时隙，同一颗卫星能同时建立的通信链路数受限；另一方面，卫星会因轨道运动周期性地出现在地球的背阴面和向阳面，因此卫星上的可用能量是时变的[10-11]。卫星在地球向阳面时，可通过其太阳能收集板吸收并存储能量，用于后续的链路通信等。相反地，当卫星出现地球背阴面时，卫星的能量只能通过其自身携带的电池供能而没有太阳能。然而，建立通信链路不可避免地会消耗能量。由此看来，与处在地球背阴面的卫星相比，更倾向于与处在地球向阳面的卫星建立通信链路，用于数据传输。因此，为了实现更好的数传性能，通信链路建立的冲突问题亟待解决。

通信链路规划算法设计可以选出任务数据传输过程中的可用通信链路[12]，而设计高效的任务规划算法可以进一步高效利用所选的可用通信链路[13]，从而提升网络性能。同时，在实际的应用中，不同的任务类型具有差异性[14]，例如任务来源（军用或民用）和任务目的（军事情报分析或气象监测），这将导致任务数据的价值具有差异性，即针对不同的任务类型，传输同样多的数据所带来的价值是不同的[15]。因此，高效的任务数据感知的通信链路规划算法，就是根据任务数据的差异性，从潜在可用的通信链路中选择可行的通信链路，对空间信息网络中小卫星网络任务规划性能的提升有着至关重要的作用。然而，由于存储管理、收发信机管理及能量管理相互牵制并耦合，高效的通信链路规划算法设计十分棘手。

研究人员已越来越多地关注小卫星网络中的通信链路规划问题。近期的研究工作[16-18]根据网络的拓扑连接信息设计了通信链路规划算法。然而，考虑到任务数据到达信息，文献 [19-20] 提出了业务感知的通信链路规划算法，进一步提升了网络的数据回传性能。不幸的是，一些实际的网络特征和资源约束仍然被忽略，例如，不同任务数据独有的特征、有限的可用能量及其特殊的能量获取过程。因此，亟待研究面向对地观测任务的小卫星网络多维资源联合调度方法，实现对差异化任务的有效响应。

本章主要研究资源受限的联合任务数据获取和传输的小卫星网络多维资源联合调度问题。首先，从任务与资源的联合入手，利用第 3 章提到的时间扩展图联合刻画差异化任务数据的获取及传输过程。进一步，以最大化网络收益为目标，将任务感知的资源调度（Mission Aware Resource Allocation，MARA）问题建模为一个混合整数线性规划（Mixed Integer Linear Programming，MILP）问题，提出基于原始分解优化理论的思想，将一个原始的大规模优化问题转化为可以并行求解的小的优化子问题，从而降低复杂度。为了进一步降低 MARA 问题的求解复杂度，本章还提出了一种基于冲突图（Conflict Graph，CG）的多维资源联合调度方案。

本章其余部分的安排如下：第 4.2 节描述系统模型以及最优 MARA 问题建模；第 4.3 节提出一个基于原始分解的低复杂度算法，用来高效求解建模的 MARA 问题；第 4.4 节进一步介绍一种能获得较好的网络性能的启发式多维资源联合调度算法；第 4.5 节对该算法进行了性能仿真实验；第 4.6 节总结了本章内容。

4.2 系统模型及问题建模

考虑一个基于小卫星网络的空间信息网络，如图 4-1 所示，该网络场景包含如下 3 个主要的网络组成元素。

（1）遥感卫星集合 $S=\{s_1,s_2,\cdots,s_M\}$，用于任务数据的获取及传输。

（2）地面站集合 $\mathrm{GS}=\{\mathrm{gs}_1,\mathrm{gs}_2,\cdots,\mathrm{gs}_N\}$，用于接收回传的空间数据。

（3）待观测目标集合 $\mathrm{OB}=\{\mathrm{ob}_1,\mathrm{ob}_2,\cdots,\mathrm{ob}_L\}$，该集合是数据管理中心根据用户任务需求预先生成的。

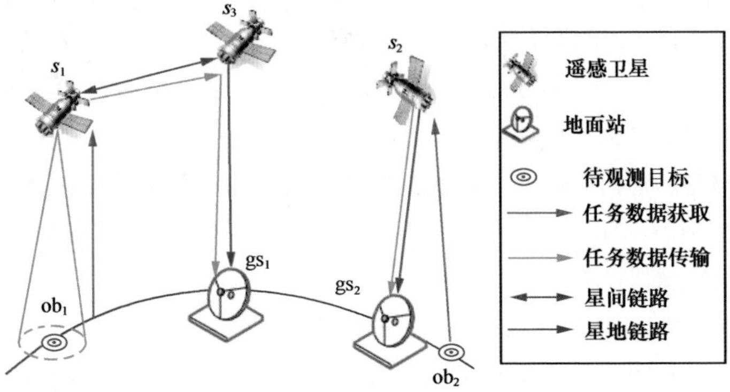

图 4-1 基于小卫星网络的空间信息网络

在这样的网络中，观测到的任务数据需要被回传到地面站。图 4-1 中绿色和粉色的实线表示任务数据获取和传输的过程。卫星只有在待观测目标落在其观测区域内时才可以获取该待观测目标的数据，且如果存在可以直接建立通信链路的地面站（或存在可以建立通信链路的其他卫星），则可将获取到的数据直接传回地面站（或发送给其他卫星）。

接下来，首先介绍时间扩展图和任务数据流模型。其次，本节将展示两个基于时间扩展图的基本约束，即任务数据流守恒约束和星载收发信机约束。再次，本节还将描述两个资源限制的约束，即星载存储器约束和卫星能量约束。最后，基于上述约束，本节进一步建模 MARA 问题。

4.2.1 时间扩展图

本章利用时间扩展图[21]刻画网络的资源，并刻画动态但可预测的网络拓扑。采用了一个时隙化的系统，在该系统中，规划周期被等分为连续的时隙，记作 $t\in\Gamma\{1,\cdots,T\}$。每个时隙的长度为 $\Delta\tau$，且网络拓扑在一个时隙内被认为是固定的。

时间扩展图是一个包含 T 层的有向图，其中每一层对应网络在不同时隙的网络拓扑，如图 4-2（a）所示。该图被称为链路连接拓扑[12]，该链路连接拓扑的构造只考虑链路的物理可见情况。

时间扩展图中的点对应待观测目标、卫星和地面站在每一个时隙的副本。这些点的集合记作 $V=V_{\mathrm{OB}}\cup V_{\mathrm{S}}\cup V_{\mathrm{GS}}$，其中 $V_{\mathrm{OB}}=\left\{\mathrm{ob}_i^t\middle|\mathrm{ob}_i\in\mathrm{OB},1\leqslant t\leqslant T\right\}$、$V_{\mathrm{S}}=\left\{s_i^t\middle|s_i\in S,1\leqslant t\leqslant T\right\}$、$V_{\mathrm{GS}}=\left\{\mathrm{gs}_i^t\middle|\mathrm{gs}_i\in G,1\leqslant t\leqslant T\right\}$。该图中包含两种类型的弧，即随机链路弧和存储弧。随机链路弧被记作 $\varepsilon_1=\varepsilon_{\mathrm{so}}\cup\varepsilon_{\mathrm{ss}}\cup\varepsilon_{\mathrm{sg}}$，其中 $\varepsilon_{\mathrm{so}}$ 中的弧在图 4-2 中用待观测目标与卫星的连接实线表示，代表数据获取弧，其建模了卫星在每个时隙获取任务数据的机会，即 $\varepsilon_{\mathrm{so}}=\Big\{\left(\mathrm{ob}_i^t,s_j^t\right)\Big|$ $1\leqslant t\leqslant T$，ob_i^t在第t个时隙处于卫星 s_j 的观测区域内$\Big\}$。相似地，集合 $\varepsilon_{\mathrm{ss}}$ 和 $\varepsilon_{\mathrm{sg}}$ 中的弧分别建模了在每个时隙卫星之间通信的机会，以及卫星与地面站之间通信的机会，其中 $\varepsilon_{\mathrm{ss}}$ = {$\left(s_i^t,s_j^t\right)\Big|1\leqslant t\leqslant T$，$s_i$ 在第 t 个时隙处于卫星 s_j 的观测区域内}，$\varepsilon_{\mathrm{sg}}$ ={$\left(s_i^t,\mathrm{gs}_j^t\right)\Big|1\leqslant t\leqslant T$，$s_i$ 在第 t 个时隙处于地面站 gs_j 的观测区域内}。存储弧在图 4-2 中被表示为连续两个时隙同一颗卫星之间或同一个地面站之间的实线，其刻画了卫星或地面站存储数据的能力。这样的存储弧被记作 $\varepsilon_{\mathrm{b}}=\left\{\left(v_i^t,v_i^{t+1}\right)\middle|v_i^t\in V_{\mathrm{S}}\cup V_{\mathrm{GS}},1\leqslant t\leqslant T-1\right\}$。本章只考虑卫星上有限的存储资源，由于地面站通常都配备了超大容量的存储器，因此，$\varepsilon=\varepsilon_1\cup\varepsilon_{\mathrm{b}}$。

当考虑受限的卫星资源（星载收发信机数量和卫星可用能量受限）时，链路调度的冲突不可避免。为了解决该问题，基于链路连接拓扑，链路连接规划图进一步被构造，其本质是链路连接拓扑的子图。根据卫星实际星载收发信机数约束，本章假设每一颗卫星配备两对收发信机，一对用于星间通信链路的建立，另一对用于星地通信链路的建立。同时，每一颗卫星在同一时隙只能与一颗卫星或一个地面站建立可用的通信链路。此外，每一个地面站在同一时隙也只能与一颗卫星建立通信链路。如图 4-2（a）所示，蓝色加粗实线表示由于收发信机数有限而存在冲突的通信链路。为了无冲突地调度星间通信链路和星地通信链路，图 4-2（b）和图 4-2（c）展示了两种可用的链路连接规划，其中粉色实线表示决策出的可用的、无冲突的星间通信链路及星地通信链路。

图 4-2 中不同类型的弧有不同的权重。每条弧的权重表示在一个时隙内，该弧可承载的最大任务数据量。例如，弧 $\left(v_i^t,v_j^t\right)$ 的权重表示为

$$C\left(v_i^t,v_j^t\right)=r\left(v_i^t,v_j^t\right)\Delta\tau \tag{4-1}$$

其中，$r\left(v_i^t,v_j^t\right)$ 是弧 $\left(v_i^t,v_j^t\right)$ 的容量（单位为 Gbit/s）。例如，当 $\left(v_i^t,v_j^t\right)\in\varepsilon_{\mathrm{sg}}$，$r\left(v_i^t,v_j^t\right)$ 表示在第 t 个时隙从卫星 s_i 到地面站 gs_j 的星地通信链路的容量。此外，存储弧 $\left(v_i^t,v_i^{t+1}\right)$ 的容量指的是节点 v_i 可以通过其星载存储器将自身存储的数据从第 t 个时隙携带到下一个时隙的能力。

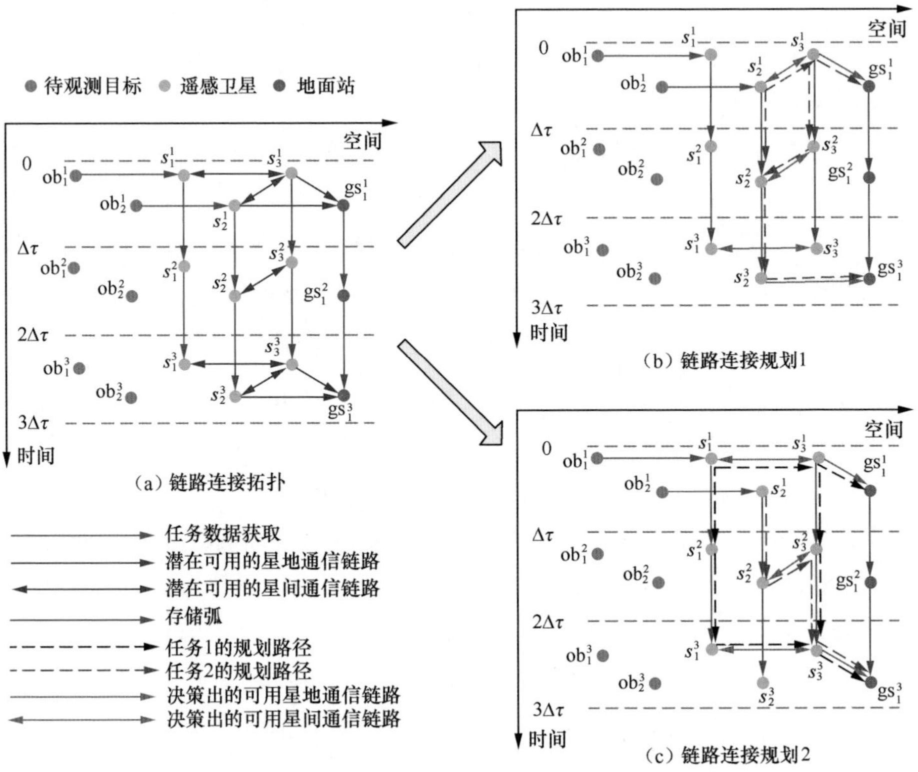

图 4-2　时间扩展图：链路连接拓扑及链路连接规划

4.2.2　任务数据流模型

本章中的任务指的是获取和传输待观测区域的数据的过程。针对待观测目标 ob_i 的任务数据流记作 $F_i = \{f \mid s(f) = \mathrm{ob}_i^t, 1 \leqslant t \leqslant T\}$，其中 $s(f)$ 指的是对应于任务数据流 f 的源观测点。因此，表示任务数据获取和传输过程的数据流的集合记作 $F = \bigcup\limits_{1 \leqslant l \leqslant L} F_l$，其中 L 指的是待观测目标数。此外，在第 t 个时隙产生的所有任务数据流的集合记为 $F(t) = \{f \mid s(f) = \mathrm{ob}_i^t, 1 \leqslant i \leqslant L\}$。$r_f$ 是数据流 f 的数据量，其表示可以注入网络中的数据量。由于卫星星载存储器的限制，因此 r_f 是受限的。

不同类型的观测任务具有差异化的特征，即对应不同的任务源（如军用或民用）和执行目的（如军事情报分析或气象监测）。因此，本章定义 $\omega(f)$ 为归一化的权重因子，用来表征不同任务类型的差异性，其具体定义为在规划周期内成功回传 1Gbit 任务数据流 f 到地面站带来的收益。在实际运营中，$\omega(f)$ 的具体值与数据流 f 对应的任

务特征有关系，由数据管理中心根据经验数据定义。此外，本章定义 $x(v_i^t,v_j^t,f)$（单位为 Gbit）为数据流 f 在弧 $(v_i^t,v_j^t)\in\varepsilon$ 上的数据量。定义 $\boldsymbol{X}(t)=\{x(v_i^t,v_j^t,f)\,|\,\forall(v_i^t,v_j^t)\in\varepsilon,$ $f\in F\}$和$\boldsymbol{X}=\{\boldsymbol{X}(t)\,|\,1\leqslant t\leqslant T\}$ 分别为在第 t 个时隙和所有时隙的任务规划向量。

为了阐释链路连接规划对任务规划的影响，下面举一个例子加以说明（见图 4-2）。可以看到，任务 1 和任务 2 的数据可以分别被卫星 s_1 和 s_2 在第一个时隙观测到［见图 4-2（a）中的绿线］。假设任务 1 比任务 2 具有更高的价值因子，通过观察链路连接规划 1［见图 4-2（b）］可以看到，有 3 条路径可以将任务 2 的数据在 3 个时隙内回传到地面站，而没有路径可以回传任务 1 的数据。而从链路连接规划 2［见图 4-2（c）］中可以看到，有 3 条可用的路径可以将任务 1 的数据在 3 个时隙内回传到地面站，而只有一条路径对于任务 2 的数据可用。因此，后者的链路连接规划的结果可以使更多任务 1 的数据被回传到地面站。也就是说，图 4-2（c）所示的链路连接规划的性能比图 4-2（b）好。这也强调了在进行资源调度的链路连接规划时考虑任务数据差异性的必要性。

4.2.3　问题建模

基于时间扩展图，可以将考虑多维资源受限及联合管理的任务规划问题建模为基于图论的约束流最大化问题。本小节首先给出基于该时间扩展图的基本约束，即任务数据流守恒约束与星载收发信机约束，进而考虑网络的资源受限问题，给出星载存储器约束与卫星能量约束。

1. 任务数据流守恒约束

为了建模任务数据流守恒约束，首先定义 $b_i^t(f)$（单位为 Gbit）为任务数据流 f 在第 t 个时隙结束时刻在节点 v_i 上的存储数据量，其对应图 G 上的流 $x\left(v_i^{t-1},v_i^t,f\right)$。由于输入和输出一个节点的数据流需要满足流守恒，因此，有式（4-2）和式（4-3）：

$$\sum_{v_j^t:\left(v_i^t,v_j^t\right)\in\varepsilon_{\mathrm{so}}} x\left(v_i^t,v_j^t,f\right)=r_f,v_i^t=s(f),\forall f\in F \tag{4-2}$$

$$\sum_{v_j^t:\left(v_i^t,v_j^t\right)\in\varepsilon_1} x\left(v_i^t,v_j^t,f\right)+b_i^t(f)=\sum_{v_j^t:\left(v_j^t,v_i^t\right)\in\varepsilon_1} x\left(v_j^t,v_i^t,f\right)+b_i^{t-1}(f),v_i^t\neq s(f),\forall f\in F \tag{4-3}$$

此外，一条通信链路所能承载的任务数据量的总和必须小于该链路所能承载的最大数据量，即

$$\sum_{f\in F} x\left(v_i^t,v_j^t,f\right)\leqslant C\left(v_i^t,v_j^t\right),\forall\left(v_i^t,v_j^t\right)\in\varepsilon_1 \tag{4-4}$$

2. 星载收发信机约束

为了建模由于有限的星载收发信机引起的冲突，引入如式（4-5）所示的布尔参

量集合：

$$\delta\left(v_i^t,v_j^t\right)=\{0,1\},\forall\left(v_i^t,v_j^t\right)\in\varepsilon_{\mathrm{ss}}\cup\varepsilon_{\mathrm{sg}} \tag{4-5}$$

其中，如果链路$\left(v_i^t,v_j^t\right)$是激活即可用于数据传输的，则$\delta\left(v_i^t,v_j^t\right)=1$。反之，$\delta\left(v_i^t,v_j^t\right)=0$。同时，由于星载收发信机的限制，一颗卫星在同一时隙只能与另一颗卫星建立通信链路，即

$$\sum_{v_j^t:\left(v_i^t,v_j^t\right)\in\varepsilon_{\mathrm{ss}}}\delta\left(v_i^t,v_j^t\right)\leqslant 1,\forall v_i^t\in V_{\mathrm{S}} \tag{4-6}$$

$$\delta\left(v_i^t,v_j^t\right)=\delta\left(v_j^t,v_i^t\right),\forall\left(v_i^t,v_j^t\right)\in\varepsilon_{\mathrm{ss}} \tag{4-7}$$

$$\sum_{v_j^t:\left(v_i^t,v_j^t\right)\in\varepsilon_{\mathrm{sg}}}\delta\left(v_i^t,v_j^t\right)\leqslant 1,\forall v_i^t\in V_{\mathrm{S}} \tag{4-8}$$

由式（4-7）可知，星间通信链路的建立必须是双向的。相似地，一个地面站在同一个时隙也只能与一颗卫星建立通信链路，即

$$\sum_{v_j^t:\left(v_i^t,v_j^t\right)\in\varepsilon_{\mathrm{sg}}}\delta\left(v_i^t,v_j^t\right)\leqslant 1,\forall v_j^t\in V_{\mathrm{GS}} \tag{4-9}$$

此外，定义$\delta(t)=\left\{\delta\left(v_i^t,v_j^t\right)\middle|\left(v_i^t,v_j^t\right)\in\varepsilon_{\mathrm{ss}}\cup\varepsilon_{\mathrm{sg}}\right\}$和$\delta=\left\{\delta(t)\middle|1\leqslant t\leqslant T\right\}$分别为第$t$个时隙和所有时隙的链路连接规划。为了禁止任务数据流出现在非激活的链路上，有如式（4-10）所示的约束：

$$\sum_{f\in F}x\left(v_i^t,v_j^t,f\right)\leqslant\delta\left(v_i^t,v_j^t\right)C\left(v_i^t,v_j^t\right),\forall\left(v_i^t,v_j^t\right)\in\varepsilon_{\mathrm{ss}}\cup\varepsilon_{\mathrm{sg}} \tag{4-10}$$

换句话说，任务的传输取决于链路在当前时隙是否被选择用于任务传输。

3. 星载存储器约束

本章考虑了一个实际的网络模型，即其星载存储器的空间是有限的。自然地，在第t个时隙的结束时刻，节点v_i存储的所有任务数据流f不能超过其存储器容量$B_{i\max}$（单位为Gbit），即

$$0\leqslant\sum_{f\in F}b_i^t(f)\leqslant B_{i\max},\forall i\in V-V_{\mathrm{OB}},t\in\Gamma \tag{4-11}$$

定义$\boldsymbol{b}_f(t)=\left\{b_i^t(f)\middle|i\in V-V_{\mathrm{OB}}\right\}$和$\boldsymbol{B}_{\max}=\left\{B_{i\max}\middle|i\in V_{\mathrm{S}}\right\}$分别为任务数据流$f$在第$t$个时隙结束时存储数据量的向量和存储器容量的向量。此外，定义$\boldsymbol{b}=\left\{\boldsymbol{b}_f(t)\middle|1\leqslant t\leqslant T,f\in F\right\}$。$\boldsymbol{b}_f(0)$为存储器存储的任务数据流$f$的初始值向量。

4. 卫星能量约束

根据文献 [22] 对星上能量的测量研究可知，星上能量消耗主要由两部分组成：第

一部分是静态能量损耗，即不是由收发数据引起的能量损耗而是维持星上系统正常运行引起的能量消耗；第二部分是动态能量损耗，即由卫星收集观测数据、收发任务数据引起的能量消耗。

具体来说，定义 $E_{\mathrm{t}_i}^t$ 为卫星 s_i 在第 t 个时隙传输数据所消耗的能量：

$$E_{\mathrm{t}_i}^t=\sum_{f\in F}\left(\sum_{v_j^t:\left(v_i^t,v_j^t\right)\in\varepsilon_{\mathrm{ss}}}P_{\mathrm{ss}}\frac{x(v_i^t,v_j^t,f)}{C(v_i^t,v_j^t)}+\sum_{v_j^t:\left(v_i^t,v_j^t\right)\in\varepsilon_{\mathrm{sg}}}P_{\mathrm{sg}}\frac{x(v_i^t,v_j^t,f)}{C(v_i^t,v_j^t)}\right)\Delta\tau \tag{4-12}$$

其中，P_{ss} 和 P_{sg} 分别是星间通信链路和星地通信链路的发射功率；式（4-12）中括号内的第一项表示卫星通过星间通信链路传输数据所消耗的能量，第二项表示卫星通过星地通信链路传输数据到地面站所消耗的能量。

卫星 s_i 在第 t 个时隙接收数据所消耗的能量被定义为 $E_{\mathrm{r}_i}^t$：

$$E_{\mathrm{r}_i}^t=\sum_{f\in F}\sum_{v_j^t:\left(v_i^t,v_j^t\right)\in\varepsilon_{\mathrm{ss}}}P_{\mathrm{r}}\frac{x(v_i^t,v_j^t,f)}{C(v_i^t,v_j^t)}\Delta\tau \tag{4-13}$$

其中，P_{r} 表示卫星接收数据的接收功率。

$E_{\mathrm{m}_i}^t$ 被定义为卫星 s_i 在第 t 个时隙收集观测数据所消耗的能量：

$$E_{\mathrm{m}_i}^t=\sum_{f\in F}\sum_{v_j^t:\left(v_j^t,v_i^t\right)\in\varepsilon_{\mathrm{so}}}P_{\mathrm{so}}\frac{x(v_j^t,v_i^t,f)}{C(v_j^t,v_i^t)}\Delta\tau \tag{4-14}$$

其中，P_{so} 表示卫星收集观测数据所消耗的功率。

此外，卫星 s_i 在第 t 个时隙为维持自身系统的运行所消耗的能量记作 $E_{\mathrm{o}_i}^t$：

$$E_{\mathrm{o}_i}^t=P_{\mathrm{o}}\Delta\tau \tag{4-15}$$

其中，P_{o} 为静态功耗。

综上所述，可以得到卫星 s_i 在第 t 个时隙所消耗的总能量为

$$E_{\mathrm{c}_i}^t=E_{\mathrm{t}_i}^t+E_{\mathrm{r}_i}^t+E_{\mathrm{m}_i}^t+E_{\mathrm{o}_i}^t \tag{4-16}$$

由于卫星的电池容量有限，其吸收并存储的太阳能无法超过自己电池的容量。因此，卫星 s_i 在第 t 个时隙可以吸收并存储下来的能量记作 $E_{\mathrm{h}_i}^t$，需满足式（4-17）：

$$E_{\mathrm{h}_i}^t\leqslant P_{\mathrm{c}}^t\max\left\{0,\Delta\tau-S_i^t\right\} \tag{4-17}$$

其中，S_i^t 指的是卫星 s_i 在第 t 个时隙的初始时刻仍然需要在地球背阴面的时间（当 s_i 处于地球向阳面时，$S_i^t=0$）；P_{c}^t 是卫星的太阳能收集板吸收太阳能的速率，本章中它是一个常数。由式（4-17）可知，当 $S_i^t>\Delta\tau$ 时，$E_{\mathrm{h}_i}^t$=0，否则，$E_{\mathrm{h}_i}^t>0$。

基于上述的卫星能量损耗与吸收过程的模型，卫星 s_i 在第 t 个时隙的结束时刻的

剩余能量为

$$\mathrm{EB}_i^t=\mathrm{EB}_i^{t-1}-E_{c_i}^t+E_{h_i}^t \tag{4-18}$$

其中，EB_i^{t-1} 指的是卫星 s_i 在上一个时隙结束时的剩余能量。由于星载电池的容量约束，卫星的剩余能量需满足式（4-19）：

$$\mathrm{EB}_{i\max}(1-\zeta)\leqslant\mathrm{EB}_i^t\leqslant\mathrm{EB}_{i\max},\forall i\in V_\mathrm{S},t\in\Gamma \tag{4-19}$$

其中，$\mathrm{EB}_{i\max}$ 是卫星 s_i 的电池容量，ζ 是星载电池的最大放电深度。

定义 $\mathbf{EB}(t)$ =(EB_i^t |$i\in V_\mathrm{S}$) 和 $\mathbf{EB}_{\max}$=($\mathrm{EB}_{i\max}$|$i\in V_\mathrm{S}$) 分别为所有卫星在第 t 个时隙结束时的电池状态向量和电池容量向量。此外，定义 $\mathbf{EB}$={$\mathbf{EB}(t)$|$1\leqslant t\leqslant T$}。$\mathbf{EB}(0)$ 为所有卫星最初的电池状态向量。

5. 优化问题建模

根据上述的问题约束，本章将最大化规划周期内收益的 MARA 问题建模为式（4-20）：

$$\begin{aligned}\mathbf{MACP}:\ &\max_{\boldsymbol{X},\boldsymbol{\delta},\boldsymbol{b},\mathbf{EB}}\sum_{f\in F}\omega(f)\left(\sum_{i\in G}b_i^T(f)\right)\\ &\text{s.t.}\quad 式（4\text{-}2）\sim（4\text{-}4），式（4\text{-}6）\sim（4\text{-}11），式（4\text{-}17）\sim（4\text{-}19）\end{aligned} \tag{4-20}$$

同前文所述，$\omega(f)$ 为归一化的权重因子，用于表征不同任务类型的差异性，其具体定义为在规划周期内成功回传 1Gbit 任务数据流 f 到地面站带来的收益。$b_i^T(f)$ 表示的是任务数据流 f 在第 T 个时隙结束时在节点 v_i 的存储数据量。因此，式（4-20）指的是规划周期内网络的收益（加权的总回传数据量）。可以观察到，所建模的问题为一个 MILP 问题，其求解难度很大 [22]。众所周知，MILP 问题的复杂度主要是整数引起的 [23]。由式（4-6）至式（4-9）可以看出，MARA 问题有大量的整数变量需要求解，这使得即使网络的规模不算太大，MARA 问题的求解计算复杂度依然很高。通过利用 MARA 问题的特殊结构，接下来主要介绍如何通过这些特殊结构高效地求解 MARA 问题，从而最大化网络收益。

| 4.3 基于原始分解的网络收益最大化算法 |

本节首先介绍基于原始分解的资源管理（Resource Allocation based on Primal Decomposition，RAPD）算法来高效求解第 4.2.3 小节建模的 MARA 问题，随后分析 RAPD 算法的复杂度，最后将其与通过优化工具直接求得的最优解进行比较来验证其有效性。

4.3.1 RAPD 算法

通过观察式（4-3）和式（4-18）可以发现，连续两个时隙之间是耦合的，主要体

现在耦合了连续两个时隙的数据流及卫星的能量状态。因此，连续两个时隙之间，上一个时隙对下一个时隙是有影响的，如果进行一个长时间段（有多个时隙）的规划，对其进行全局优化，则时隙之间的相互关联会导致问题的规模很大。为了使 MARA 问题可处理，引入两个辅助向量来解耦两个连续时隙的耦合关系，即存储器状态变化向量 $\boldsymbol{p}=\{\boldsymbol{p}_f(t)|1\leqslant t\leqslant T, f\in F\}$ 和电池状态变化参量 $\boldsymbol{q}=\{\boldsymbol{q}(t)|1\leqslant t\leqslant T\}$：

$$\boldsymbol{p}_f(t)=\begin{cases}-\boldsymbol{b}_f(1), & t=1\\ \boldsymbol{b}_f(t-1)-\boldsymbol{b}_f(t), & 1<t<T,\forall f\in F\\ -\boldsymbol{b}_f(T-1), & t=T\end{cases} \tag{4-21}$$

$$\boldsymbol{q}(t)=\begin{cases}-\mathbf{EB}(1), & t=1\\ \mathbf{EB}(t-1)-\mathbf{EB}(t), & 1<t\leqslant T\end{cases} \tag{4-22}$$

通过将 $\boldsymbol{p}$ 和 $\boldsymbol{q}$ 代入式（4-3）和式（4-18）中，这两个约束可以被等价地转换为式（4-23）和式（4-24）：

$$\begin{cases}\sum\limits_{v_j^1:\left(v_i^1,v_j^1\right)\in\varepsilon_1} x\left(v_i^1,v_j^1,f\right)=\sum\limits_{v_j^1:\left(v_i^1,v_j^1\right)\in\varepsilon_1} x\left(v_i^1,v_j^1,f\right)+b_i^0(f)+p_i^1(f), & t=1\\ \sum\limits_{v_j^t:\left(v_i^t,v_j^t\right)\in\varepsilon_1} x\left(v_i^t,v_j^t,f\right)=\sum\limits_{v_j^t:\left(v_i^t,v_j^t\right)\in\varepsilon_1} x\left(v_i^t,v_j^t,f\right)+m_{Ai}^t+p_i^t(f), & \begin{array}{l}1\leqslant t\leqslant T,\forall v_i^t\neq s(f),\\ v_i^t\in V, f\in F\end{array}\\ \sum\limits_{v_j^T:\left(v_i^T,v_j^T\right)\in\varepsilon_1} x\left(v_i^T,v_j^T,f\right)+b_i^T(f)=\sum\limits_{v_j^T:\left(v_i^T,v_j^T\right)\in\varepsilon_1} x\left(v_i^T,v_j^T,f\right)+p_i^T(f), & t=T\end{cases} \tag{4-23}$$

$$\begin{cases}E_{\mathrm{c}_i}^1-E_{\mathrm{h}_i}^1=\mathrm{EB}_i^0+q_i^1, & t=1\\ E_{\mathrm{c}_i}^t-E_{\mathrm{h}_i}^t=q_i^t, & 1\leqslant t\leqslant T\end{cases}\quad \forall i\in V_{\mathrm{S}} \tag{4-24}$$

从式（4-23）和式（4-24）可以观察到，出现在式（4-3）和式（4-18）中的时隙之间的耦合已经被完全解除了。至此，可以解耦 MARA 问题中不同时隙的耦合关系。因此，通过用式（4-23）和式（4-24）来代替式（4-3）和式（4-18），原始的 MARA 问题可以被转化为新问题 **P1**。

$$\mathbf{P1}:\max_{\boldsymbol{x},\boldsymbol{\delta},\boldsymbol{b},\mathbf{EB}}\sum_{f\in F}\omega(f)\left(\sum_{i\in G}b_i^T(f)\right)$$

s.t. 式（4-2），式（4-4），式（4-6）～（4-11），式（4-17），式（4-19），式（4-23）～（4-24）

值得注意的是，**P1** 等价于原始的 MARA 问题。同时，**P1** 可以被分解到每一个时隙独立进行求解。

接下来，引入原始分解算法来分解问题 **P1**，将其等价地转换为一个主问题 **P2** 和一个嵌入问题 **P3**[24]。具体来说，问题 **P2** 如式（4-25）所示：

$$\mathbf{P2}: \max_{\boldsymbol{p},\boldsymbol{q}} z(\boldsymbol{p},\boldsymbol{q}) == \sum_{t=1}^{T} l_t(\boldsymbol{p}_f(t),\boldsymbol{q}(t)) \tag{4-25}$$
s.t. 式（4-11），式（4-19），式（4-21），式（4-22）

问题 **P2** 的目标是所有时隙收益 $l_t(\boldsymbol{p}_f(t),\boldsymbol{q}(t))$ 的和，其可以通过给定 $\boldsymbol{p}$ 和 $\boldsymbol{q}$ 时，求解问题 **P3** 获得。通过利用原始分解算法，求解问题 **P1** 等价于求解问题 **P2** [25]。由于问题 **P1** 中不同时隙之间的耦合完全被解除了，问题 **P3** 中的数传规划向量 $\boldsymbol{x}(t)$ 和链路规划向量 $\boldsymbol{\delta}(t)$ 可以在每个时隙独立地做决策。因此，给定 $\boldsymbol{p}$ 和 $\boldsymbol{q}$，嵌入问题 **P3** 可以被分解为能够同时求解的独立的 T 个子问题，每个子问题可以被并行处理来获得在一个时隙的数传规划向量 $\boldsymbol{x}(t)$ 和链路规划向量 $\boldsymbol{\delta}(t)$。

给定 $\boldsymbol{p}_f(t)$ 和 $\boldsymbol{q}(t)$，问题 **P3** 中每个时隙的约束［式（4-23）和式（4-24）］可能存在不可行的情况。至此，进一步引入一个虚拟节点 A 和 4 个虚拟变量来重新等价转化式（4-23）和式（4-24）。每个在集合 $v_i^t\left(v_i^t \notin V_{\text{OB}}\right)$ 中的节点都会通过一个虚拟的入弧 (A,v_i^t) 和出弧 (v_i^t,A) 连接到虚拟节点 A。定义 m_{Ai}^t 和 m_{iA}^t 分别为虚拟输入和输出的数据。此外，引入两个虚拟变量 $m_{\text{c}_i}^t$ 和 $m_{\text{h}_i}^t$，分别表示节点 $i \in V_{\text{S}}$ 虚拟的能量消耗和吸收。

随后，重建式（4-23）为式（4-26），其中 $p_i^t(f)$ 是节点 $i \in V - V_{\text{OB}}$ 对应的向量 $\boldsymbol{p}_f(t)$ 中的一个元素。

$$\begin{cases} \sum\limits_{v_j^1:\left(v_i^1,v_j^1\right)\in\varepsilon_1} x\left(v_i^1,v_j^1,f\right)+m_{iA}^1 = \sum\limits_{v_j^1:\left(v_i^1,v_j^1\right)\in\varepsilon_1} x\left(v_i^1,v_j^1,f\right)+m_{Ai}^1+b_i^0(f)+p_i^1(f), & t=1 \\ \sum\limits_{v_j^t:\left(v_i^t,v_j^t\right)\in\varepsilon_1} x\left(v_i^t,v_j^t,f\right)+m_{iA}^t = \sum\limits_{v_j^t:\left(v_i^t,v_j^t\right)\in\varepsilon_1} x\left(v_i^t,v_j^t,f\right)+m_{Ai}^t+p_i^t(f), & 1\leqslant t\leqslant T \\ \sum\limits_{v_j^T:\left(v_i^T,v_j^T\right)\in\varepsilon_1} x\left(v_i^T,v_j^T,f\right)+m_{iA}^T+b_i^T(f) = \sum\limits_{v_j^T:\left(v_i^T,v_j^T\right)\in\varepsilon_1} x\left(v_i^T,v_j^T,f\right)+m_{Ai}^T+p_i^T(f), & t=T \end{cases} \tag{4-26}$$

相似地，将式（4-24）等价地转化为式（4-27）：

$$\begin{cases} E_{\text{c}_i}^1+m_{\text{c}_i}^1-E_{\text{h}_i}^1-m_{\text{h}_i}^1=\text{EB}_i^0+q_i^1, & t=1 \\ E_{\text{c}_i}^t+m_{\text{c}_i}^t-E_{\text{h}_i}^t-m_{\text{h}_i}^t=q_i^t, & 1\leqslant t\leqslant T \end{cases} \quad \forall i\in V_{\text{S}} \tag{4-27}$$

其中，q_i^t 是节点 $i \in V_{\text{S}}$ 对应的向量 $\boldsymbol{q}(t)$ 中的一个元素。此外，通过从式（4-2）中为第 t 个时隙的源节点提取任务数据流守恒约束，有

$$\sum_{v_j^1:\left(v_i^1,v_j^1\right)\in\varepsilon_{\text{so}}(t)} x\left(v_i^t,v_j^t,f\right)=r_f, v_i^t=s(f), \forall f\in F(t) \tag{4-28}$$

根据上述转化，可以建模时隙问题 **P3**：

$$
\mathbf{P3}:\begin{cases}\max\limits_{\boldsymbol{x}(t),\boldsymbol{\delta}(t)} \quad -M_1\sum\limits_{f\in F}\sum\limits_{v_i^t\in V-V_{\mathrm{OB}}}\left(m_{iA}^t+m_{Ai}^t\right)-M_2\sum\limits_{v_i^t\in V_{\mathrm{S}}}\left(m_{\mathrm{h}_i}^t+m_{\mathrm{c}_i}^t\right),\ 1\leqslant t\leqslant T \\ \quad \text{s.t.}\ \ \text{式（4-4），式（4-6）}\sim\text{（4-10），式（4-26）}\sim\text{（4-28）} \\ \max\limits_{\boldsymbol{x}(t),\boldsymbol{\delta}(t)}\sum\limits_{f\in F}\omega(f)\left(\sum\limits_{i\in G}b_i^T(f)\right)-M_1\sum\limits_{f\in F}\sum\limits_{v_i^t\in V-V_{\mathrm{OB}}}\left(m_{iA}^t+m_{Ai}^t\right)-M_2\sum\limits_{v_i^t\in V_{\mathrm{S}}}\left(m_{\mathrm{h}_i}^t+m_{\mathrm{c}_i}^t\right),\ t=T \\ \quad \text{s.t.}\ \ \text{式（4-4），式（4-6）}\sim\text{（4-11），式（4-26）}\sim\text{（4-28）}\end{cases}
$$

由于虚拟变量的引入，问题 **P3** 中的时隙问题总是可行的。虚拟变量不会影响原始问题的最优性。仅当 $\boldsymbol{p}_f(t)$ 和 $\boldsymbol{q}(t)$ 不能满足流守恒约束或者能量吸收或消耗过程时，这些引入的虚拟参量才会发挥作用。因此，当问题 **P2** 取得最优解时，问题 **P3** 目标函数中的虚拟变量也会趋近 0。为此，引入相当大但不能无限大的线性代价参量 M_1 和 M_2。在实际应用中，为了保证其收敛性，M_1 和 M_2 的值应该满足上述条件，即不能无限大[24]。此外，注意到，每一个时隙问题仍然是一个 MILP 问题。通过利用该问题的特殊结构，提出一个基于分支定界的时隙链路调度策略来决策每个时隙链路的选择结果。

基于分支定界的时隙链路调度策略如下。首先，求解一个松弛整数变量后的时隙 MILP 问题，得到时隙问题的上界。进而将求解得到的链路占用率最大的链路还原为可用链路，即该链路的链路指示因子 δ 为 1，这样，可根据式（4-6）至式（4-9）找出与该链路存在冲突调度关系的所有链路，将这些链路全部设为不可用链路，即将它们对应的链路指示因子 δ 均设为 0。如果上界和下界的差异小于一个非常小的参量 $\varepsilon>0$，则该过程结束。否则，利用问题的特殊性，执行分支决策，选择可能性最大的最优分支以降低总的搜索复杂度。选择一个最接近 1 的 $\delta\left(v_i^t,v_i^t\right)$ 来进行分支，一旦选定，当前的问题将分成两个子问题，一个是将选定链路的链路指示因子设置为 1 的子问题，另一个则是将选定链路的链路指示因子设置为 0 的子问题。分支选择潜在的原因是根据式（4-6）至式（4-9），固定一个具体的链路指示因子为 1，则同时可以确定与之冲突的链路指示因子为 0，进一步降低问题的搜索维度。

给定向量 $\boldsymbol{p}$ 和 $\boldsymbol{q}$，通过求解时隙问题 **P3**，可以得到一个对应问题 **P2** 的目标 $z(\boldsymbol{p},\boldsymbol{q})$。$z^*$ 中的 $l_t(\boldsymbol{p}_f(t),\boldsymbol{q}(t))$ 是时隙问题 **P3** 在第 t 个时隙的最优值。因此，本章的目标是找到最优的 $\boldsymbol{p}^*$ 和 $\boldsymbol{q}^*$，从而获得问题 **P2** 的最优 z^*。本章采用次梯度法寻找最优的 $\boldsymbol{p}^*$ 和 $\boldsymbol{q}^*$[23]。按照式（4-29）和式（4-30）更新迭代的 $\boldsymbol{p}$ 和 $\boldsymbol{q}$：

$$
\boldsymbol{p}^{(k+1)}=[\boldsymbol{p}^{(k)}+a^{(k)}\boldsymbol{g}(\boldsymbol{p}^{(k)})]^+ \tag{4-29}
$$

$$
\boldsymbol{q}^{(k+1)}=[\boldsymbol{q}^{(k)}+b^{(k)}\boldsymbol{g}(\boldsymbol{q}^{(k)})]^+ \tag{4-30}
$$

在式（4-29）和式（4-30）中，$a^{(k)}$ 和 $b^{(k)}$ 是两个正的步长因子。$\boldsymbol{g}(\boldsymbol{p}^{(k)})$ 和 $\boldsymbol{g}(\boldsymbol{q}^{(k)})$ 分别是向量 $\boldsymbol{p}$ 和 $\boldsymbol{q}$ 在点 $\boldsymbol{p}(k)$ 和 $\boldsymbol{q}(k)$ 的次梯度向量。此外，$[\cdot]^+$ 是在由式（4-11）和

式（4-19）创造的 $\boldsymbol{p}$ 和 $\boldsymbol{q}$ 的可行集上的映射。值得注意的是，计算上述映射等价于求解如式（4-31）和式（4-32）所示的二次规划问题。

$$\begin{aligned}&\mathbf{P4\text{-}a}:\min\left\|\boldsymbol{p}-(\boldsymbol{p}^{(k)}+a^{(k)}\boldsymbol{g}(\boldsymbol{p}^{(k)}))\right\|^2\\&\text{s.t. 式（4-11），式（4-21）}\end{aligned}\tag{4-31}$$

$$\begin{aligned}&\mathbf{P4\text{-}b}:\min\left\|\boldsymbol{q}-(\boldsymbol{q}^{(k)}+b^{(k)}\boldsymbol{g}(\boldsymbol{q}^{(k)}))\right\|^2\\&\text{s.t. 式（4-19），式（4-22）}\end{aligned}\tag{4-32}$$

至此，利用 RAPD 算法就可以求解问题 **P2**，其具体算法过程见算法 4.1。首先，网络被初始化（见算法 4.1 的第 3 行）。随后，利用基于分支定界的时隙链路调度策略求解所有 **P3** 中的时隙问题，进而获得数传规划向量 $\boldsymbol{x}(t)$ 和链路规划向量 $\boldsymbol{\delta}(t)$。与此同时，相关的次梯度也可以被计算。随后，根据迭代式（4-29）和式（4-30）更新向量 $\boldsymbol{p}_f(t)$ 和 $\boldsymbol{q}(t)$ 直到算法终止，即满足终止条件（$z(\boldsymbol{p},\boldsymbol{q})$ 的增益小于一个非常小的参量 $\varepsilon>0$）。最后，向量 $\boldsymbol{p}_f(t)$ 和 $\boldsymbol{q}(t)$ 以及与之相关的 $\boldsymbol{x}(t)$ 和 $\boldsymbol{\delta}(t)$ 将分别收敛到其最优值。由于求解 **P2** 等价于求解 **P1**（原始 MARA 问题的等价问题），通过 RAPD 算法求解得到的最优解及最优值对原始 MARA 问题而言也是最优的。

算法 4.1　RAPD 算法

1：输入：链路连接拓扑图 G，规划周期的总时隙数 T，$\boldsymbol{b}(0)$，$\forall f\in F$ 和 $\mathbf{EB}(0)$。

2：输出：链路连接规划向量 $\boldsymbol{\delta}(t)$（$1\leqslant t\leqslant T$）、数传规划向量 $\boldsymbol{x}(t)$（$1\leqslant t\leqslant T$）和网络收益。

3：初始化：设置 $k=0$，最初的存储器状态变化向量 $\boldsymbol{p}(0)$ 和电池状态变化向量 $\boldsymbol{q}(0)$。

4：利用基于分支定界的时隙链路调度策略求解所有 **P3** 中的时隙问题，进而获得 $\boldsymbol{x}(t)$、$\boldsymbol{\delta}(t)$、$z(\boldsymbol{p}^{(0)},\boldsymbol{q}^{(0)})$，以及相关的次梯度，即 $\boldsymbol{g}(\boldsymbol{p})$ 和 $\boldsymbol{g}(\boldsymbol{q})$。

5：repeat

6：根据式（4-29）和式（4-30）更新 $\boldsymbol{p}$ 和 $\boldsymbol{q}$。

7：利用基于分支定界的时隙链路调度策略求解所有 **P3** 中的时隙问题，进而获得 $\boldsymbol{x}(t)$、$\boldsymbol{\delta}(t)$、$z(\boldsymbol{p}^{(k+1)},\boldsymbol{q}^{(k+1)})$，以及相关的次梯度，即 $\boldsymbol{g}(\boldsymbol{p})$ 和 $\boldsymbol{g}(\boldsymbol{q})$。

8：$k\leftarrow k+1$

9：until $\left|z(\boldsymbol{p}^{(k)},\boldsymbol{q}^{(k)})-z(\boldsymbol{p}^{(k-1)},\boldsymbol{q}^{(k-1)})\right|\leqslant\varepsilon$

10：返回最优的 x、δ 和 z。

4.3.2　复杂度分析

本小节分析 RAPD 算法的计算复杂度，以及直接利用优化软件求解原始 MARA 问题的复杂度。首先分析最外层迭代，即 RAPD 算法中的问题 **P4-a** 和问题 **P4-b** 的求解复杂度。考虑最差的情况，即在每个时隙，每个待观测目标均可被某颗卫星观测。

然后，给出内层问题（包括 **P3** 中的时隙问题）以及梯度 $\boldsymbol{g}(\boldsymbol{p})$ 和 $\boldsymbol{g}(\boldsymbol{q})$ 的求解。问题 **P3** 中的这些时隙子问题相互独立，可以并行求解。此外，随着时隙数的增加，任务数据流的数量也会同步增加。因此，最后一个时隙的子问题的求解复杂度是最高的。基于此，以问题 **P3** 中最后一个时隙的子问题求解复杂度为问题 **P3** 的求解复杂度。相似地，$\boldsymbol{g}(\boldsymbol{p})$ 和 $\boldsymbol{g}(\boldsymbol{q})$ 在第 T 个时隙的计算复杂度可以认为是 $\boldsymbol{g}(\boldsymbol{p})$ 和 $\boldsymbol{g}(\boldsymbol{q})$ 的计算复杂度。至此，本小节通过以下 4 个步骤具体分析 RAPD 算法的计算复杂度。

（1）考虑第 k 次外层迭代，为了获得 $\boldsymbol{p}^{(k+1)}$ 和 $\boldsymbol{q}^{(k+1)}$，需要求解两个二次规划，即问题 **P4-a** 和问题 **P4-b**，其中分别有 $L(M+N)T^2$ 个和 $2MT$ 个变量需要求解，M、N 和 L 分别是网络中卫星、地面站及待观测目标的数量。上述两个二次规划的求解复杂度是 $O\left([L(M+N)T^2]^{3.5}\right)+O\left((2MT)^{3.5}\right)=O\left([L(M+N)T^2]^{3.5}\right)$ [25]。因此，外层映射问题的求解复杂度是 $C_{\text{po}}=k_1O\left(L(M+N)T^2\right)^{3.5}$，其中 k_1 是外层算法的迭代次数。

（2）采用基于分支定界的时隙链路调度策略求解问题 **P3** 中的时隙问题。对于时隙的子问题，在每一次迭代中，需要求解一个变量个数为 VarT=$ML+L+\dfrac{T^2+T}{2}L\left(M^2+MN+2M+3N\right)+M(M-1)+MN+4M$ 的线性规划（Linear Programming，LP）问题。该 LP 问题的求解复杂度为 $O((\text{VarT})^{3.5})=O([\dfrac{T^2+T}{2}L(M^2+MN)]^{3.5})$[26]。因此，内层算法的复杂度是 $C_{\text{pip}}=k_2O([\dfrac{T^2+T}{2}L(M^2+MN)]^{3.5})$，其中 k_2 是求解时隙问题的迭代次数。

（3）求解梯度 $\boldsymbol{g}(\boldsymbol{p})$ 和 $\boldsymbol{g}(\boldsymbol{q})$ 的复杂度是求解第 T 个时隙的相关梯度的复杂度。因此，如式（4-33）所示：

$$C_{\text{pig}}=C_{\text{pip}}O\left(\frac{L(M+N+1)(T^2+T)}{2}+M\right) \tag{4-33}$$

其中，括号中的第一项是第 T 个时隙向量 $\boldsymbol{g}(\boldsymbol{p})$ 的复杂度，而第二项是第 T 个时隙向量 $\boldsymbol{g}(\boldsymbol{q})$ 的复杂度。通过代入 C_{pip}，可以得到式（4-34）：

$$C_{\text{pig}}=k_2O\left(\frac{L^{4.5}T^9\left(M^2+MN\right)^{3.5}(M+N)}{4}\right) \tag{4-34}$$

至此，所有在内层操作的复杂度为

$$C_{\text{pi}}=C_{\text{pip}}+C_{\text{pig}}=k_2O\left(\frac{L^{4.5}T^9\left(M^2+MN\right)^{3.5}(M+N)}{4}\right) \tag{4-35}$$

（4）RAPD 算法在最坏情况下的总计算复杂度为

$$C_{\text{po}}C_{\text{pi}} = k_1k_2O\left(\frac{L^8T^{16}\left(M^2+MN\right)^{3.5}\left(M+N\right)^{4.5}}{4}\right) = O\left(Q_1T^{16}\right) \tag{4-36}$$

式（4-36）中，$Q_1 = \dfrac{k_1k_2L^8\left(M^2+MN\right)^{3.5}\left(M+N\right)^{4.5}}{4}$。

为了证明 RAPD 算法的有效性，本章分析了直接用优化工具求解原始的 MARA 问题的复杂度。根据式（4-5）至式（4-9），每个时隙中可行的通信链路的结合方式数量有限，这样的组合依赖每个时隙网络的通信链路拓扑结构，在冲突图上求解的独立集的个数就是可行通信链路组合数，每个时隙可能都是不一样的。为了分析复杂度，假设每个时隙均有 R 个可行的通信链路组合，则在 T 个时隙内，有 R^T 种可行的通信链路组合。对于每一个可行的通信链路组合情况，原始的 MARA 问题均可被转化为一个 LP 问题，该 LP 问题的求解复杂度是一个关于 T 的代数式 $Q_2(T)$[26]。通过求解该 LP 问题，可以获得每个时隙中的数传规划向量。因此，直接求解原始 MARA 问题的求解复杂度是 $Q_2(T)O(R^T)$。可以看到，RAPD 算法的计算复杂度是关于 T 的代数式，而直接利用软件求解原始 MARA 问题的计算复杂度是一个关于 T 的指数表达式。

4.4　基于冲突图的算法

虽然 RAPD 算法可以高效地求解原始 MARA 问题，但当网络规模比较大时，问题的求解复杂度仍然很高。基于此，本节首先利用冲突图来刻画通信链路调度的冲突关系，进而在该冲突图上定义一个链路度量。最后，提出一种基于冲突图的算法（Algorithm based on Conflict Graph，ACG），从而进一步降低复杂度并实现较高的网络收益。

为了回传尽可能多的具有高权重因子的任务数据，第 t 个时隙（$1 \leqslant t < T$）的目标 O_b^t 为

$$O_b^t = \sum_{f\in \bigcup\limits_{1\leqslant i\leqslant t} F(i)} \left[\omega(f)\left(\sum_{j\in G} b_j^T(f)\right) + \mu \sum_{k\in \mathrm{SGV}(t+1)} (\omega(f)b_k^t(f))\right] \tag{4-37}$$

式（4-37）包含两个部分：一部分是第 t 个时隙回传到地面站的加权数据量，另一部分是节点 $k\in \mathrm{SGV}(t+1)$ 中存储的总的加权数据量。其中，$\mathrm{SGV}(t+1)$ 表示的是在下一个时隙，即第 $t+1$ 个时隙，有机会与地面建立通信链路的卫星集合。μ 是一个非常小的参量，其作用是保障任务数据会尽可能多地回传到地面站。当 $t=T$ 时，目标函数为

$$O_b^T = \sum_{f\in F} \omega(f)\left(\sum_{i\in G} b_i^T(f)\right) \tag{4-38}$$

对于第 t 个时隙的优化问题，流守恒约束和能量守恒约束，即式（4-3）和式（4-18），可以被转化为式（4-39）和式（4-40）：

$$\sum_{v_j^t:\left(v_i^t,v_j^t\right)\in\varepsilon_1} x\left(v_i^t,v_j^t,f\right)+b_i^t(f)=\sum_{v_j^t:\left(v_i^t,v_j^t\right)\in\varepsilon_1} x\left(v_i^t,v_j^t,f\right)+y_i^t(f),v_i^t\neq s(f),\forall f\in\bigcup_{1\leqslant i\leqslant t}F(i) \tag{4-39}$$

$$\mathrm{EB}_i^t=\mathrm{EBy}_i^t-E_{\mathrm{c}_i}^t+E_{\mathrm{h}_i}^t \tag{4-40}$$

其中，$y_i^t(f)$ 和 EBy_i^t 分别是卫星 s_i 在第 t 个时隙的初始时刻存储的数据流 f 的数据量和剩余能量，即 $y_i^t(f)=b_i^{t-1}(f)$ 和 $\mathrm{EBy}_i^t=\mathrm{EB}_i^{t-1}$。定义 $\boldsymbol{y}_f(t)$ 和 $\mathbf{EBy}(t)$ 分别是对应 $y_i^t(f)$ 和 EBy_i^t 的向量。

具体的 ACG 步骤见算法 4.2。首先，根据第 t 个时隙的约束［式（4-6）至式（4-9)］、卫星的能量状态，以及第 t 个和第 t+1 个时隙的链路连接拓扑图，可以得到第 t 个时隙的链路连接规划。随后，为了获得任务规划向量 $\boldsymbol{x}(t)$（$1\leqslant t\leqslant T$)，需要求解 LP 问题：

P5：$\max\limits_{\boldsymbol{x}(t),\boldsymbol{\delta}(t)} O_b^t$

s.t. 式（4-4），式（4-10）～（4-11），式（4-17），式（4-28），式（4-39）～（4-40）

算法 4.2　ACG

1：输入：链路连接拓扑图 G，规划周期时隙数 T、$b_f(0)$（$\forall f\in F$）和 $\mathbf{EB}(0)$。

2：输出：链路连接规划向量 $\boldsymbol{\delta}(t)$（$1\leqslant t\leqslant T$)、任务规划向量 $\boldsymbol{x}(t)$（$1\leqslant t\leqslant T$）和网络收益。

3：初始化：设置 t=1。

4：根据式（4-6）至式（4-9）构造冲突图 $\mathrm{CG}_{\mathrm{sg}}(t)$ 和 $\mathrm{CG}_{\mathrm{ss}}(t)$。

5：计算冲突图 $\mathrm{CG}_{\mathrm{sg}}(t)$ 上的节点价值，并在冲突图 $\mathrm{CG}_{\mathrm{sg}}(t)$ 上找到最大独立集 $\mathrm{IS}_{\mathrm{sg}}(t)$。

6：计算冲突图 $\mathrm{CG}_{\mathrm{ss}}(t)$ 上的节点价值，并在冲突图 $\mathrm{CG}_{\mathrm{ss}}(t)$ 上找到最大独立集 $\mathrm{IS}_{\mathrm{ss}}(t)$。

7：根据 $\mathrm{IS}_{\mathrm{sg}}(t)$ 和 $\mathrm{IS}_{\mathrm{ss}}(t)$ 获得链路连接规划向量 $\boldsymbol{\delta}(t)$。

8：求解问题 **P5**，获得向量 $\boldsymbol{x}(t)$、$\boldsymbol{b}(t)$ 和 $\mathbf{EB}(t)$。

9：设置 $\boldsymbol{y}_f(t+1)=\boldsymbol{b}_f(t)$、$\mathbf{EBy}(t+1)=\mathbf{EB}(t)$ 和 $t=t+1$。

10：if　$t\leqslant T$　then

11：　　go to 4

12：else

13：　　stop

14：end if

确定 $\boldsymbol{\delta}(t)$ 的具体步骤如算法 4.2 的第 4 ～ 7 行所示。首先，根据 $G(t)$ 分别为星地通信链路 $\varepsilon_{\mathrm{sg}}(t)$ 和星间通信链路 $\varepsilon_{\mathrm{ss}}(t)$ 构造对应的冲突图 $\mathrm{CG}_{\mathrm{sg}}(t)$ 和 $\mathrm{CG}_{\mathrm{ss}}(t)$。$\mathrm{CG}_{\mathrm{sg}}(t)$ 和 $\mathrm{CG}_{\mathrm{ss}}(t)$ 中的节点分别对应 $\left(v_i^t,v_j^t\right)\in\varepsilon_{\mathrm{sg}}(t)$（$v_i^t\in V$）和 $\left(v_i^t,v_j^t\right)\in\varepsilon_{\mathrm{ss}}(t)$ 中的链路。进而，

根据 $\mathbf{EB}(t)$ 和 $G(t)$，定义 $CG_{sg}(t)$ 中节点的度量，即链路 $\left(v_i^t, v_j^t\right) \in \varepsilon_{sg}(t)$（$v_i^t \in V_S$）的度量，其表示一个星地通信链路被建立的概率，如式（4-41）所示：

$$\varphi\left(v_i^t, v_j^t\right) = \omega_{g1} \frac{EC_i^t}{EB_{i\max}} + \omega_{g2}\eta_i(t) + \omega_{g3}\alpha_{oi}^t + \omega_{g4}\alpha_{bi}^t \tag{4-41}$$

其中，ω_{g1}、ω_{g2}、ω_{g3} 和 ω_{g4} 是权重因子，且 $\omega_{g1}+\omega_{g2}+\omega_{g3}+\omega_{g4}=1$；$EC_i^t = \min\{EB_{i\max}, EB_i^{t-1} + E_{h_i\max}^t - EB_{oi}^t\}$，其中 $E_{h_i\max}^t$ 是卫星 s_i 在第 t 个时隙所能吸收并存储的能量最大值，即当式（4-17）取等号时的结果。此外，如果链路 $\left(v_i^t, v_m^t\right) \in \varepsilon_{ss}(t)$ 存在，则设置 $\eta_i(t)$ 为 1，否则为 0。$\alpha_{oi}^t = \beta_{oi}^t \omega_i^t(m)$，其中，如果在第 t 个时隙有待观测目标在卫星 s_i 的覆盖区域内，则 $\beta_{oi}^t = 1$，否则 $\beta_{oi}^t = 0$。$\omega_i^t(m)$ 指的是所有被卫星 s_i 观测到的待观测目标中最大的任务权重因子。$\alpha_{bi}^t = \dfrac{\sum_{f \in \bigcup_{1 \leqslant n \leqslant t-1}} F(n)\omega(f)b_i^{t-1}(f)}{w(f)_{\max} B_{i\max}}$ 代表卫星 s_i 处存储的任务数据的价值比率，其中，$\omega(f)_{\max}$ 是所有观测任务中最大的归一化的权重因子。

由式（4-41）可以看到，地面站更倾向于和剩余能量高、与其他卫星有更多机会建立通信链路、能获取并存储更大权重因子的任务数据的卫星建立星地通信链路。根据如上的度量，可以计算 $CG_{sg}(t)$ 上的最大独立集 $IS_{sg}(t)$。

接下来，基于 $\mathbf{EB}(t)$、$G(t)$、$IS_{sg}(t)$ 和 $G(t+1)$，计算 $CG_{ss}(t)$ 上的节点度量，即链路 $\left(v_i^t, v_m^t\right) \in \varepsilon_{ss}(t)$ 被建立的概率，当 $1 \leqslant t \leqslant T-1$ 时，根据式（4-42）计算：

$$\begin{aligned}\varphi\left(v_i^t, v_j^t\right) = & \frac{\omega_{s1}}{2}\left(\frac{EC_i^t}{EB_{i\max}} + \frac{EC_j^t}{EB_{j\max}}\right) + \omega_{s2}\left\{\left[\left(\rho_i^t + \rho_j^t\right) \bmod 2\right]\omega_\alpha^t c_\alpha^t\right\} \\ & + \omega_{s3}\left[\left(\rho_i^{t+1} + \rho_j^{t+1}\right) \bmod 2\right]\end{aligned} \tag{4-42}$$

其中，ω_{s1}、ω_{s2} 和 ω_{s3} 是权重因子，且 $\omega_{s1}+\omega_{s2}+\omega_{s3}=1$。

根据 $IS_{sg}(t)$，如果卫星 s_i 已经与一个地面站建立了通信链路，则 $\rho_i^t = 1$，否则 $\rho_i^t = 0$。此外，可以观察到，如果 $\rho_i^t = 1$ 且 $\rho_j^t = 1$，则 $(\rho_i^t + \rho_j^t) \bmod 2 = 0$，表示这两颗卫星应该与其他卫星建立通信链路以充分利用星地通信链路资源，进而传输更多的数据到地面站。ρ_i^{t+1} 依赖 $G(t+1)$，其表示如果卫星 s_i 有机会与一个地面站在第 $t+1$ 个时隙建立通信链路，则 $\rho_i^{t+1} = 1$，否则 $\rho_i^{t+1} = 0$。从式（4-42）可以看到，ω_α^t 和 c_α^t 仅当 $\left(\rho_i^t + \rho_j^t\right) \bmod 2 = 1$ 时有用。$\omega_\alpha^t = \omega_{s21}\alpha_o^t + \omega_{s22}\alpha_b^t$，其中 ω_{s21} 和 ω_{s22} 是权重因子，且 $\omega_{s21} + \omega_{s22} = 1$。为了方便描述，本章假设当 $\rho_i^t = 1$ 且 $\rho_j^t = 0$ 时，$\alpha_o^t = \alpha_{oj}^t$ 和 $\alpha_b^t = \alpha_{bj}^t$。

首先，当 $t=T$ 时，采用式（4-43）计算链路度量：

$$\varphi\left(v_i^t, v_j^t\right) = \frac{\omega'_{s1}}{2}\left(\frac{EC_i^t}{EB_{i\max}} + \frac{EC_j^t}{EB_{j\max}}\right) + \omega'_{s2}\left\{\left[\left(\rho_i^t + \rho_j^t\right) \bmod 2\right]\omega_\alpha^t c_\alpha^t\right\} \tag{4-43}$$

其中，$\omega'_{s1}+\omega'_{s2}=1$。

随后，计算 $CG_{ss}(t)$ 上的最大独立集 $IS_{ss}(t)$。集合 $IS_{sg}(t)$ 和 $IS_{ss}(t)$ 中的节点对应 $\varepsilon_{sg}(t)$ 和 $\varepsilon_{ss}(t)$ 中可以被无冲突调度的链路。至此，链路连接规划可以被确定。

为了更加明确地介绍 ACG，本章给出了一个简单的例子，如图 4-3 所示，其展示了第 t 个时隙（$1\leqslant t<T$）的链路连接规划向量 $\boldsymbol{\delta}(t)$ 的构造方法。该例中，ω_{g1}=0.4、ω_{g2}=0.2、ω_{g3}=0.2、ω_{g4}=0.2、ω_{s1}=0.4、ω_{s2}=0.5、ω_{s3}=0.1、ω_{s21}=0.4、ω_{s22}=0.6、$ESF_1^t=0.5$、$ESF_2^t=0.8$、$ESF_3^t=0.9$、$ESF_4^t=0.5$、$ESF_5^t=0.8$、$\alpha_{o1}^t=\alpha_{o4}^t=\alpha_{o5}^t=0$、$\alpha_{o2}^t=0.8$、$\alpha_{o3}^t=0.5$、$\alpha_{b1}^t=0.6$、$\alpha_{b2}^t=0.5$、$\alpha_{b3}^t=0.4$、$\alpha_{b4}^t=0.7$、$\alpha_{b5}^t=0.5$。由于星间链路是双向的，本章认为双向的两条链路具有相同的端点，其不影响链路调度 $\boldsymbol{\delta}(t)$ 的结果。一旦这样的双向链路中有一条被调度，即被选入集合 $IS_{ss}(t)$ 中，对应的另一条反向链路也被调度。为了简化，假设该例中 $G(t)$ 等于 $G(t+1)$。ESF_i^t 表示的是卫星 s_i 在第 t 个时隙开始时的能量状态，即 $\dfrac{EC_i^t}{EB_{i\max}}$。图 4-3（b）和图 4-3（c）分别是图 4-3（a）对应的星地通信链路和星间通信链路冲突图 $CG_{sg}(t)$ 和 $CG_{ss}(t)$。其中，红色的节点对应 $IS_{sg}(t)$ 和 $IS_{ss}(t)$ 中分别被选择的节点。例如，图 4-3（c）中的节点 5 表示的是通信链路 $\left(s_1^t,s_2^t\right)$ 和 $\left(s_2^t,s_1^t\right)$ 在第 t 个时隙被调度。

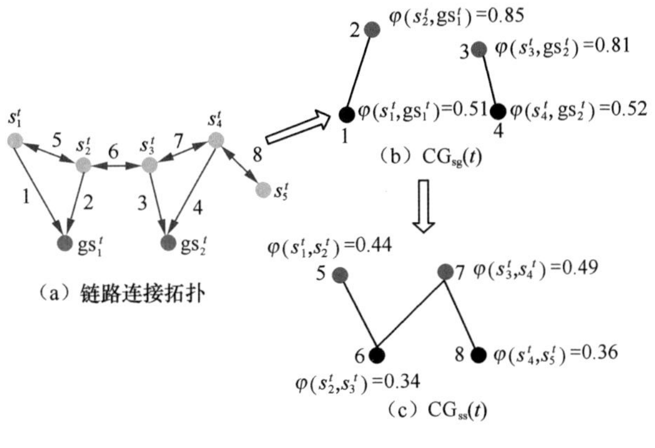

图 4-3　$CG_{sg}(t)$ 和 $CG_{ss}(t)$ 的构造

4.5　仿真结果与分析

4.5.1　仿真参数设置

本小节通过大量的仿真，联合 STK 和 MATLAB 仿真软件，验证了 RAPD 算法和

ACG 的有效性，主要是通过 STK 软件获得规划周期内的网络链路连接拓扑。仿真系统的组成如下。

（1）6 颗位于轨道高度为 1000km 的低轨卫星，其中 3 颗分布在升交角距分别为 90°、180°和 270°，轨道倾角为 97.86°的太阳同步轨道上，另 3 颗分布在升交角距分别为 60°、120°和 180°，轨道倾角为 83.86°的太阳同步轨道上。

（2）4 个遥感地面站，分别位于北京 (40°N, 116°E)、喀什 (39.5°N, 76°E)、三亚 (18°N, 109°E) 和西安 (34°N, 108°E)。

（3）5 个待观测目标，分别位于喜马拉雅山 (28°N, 87°E)、巴西马米拉瓦 (2°S, 66°W)、澳大利亚约克角 (11°S, 142.5°E)、美国阿拉斯加海岸 (60°N, 148°W) 和格陵兰岛 (69°N, 49°W)。

此外，网络仿真的其他参数配置如下：仿真的时隙长度$\Delta\tau$设置为 200s。星间通信链路速率、星地通信链路速率及数据采集速率分别设置为 10Mbit/s、20Mbit/s 和 50Mbit/s。

卫星能量的相关参数设置为 P_{ss}=20W、P_{sg}=20W、P_r=5W、P_{so}=25W、P_o=10W、θ=80%[27]。此外，没有特别强调时，规划周期为 2h，归一化的任务（对应 5 个待观测目标）的数据权重因子分别为 0.72、0.23、0.88、0.95 和 0.74。具体的任务数据权重因子则根据实际应用需求定义。有了这样的权重因子后，直接代入 RAPD 算法和 ACG 中即可。所有的仿真都是在一个戴尔工作站 T7600（Intel Xeon E5-2609 v2 2.50GHz，128GB RAM，Windows 8.1 Professional 64bit）上进行的。此外，本章采用免费的 LPSolver（version 5.5.2.0 for Windows 64bit）软件获得原始 MARA 问题的最优解。

4.5.2 网络性能

为了衡量 RAPD 算法和 ACG 的性能，本节对比了两种参考算法，即文献 [13] 中提到的公平匹配（Fair Contact Plan，FCP）算法和文献 [21] 中提出的基于演进算法的启发式资源调度（Evolutionary Approach Towards Contact Plan，TACP-EA）算法。FCP 算法采用公平匹配方法，根据每个时隙的网络链路连接拓扑信息迭代求解每个时隙的可用通信链路，不考虑卫星节点的数据到达情况，在每个时隙，该方法为没有被建立通信链路的累积时间最长的通信链路建立通信链路，用于数据传输，以保障每条通信链路被公平地调度。而 TACP-EA 算法则进一步考虑了可预测的数据到达信息，但其忽略了星上的卫星能量约束。此外，为了强调考虑任务差异性的必要性，本章又提出了一种 ACG-nonp，其主要思想与 ACG 一致，但是不考虑任务的差异性。因此，本章将 ACG-nonp 中的任务归一化的权重因子都设置为 1，此时的优化目标就是最大化规划周期内的回传数据量。

为了证明 RAPD 算法和 ACG 的有效性，本节采用免费的 LPSolver 软件直接求解原始 MARA 问题，将该方法称为 MACP-OP，其算法执行时间的性能如图 4-4 所示。正如期望的，与 MACP-OP 相比，RAPD 算法通过将原始 MARA 问题分解为多个可并行独立求解的子问题来有效缩短求解时间。其基本原理即随着规划周期的增加，原始 MARA 问题的变量及约束急剧增加，导致直接求解的复杂度越来越高。值得注意的是，图 4-4 中的纵坐标轴是指数的，通过对 MACP-OP 和 RAPD 算法的复杂度（详见第 4.3.2 小节）取对数，可以得到这两种算法关于规划周期 T 的算法复杂度表达式，分别为 $O\left(10.5\lg T+\lg Q_1\right)$ 和 $O\left(T\lg R+\lg Q_2(T)\right)$，这样的关系可以在图 4-4 中得以证明。此外，由于 TACP-EA 算法、ACG 和 FCP 算法是启发式算法，可以看到，虽然它们的网络性能比 RAPD 算法差，但算法执行时间更短，也就是说，它们在算法复杂度方面具有一定的优势。

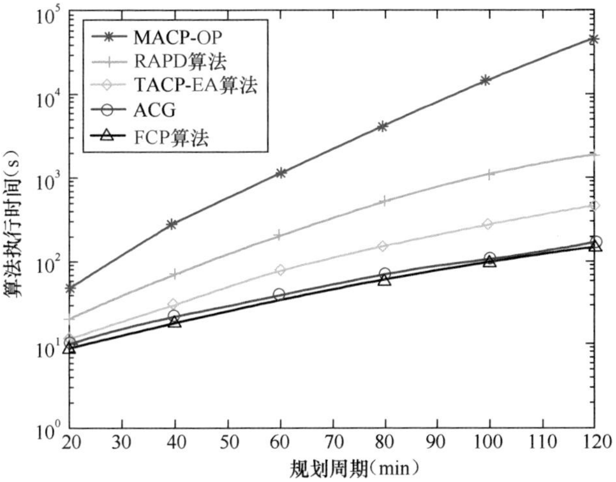

图 4-4　算法执行时间随规划周期增长的性能曲线

接下来，比较几种算法的网络收益随规划周期增长的性能。如图 4-5 所示，网络收益随规划周期的增长呈非减趋势，同时 RAPD 算法的性能虽然比 MACP-OP 直接获得的最优值要差，但非常接近。还可以观察到，网络收益的增长随着规划周期的增长并不均匀，这是因为各颗卫星所能观测到的数据在每个时隙都是不均等的。此外，RAPD 算法和 ACG 优于 TACP-EA 算法和 FCP 算法，这是因为 RAPD 算法和 ACG 在进行链路连接规划时考虑了任务的差异性及卫星节点的能量状态，而 TACP-EA 算法和 FCP 算法均忽略了这两个重要的影响因素。FCP 算法由于进一步忽略了数据到达信息，所以性能是最差的。

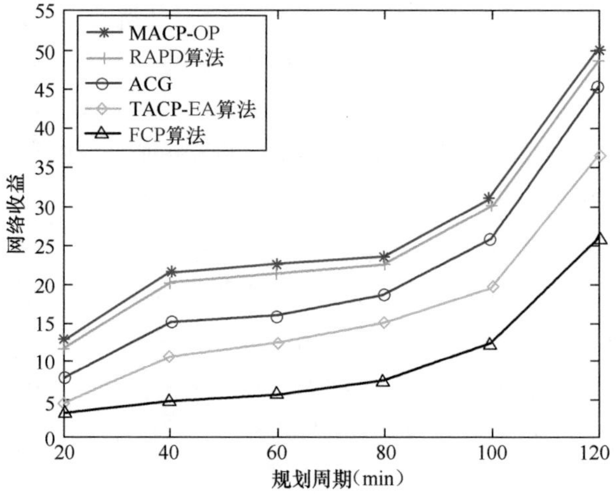

图 4-5　网络收益随规划周期增长的性能曲线

图 4-6 展示了 RAPD 算法的收敛性。每一次迭代都包含了并行求解 T 个子问题和计算一个新的次优网络收益。由于在最初几次迭代中会出现比较大的负数，在图 4-6 中将这些负数设置为 0。可以看到，RAPD 算法对于不同的初始点均收敛得比较快，这也验证了该算法的有效性。

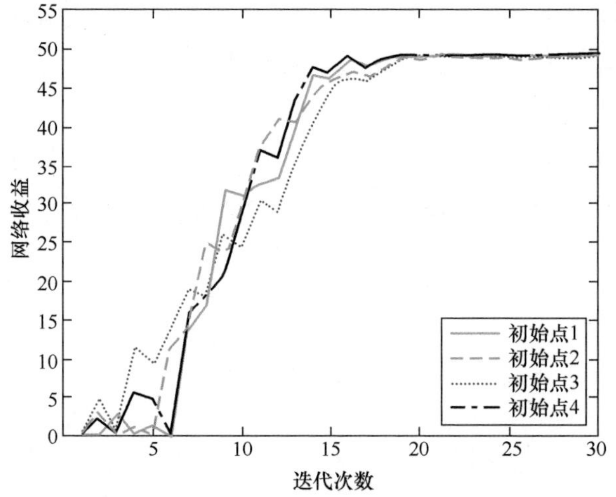

图 4-6　网络收益随迭代次数增长的性能曲线

具有大的权重因子的任务流对应的数据应该被尽可能多地在规划周期内回传到地面站以增加网络收益。图 4-7 和图 4-8 分别展示了在两种任务状态（两种任务权重配置）下每种任务在规划周期内的任务数据回传量。图 4-7 中任务 1～5 的归一化权重因子分别为 0.72、0.23、0.88、0.95 和 0.74，图 4-8 中任务 1 ～ 5 的归一化权重因子分别为 0.95、0.12、0.98、0.60 和 0.87。从图 4-7 和图 4-8 中可以看到，TACP-EA 算法、FCP 算法和 ACG-nonp 在两种任务状态下，对不同任务回传的数据量是相同的。而 RAPD 算法和 ACG 在两种任务状态下对不同任务回传的数据量是不同的。此外，RAPD 算法和 ACG 与 TACP-EA 算法、FCP 算法、ACG-nonp 相比可以回传更多具有大权重因子的任务数据。这是因为 TACP-EA 算法、FCP 算法和 ACG-nonp 在进行回传规划时均忽略了任务的差异性。此外，TACP-EA 算法和 FCP 算法进一步忽略了有限的星载能量。

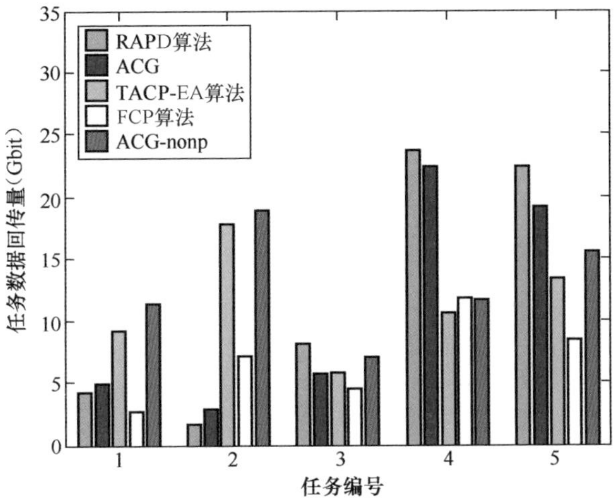

图 4-7　任务配置 1 下不同任务的数据回传量

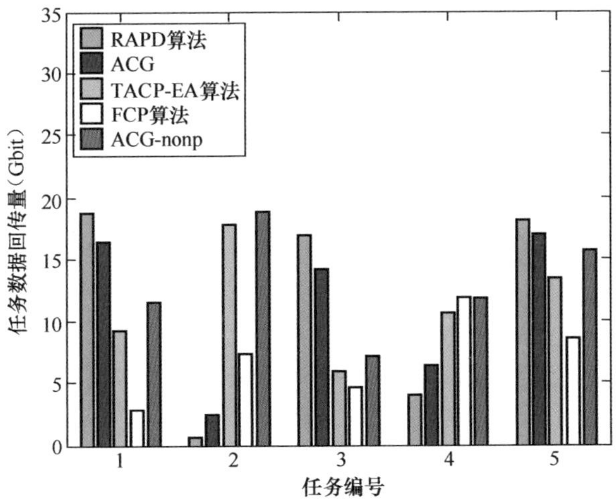

图 4-8　任务配置 2 下不同任务的数据回传量

表 4-1 和表 4-2 展示了不同算法在如图 4-7 和图 4-8 所示的两种任务配置下的任务完成情况，包括规划周期内数据的回传量及网络收益。虽然两种任务配置具有相同的归一化权重因子均值（0.704），但是其方差是不同的。表 4-1 中任务的归一化权重因子的方差是 0.0653，而表 4-2 中任务的归一化权重因子的方差是 0.1032。通过比较表 4-1 和表 4-2 中的数据可以发现，方差大的任务配置可以获得的网络收益比方差小的任务配置更大。此外，正如期望的，RAPD 算法和 ACG 获得的高网络收益是通过折中了任务数据回传量来实现的，这可以体现在 ACG-nonp 上，因为其没有考虑任务数据的差异性，目标相当于是最大化任务数据回传量。可以看到，ACG-nonp 具有最大的任务数据回传量。还可以注意到，与 TACP-EA 算法和 FCP 算法相比，RAPD 算法和 ACG 可以获得更好的任务完成性能。

表 4-1　不同算法在任务配置 1 下的任务完成情况

算法	规划周期内的任务数据回传量（Gbit）	网络收益
PAPD	60.9	50.3
ACG	55.9	45.2
TACP-EA	57.6	36.4
FCP	35.6	25.7
ACG-nonp	65.3	41.9

表 4-2　不同算法在任务配置 2 下的任务完成情况

算法	规划周期内的任务数据回传量（Gbit）	网络收益
PAPD	58.6	52.9
ACG	56.9	48.7
TACP-EA	57.6	35.2
FCP	35.6	22.9
ACG-nonp	65.3	41.1

图 4-9 展示了不同算法中电池容量 EB_{max} 对网络收益的影响。增加 EB_{max} 意味着当卫星处于地球向阳面时，可以尽可能多地吸收并存储太阳能以备后续数据传输之用。因此，正如期望的，随着 EB_{max} 的增加，参与对比的所有算法对应的网络收益均增加。然而，当 EB_{max} 大于某一个特定的值时，各算法的网络收益将不再增加，这是因为，此时网络的通信资源及存储资源已经成为数据传输的瓶颈。此外，可以看到，RAPD 算法的性能非常接近用 MACP-OP 得到的最优解。同时，在 EB_{max} 相同的条件下，RAPD 算法和 ACG 的性能优于 TACP-EA 算法和 FCP 算法。

图 4-10 和图 4-11 分别描述了能量收集速率 P_c 和存储器容量 B_{max} 对网络收益的影响。可以观察到，这两个参数对网络收益的影响与电池容量 EB_{max} 对网络收益的影响相似。具体来说，P_c 越大，卫星处于地球向阳面时能够吸收并存储的太阳能就越多，因而就可以回传更多的任务数据到地面站。B_{max} 越大，则意味着更多卫星收集的任务数据可以被存储下来，等到合适的机会再回传到地面站。相似地，由于网络的其他资源受限，随着 P_c 和 B_{max} 的增加，网络收益会趋于稳定。同时，在相同的网络资源状况下，RAPD 算法和 ACG 可以获得的网络收益比 TACP-EA 算法和 FCP 算法更高。

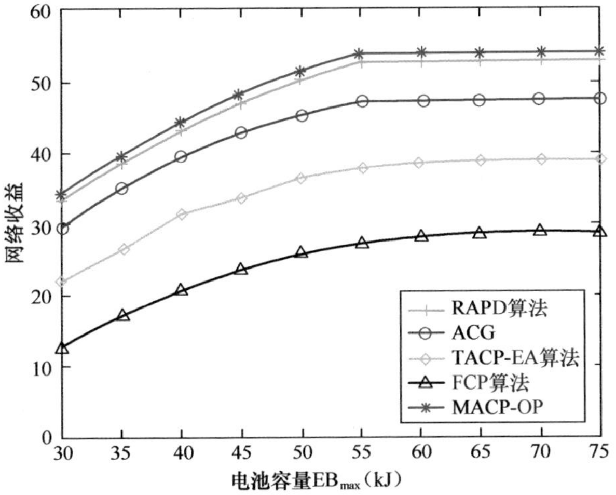

图 4-9 不同算法中电池容量对网络收益的影响

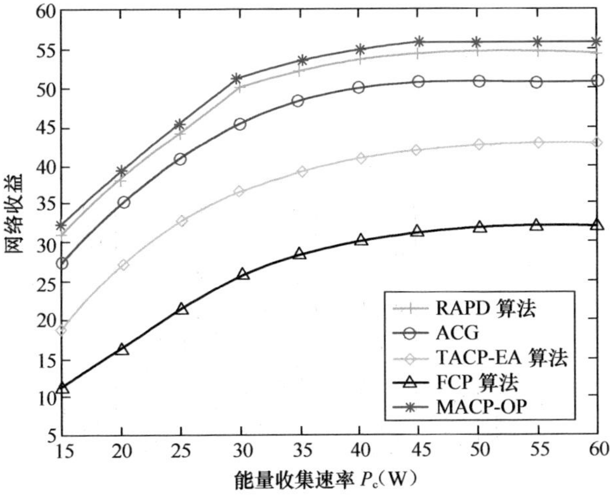

图 4-10 不同算法中能量收集速率对网络收益的影响

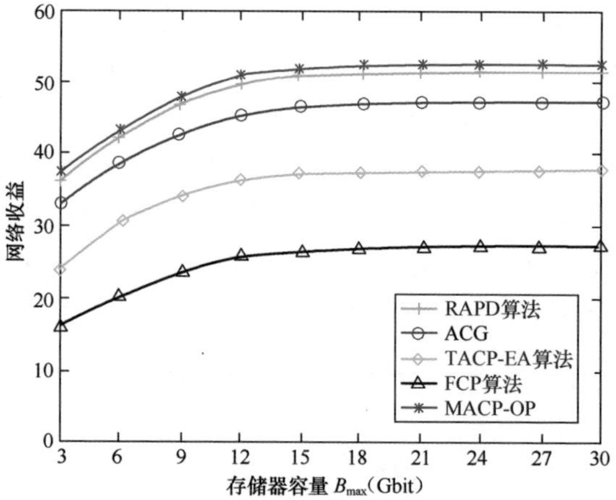

图 4-11　不同算法中存储器容量对网络收益的影响

图 4-12 展示了不同算法的能量资源利用率对比。其中，每根柱子下方的白色部分表示的是卫星处于地球向阳面时通过数据回传带来的网络收益。由图 4-11 可知，增加 B_{max} 可以为网络性能带来增益，然而，由于 TACP-EA 算法和 FCP 算法在进行链路连接规划时没有考虑卫星能量因素，而任务数据传输依赖链路连接规划，因此这两种算法没有很好地利用增加 B_{max} 所带来的网络性能增益。这在图 4-12 中有所体现，可以看到，随着 B_{max} 的增加，RAPD 算法和 ACG 更好地利用了太阳能，从而使卫星处于地球向阳面时能尽可能多地传输数据，进而所带来的网络收益的比例也随之增加，而 TACP-EA 算法和 FCP 算法的相应比例几乎没有变化。这就意味着，通过考虑卫星节点特殊的能量获取过程，与 TACP-EA 算法和 FCP 算法相比，RAPD 算法和 ACG 有效利用了卫星处于地球向阳面时吸收的太阳能。

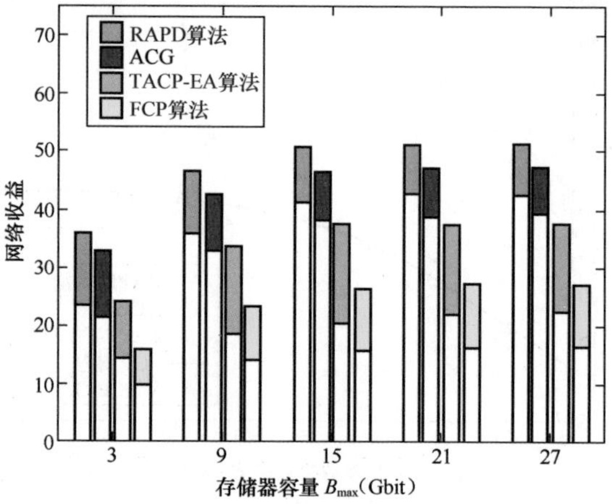

图 4-12　不同算法的能量资源利用率对比

4.6　本章小结

本章研究了对地观测任务分布与传输资源分布不匹配造成的资源瓶颈问题，设计了基于任务感知的多维网络资源联合分配方法。具体而言，本章介绍了基于原始分解的 RAPD 算法，该算法能够将原始大规模问题等效转化为可并行求解的多个小规模的子问题，从而高效地求解原始大规模资源管理问题。为了更加适应大规模网络场景，本章进一步介绍了基于时变冲突图的 ACG。仿真结果验证了 RAPD 算法和 ACG 以低复杂度在网络收益方面的增益，并证实了在进行资源调度时考虑网络任务差异化的必要性。此外，本章还研究了网络的不同参数（如能量收集速率、电池容量、存储器容量等）对网络性能的影响，这些都对未来的网络建设具有指导意义。

参考文献

[1] SANDAU R, ROESER H, VALENZUELA A. Small satellite missions for earth observation[M]. Berlin: Springer, 2014.

[2] RAMAPRIYAN H. The role and evolution of NASA’s earth science data systems[R]. Maryland: NASA Goddard Space Flight Center, 2015.

[3] PALERMO G, GOLKAR A, GAUDENZI P. Earth orbiting support systems for commercial low earth orbit data relay: Assessing architectures through tradespace exploration[J]. Acta Astronautica, 2015, 111: 48-60.

[4] SANDAU R. Status and trends of small satellite missions for earth observation[J]. Acta Astronautica, 2010, 66(1-2): 1-12.

[5] JOO C, CHOI J. Dynamic cross-layer transmission control for station-assisted satellite networks[J]. IEEE Transactions on Aerospace and Electronic System, 2015, 51(3): 1737-1747.

[6] ARANITI G, BEZIRGIANNIDIS N, BIRRANE E, et al. Contact graph routing in DTN space networks: Overview, enhancements and performance[J]. IEEE Communications Magazine, 2015, 53(3): 38-46.

[7] CAINI C, CRUICKSHANK H, FARRELL S, et al. Delay-and disruption-tolerant networking (DTN): An alternative solution for future satellite networking applications[J]. Proceedings of the IEEE, 2011, 99(11): 1980-1997.

[8] CAINI C, FIRRINCIELI R. Application of contact graph routing to LEO satellite DTN communications[C]//2012 IEEE International Conference on Communications (ICC). NJ: IEEE, 2012: 3301-3305.

[9] FRAIRE J, FINOCHIETTO J. Design challenges in contact plans for disruption-tolerant satellite networks[J]. IEEE Communications Magazine, 2015, 53(5): 163-169.

[10] ALAGOZ F, GUR G. Energy efficiency and satellite networking: A holistic overview[J]. Proceedings of the IEEE, 2011, 99(11): 1954-1979.

[11] ZHOU D, SHENG M, LUI K, et al. Lifetime maximization routing with guaranteed congestion level for energy-constrained LEO satellite networks[C]//2016 IEEE 83rd Vehicular Technology Conference(VTC Spring). NJ: IEEE, 2016: 1-5.

[12] FRAIRE J, MADOERY P, FINOCHIETTO J. On the design and analysis of fair contact plans in predictable delay-tolerant networks[J]. IEEE Sensors Journal. 2014, 14(11): 3874-3882.

[13] KLEMICH K, CERRONE G, HEINEN W. Earth Observation Mission Planning[M]. Berlin: Springer, 2016: 467-480.

[14] LILLESAND T, KIEFER R, CHIPMAN J. Remote sensing and image interpretation[M]. New Jersey: John Wiley & Sons, 2014.

[15] JAMILKOWSKI M, GRANT K, MILLER S. Support to multiple missions in the joint polar satellite system (JPSS) common ground system (CGS)[C]//AIAA SPACE 2015 Conference and Exposition. [s.l.]: [s.n.], 2015: 4469.

[16] HUANG M, CHEN S, ZHU Y, et al. Topology control for time-evolving and predictable delay-tolerant networks[J]. IEEE Transactions on Computers, 2013, 62(11): 2308-2321.

[17] LI F, CHEN S, HUANG M, et al. Reliable topology design in time-evolving delay-tolerant networks with unreliable links[J]. IEEE Transactions on Mobile Computing, 2015, 14(6): 1301-1314.

[18] FRAIRE J, FINOCHIETTO J. Routing-aware fair contact plan design for predictable delay tolerant networks[J]. Ad Hoc Networks, 2015, 25: 303-313.

[19] FRAIRE J, MADOERY P, FINOCHIETTO J. Traffic-aware contact plan design for disruption-tolerant space sensor networks[J]. Ad Hoc Networks, 2016, 47: 41-52.

[20] FRAIRE J A, MADOERY P G, FINOCHIETTO J M, et al. An evolutionary approach towards contact plan design for disruption-tolerant satellite networks[J]. Applied Soft Computing, 2017, 52: 446-456.

[21] LIU R, SHENG M, LUI K, et al. An analytical framework for resource-limited small satellite networks[J]. IEEE Communications Letters, 2016, 20(2): 388-391.

[22] THALLER L, BARRERA T. Modeling performance degradation in nickel hydrogen cells[R]. [s. l.]: DTIC Document, 1991.

[23] VAZIRANI V. Approximation Algorithms[M]. Berlin: Springer, 2003.

[24] BERTEKAS D. Nonlinear programming[J]. Journal of the Operational Research Society, 1997, 48(3):334.

[25] BOYD S, VANDENBERGHE L. Convex optimization[M]. Cambridge: Cambridge University Press, 2004.

[26] LIU Y, DAI Y, LUO Z. Joint power and admission control via linear programming deflation[J]. 2012 IEEE International Conference on Acoustics, Speech and Signal Processing (ICASSP), 2012.

[27] GOLKAR A, i CRUZ I. The federated satellite systems paradigm: Concept and business case evaluation[J]. Acta Astronautica, 2015, 111: 230-248.

第 5 章　基于信道感知的中继卫星任务规划

空间信息网络中的任务规划算法是满足不断增长的任务需求的关键技术，其性能主要受时变的星间、星地链路质量的影响。由于卫星轨道运动和大气衰减等原因，中继卫星系统的星间、星地链路信道状态呈时空非均匀特征。链路信道状态和链路可用功率共同决定了链路的传输能力，而链路信道状态分布制约了任务时空分布与链路传输能力的匹配。因此，为了提升匹配精度，即提升网络任务完成率，本章介绍一种两阶段的联合优化网络可行星间链路调度和下行链路功率分配的策略，可以最大化所有用户卫星的最小任务完成数，保障各用户卫星的公平性。

5.1　引言

由于宽带中继卫星自身潜在的大覆盖、高速率数据传输等优势，其在空间信息网络中的应用受到越来越多的关注[1]。与此同时，随着任务需求日益增长，越来越多的用户卫星被用于对地观测、科学实验、抢险救灾等领域[2]，产生了海量的空间任务数据并需要被回传。因此，具有高链路传输速率的基于 Ka 频段进行数据传输的中继卫星步入了大众市场，并引起了越来越多的关注[3]。

基于 Ka 频段的空间信息网络任务规划算法在提升网络性能方面起着至关重要的作用。然而，任务规划算法的性能受限于时变的星间链路（包括链路的断续连通特性及链路质量的时变特性），以及具有差异化质量的星地链路。

（1）时变的星间链路。本章中时变的星间链路有两层含义。首先，星间链路的存在是动态的，即卫星自身的轨道运动使得星间链路具有断续连通的特征。基于此，存储—携带—转发模式被中继卫星用于进行数据传输[4]。其次，卫星的轨道运动也导致用户卫星与中继卫星之间的距离发生动态变化，而星间链路容量（链路的可达数据速率）与星间距离的平方成反比[5]。换句话说，星间链路具有时变的链路速率。

（2）差异化质量的星地链路。大气降水（降雨、云层、雾等）所导致的对流层衰减会严重影响基于 Ka 频段传输信息的链路信道质量，这将恶化星地链路的通信质量。其中，降雨是最主要的衰减因素[6]。地球同步轨道（Geostationary Orbit，GEO）中继卫星的站址分集技术（利用多个在卫星覆盖范围内的地面站同时与卫星建立通信链路）

被证明是一种缓解由大气衰减造成的链路衰减的有效方法[7]。其中，利用多波束天线是实现站址分集的有效方法，且已经计划在下一代中继卫星中应用[8-9]。与此同时，由于地理位置气候差异，卫星对不同地面站的信道状态也具有差异性。

由于星上的资源受限，一颗中继卫星只能同时与一颗用户卫星建立通信链路并为其服务。这使得在设计任务规划算法时，以及进行有效的链路连接规划（选择可行的通信链路）设计时，很有必要考虑上述时变的通信链路。此外，由于星地链路的信道特征动态变化，中继卫星对多个地面站的功率分配问题需要被有效解决，从而提升任务规划的性能。然而，链路连接规划设计及功率分配算法设计对任务规划的综合影响具有复杂的耦合关系，这将导致设计高效的任务规划策略非常棘手。

目前，利用宽带中继卫星实现空间数据快速回传受到越来越多的关注，而且已经应用于多种空间应用中，如对地观测、科学实验等。时延容忍网络可作为一种可行的网络架构，用于实现利用宽带中继卫星的空间数据回传[10-11]。截至本书成稿之时，对考虑时变星间链路及差异化质量的星地链路的任务规划问题的研究工作还比较少[12-18]，本章将这些工作分为 3 类：第一类算法将任务规划问题建模为一个具有时间窗的并行机调度问题[12-13]，但是忽略了差异化的链路信道状态；第二类算法关注了链路连接规划问题，但是忽略了时变的链路及具体的任务需求[14-15]；第三类算法是针对卫星多波束天线分配功率或调整天线指向最大化星地链路性能[16-17]，但是忽略了具体任务规划时的链路连接规划问题及具体的任务需求。

本章扩展了文献 [18]，进一步考虑了链路差异性对任务规划及链路连接规划的影响，研究了综合链路连接规划、中继卫星功率分配及任务规划的算法。首先，本章利用时间扩展图[19]刻画网络在空间和时间维度上的资源状态。随后，基于该图，本章以最大化所有用户卫星的最小任务完成数为目标，综合考虑链路连接规划和中继卫星功率分配的任务规划，将其作为一个优化问题进行建模。所建模的优化问题为一个典型的混合整数非线性规划（Mixed Integer Nonlinear Programming，MINLP）问题，其求解非常具有挑战性。本章利用该问题的特殊结构首先将原始 MINLP 问题等价转换为一个功率分配（Power Allocation，PA）问题和一个基于最优功率分配的任务规划（Optimal Power Allocation-based Mission Scheduling，OPAMS）问题，并进一步提出一种最优功率导向的基于图的任务规划（Optimal Power Allocation Oriented Graph-based Mission Scheduling，OPGMS）算法来求解 OPAMS 问题，具体包含两个阶段。第一阶段，提出一种基于信道感知的链路连接规划（Channel Aware Contact Plan Design Method，CACPD）算法，以获得每个时隙对应的可用通信链路。此外，基于获得的可用通信链路，提出一个聚合最短路径的任务规划（Shortest Path-based Progressive Mission Scheduling，SPPMS）算法，进而获得具体的任务规划策略。第二阶段，提出一种新型的局部搜索方法，通过迭代改善在第一阶段得到的链路连接规划及任务规划方式，进一步提升可行解的精确性。最后，通过仿真实验验证本章介绍的联合优化策略，该策略能够充分利用时变且有限的星间链路容量及中继卫星的有限功率，提升网络的任务完成率。

本章其余部分的安排如下：第 5.2 节描述系统模型；第 5.3 节建模一个以最大化所有用户卫星的最小任务完成数为目标，综合考虑链路连接规划及中继卫星功率分配的任务规划问题；第 5.4 节介绍 OPGMS 算法，并求解所建模的问题；第 5.5 节对 OPGMS 算法的仿真结果进行分析，以验证该算法的有效性；最后，第 5.6 节对本章进行了总结。

5.2 系统模型

5.2.1 网络场景

本章主要考虑图 5-1 所示的基于宽带中继卫星的空间信息网络场景，该场景包含如下 4 个部分。

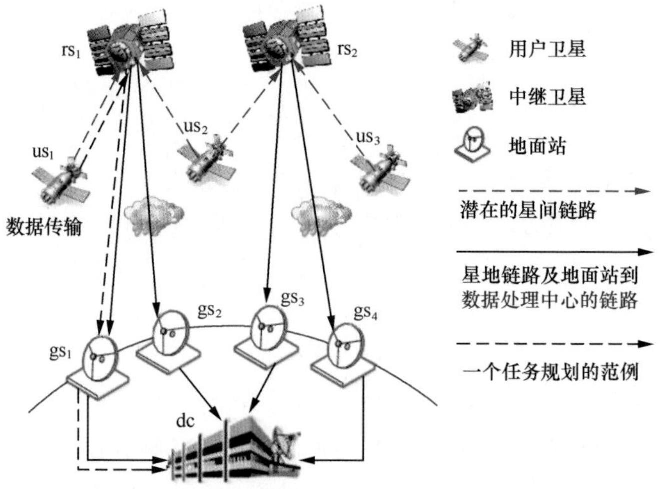

图 5-1 基于宽带中继卫星的空间信息网络场景

（1）低轨用户卫星集合 $\mathrm{US}=\{\mathrm{us}_1,\mathrm{us}_2,\cdots,\mathrm{us}_n,\cdots\}$，用于采集所需数据。

（2）地球同步轨道中继卫星集合 $\mathrm{RS}=\{\mathrm{rs}_1,\mathrm{rs}_2,\cdots,\mathrm{rs}_n,\cdots\}$，用于接收用户卫星的采集数据，进而将其回传到地面站。

（3）地面站集合 $\mathrm{GS}=\{\mathrm{gs}_1,\mathrm{gs}_2,\cdots,\mathrm{gs}_n,\cdots\}$，用于接收中继卫星收到的用户卫星采

集的数据，进而将其传输到数据处理中心进行进一步分析。

（4）一个数据处理中心，用于接收地面站收到的观测数据，并进行进一步分析，以便用于科学实验、气象预测等。

其中，一颗中继卫星配备了两副天线：一副用于与用户卫星建立星间链路；另一副是具有 L 个波束的多波束天线，使得中继卫星可以同时与其特定配置的 L 个地面站建立通信链路。为了保证同一颗中继卫星配置的 L 个地面站的雨衰是相互独立的，地面站之间相距比较远（一般为几十千米[20]）。此外，任务数据的传输如图 5-1 中的蓝色虚线所示，用户卫星只有运动到某颗中继卫星的覆盖范围内时，才将其采集的任务数据传输到对应的中继卫星，中继卫星进而将该数据传输到对应的地面站，最后地面站将收到的数据直接传输到数据处理中心。数据处理中心通过最大比合并或选择合并方式重构原始数据[21]。图 5-1 中的黑色虚线表示一个任务规划的范例。

5.2.2　信道模型

本小节详细描述空间信息网络中的信道模型，包括星间链路信道模型和星地链路信道模型，并进一步给出链路的可达速率（单位为 bit/s）公式。

1. 星间链路信道模型

根据文献 [5]，星间链路在第 t 个时隙的可达速率 $\text{Ars}(t)$ 为

$$\text{Ars}(t)=\frac{P_{\text{utr}}G_{\text{tr}}G_{\text{re}}L_{\text{f}}^{t}}{kT_{\text{s}}\left(\dfrac{E_{\text{b}}}{N_{\text{o}}}\right)_{\text{rep}}\Omega} \tag{5-1}$$

其中，P_{utr} 是用户卫星的传输功率（单位为 W），G_{tr} 和 G_{re} 分别是用户卫星的传输天线增益和中继卫星的接收天线增益，k 是玻尔兹曼常数（单位为 J/K），T_{s} 是系统总噪声温度（单位为 K），$\left(\dfrac{E_{\text{b}}}{N_{\text{o}}}\right)_{\text{rep}}$ 是所需的信号噪声比（Signal to Noise Ratio，SNR，简称信噪比），Ω 是链路裕量，L_{f}^{t} 是自由空间损耗。

自由空间损耗 L_{f}^{t} 为

$$L_{\text{f}}^{t}=\left(\frac{c}{4\pi S(t)f}\right)^{2} \tag{5-2}$$

其中，c 是光速（单位为 km/s），f 是星间链路的中心频率（单位为 Hz），$S(t)$ 是第 t 个时隙的星间链路斜距（单位为 km）。

2. 星地链路信道模型

为了获得第 t 个时隙的星地链路可达速率，首先需要根据星地链路的信道状态计算链路的 SNR。根据文献 [17]，在第 t 个时隙，一条星地链路的 SNR 为

$$\mathrm{SNR}(t)=\frac{P_{\mathrm{tr}}^{t}G_{\mathrm{tr}}G_{\mathrm{re}}L_{\mathrm{f}}^{t}L_{\mathrm{p}}^{t}}{N} \tag{5-3}$$

其中，P_{tr}^{t} 是第 t 个时隙中继卫星到其对应的一个地面站的传输功率（单位为 W）。

根据文献 [22]，中继卫星在第 t 个时隙的传输天线增益（单位为 dB）为

$$G_{\mathrm{tr}}=G_{\max}-3\left(\frac{\theta_{i}^{t}}{\theta_{3\mathrm{dB}}}\right) \tag{5-4}$$

其中，$G_{\max}$ 是最大的天线增益，θ_{i}^{t} 是相对于最大辐射的离轴角度，$\theta_{3\mathrm{dB}}$ 是发射天线的半功率角。由于中继卫星到其对应的地面站的相对距离是固定的，根据式（5-2）和式（5-4），L_{f}^{t} 和 G_{tr} 也是固定的。

根据建议书 ITU-R P.618-12[23]，雨衰 L_{p}^{t} 主要受频率、仰角、海拔高度及降雨密度的影响，其可被表示为

$$L_{\mathrm{p}}^{t}=L_{\mathrm{e}}\gamma_{\mathrm{R}}^{t} \tag{5-5}$$

其中，γ_{R}^{t}（单位为 dB/km）是第 t 个时隙每千米的损耗；L_{e}（单位为 km）指的是等价的有效斜距，由于中继卫星和与其对应的地面站之间的相对距离是固定的，因此本章中 L_{e} 是一个固定的值。

根据建议书 ITU-R P.618-12[23]，在给定地面站位置且频率为 55GHz 以内时，L_{e} 可被表示为

$$L_{\mathrm{e}}=\begin{cases}\dfrac{(h_{\mathrm{R}}-h_{\mathrm{S}})}{\sin\theta}, & \theta\geqslant 5^{\circ}\\[2ex] \dfrac{2\left(h_{\mathrm{R}}-h_{\mathrm{S}}\right)}{\left[\sin^{2}\theta+\dfrac{2\left(h_{\mathrm{R}}-h_{\mathrm{S}}\right)}{R_{\mathrm{e}}}\right]^{\frac{1}{2}}+\sin\theta}, & \theta<5^{\circ}\end{cases} \tag{5-6}$$

其中，R_{e} 和 θ 分别是地球的有效半径（8500km）和仰角。

给定一个地面站和中继卫星的经度差 α 及地面站的纬度 β，θ 可以根据式（5-7）计算得到：

$$\theta=\arctan\left(\frac{\cos\alpha\cos\beta}{\sqrt{1-\cos^{2}\alpha\cos^{2}\beta}}\right) \tag{5-7}$$

h_{S} 是高于地面站的平均海平面高度，可以通过查阅建议书 ITU-R P.839-4[24] 获得。此外，为了与建议书 ITU-R P.839-4[24] 保持一致，降雨高度 h_{R} 可以表示为

$$h_{\mathrm{R}}=\begin{cases}5.0, & \beta\leqslant 23^{\circ}\\ 5.0-0.075(\beta-23), & \beta>23^{\circ}\end{cases} \tag{5-8}$$

至此，将式（5-7）和式（5-8）代入式（5-6）中，可以得到等价的有效斜距 L_e。此外，根据建议书 ITU-R P.838[25]，每千米的损耗 γ_R^t 可以根据式（5-9）计算得到：

$$\gamma_R^t = \rho R^\eta \tag{5-9}$$

其中，R（单位为 mm/h）是降雨密度。当频率 f 为 1 ～ 1000GHz 时，系数 ρ 和 η 是频率 f 的函数，其具体表达可以通过查阅建议书 ITU-R P.838[25] 获得。

根据文献 [26]，假设星地链路的信道状态可以在每个时隙开始时刻获得，而且在一个时隙中保持稳定。信道状态信息可以通过气象卫星或直接信道测量获得。在文献 [6] 中，考虑实际工程技术的限制，以 30min 为一个时隙，即认为在 30min 内，信道状态是稳定的。

根据上述相关参数，星地链路的可达速率（单位为 bit/s）可以采用香农公式表示[27]，因此，在第 t 个时隙，中继卫星 rs_i 到地面站 gs_j 的可达速率可以按照式（5-10）进行计算：

$$\mathrm{Arg}_{i,j}(t) = B_c \log_2(1 + \mathrm{SNR}_{i,j}^t) \tag{5-10}$$

其中，B_c 是可用的波束带宽。

5.2.3　面向中继卫星任务规划的时间扩展图

考虑一个时隙化的系统，其中任务规划的周期为 $[0,T]$，其被划分为连续的时隙，表示为 $t \in \Gamma\{1,\cdots,T\}$，每个时隙的长度为$\Delta\tau$。假设网络拓扑在一个时隙内是固定的，利用图 5-2 所示的时间扩展图表征网络的资源及刻画动态但是可预测的网络拓扑的演进过程。本章用 $G(V,\varepsilon)$ 表示网络的时间扩展图，它是一个包含 T 层的有向图，主要由以下两部分组成。

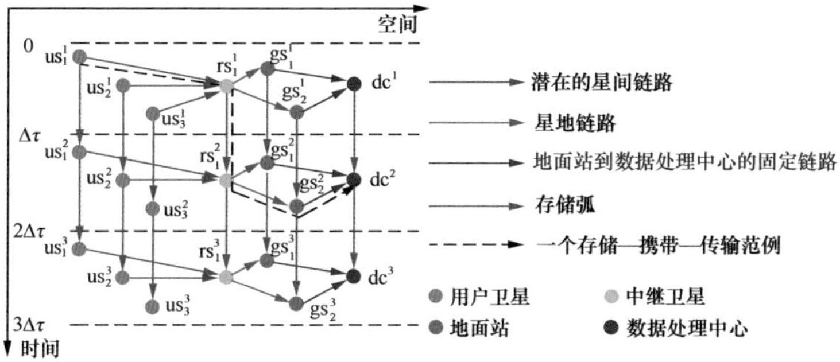

图 5-2　基于中继卫星协作传输的空间信息网络时间扩展图

（1）图 G 中的顶点 V 是由用户卫星节点、中继卫星节点、地面站节点及数据处理中心节点组成的，即 $V = V_{\mathrm{US}} \cup V_{\mathrm{RS}} \cup V_{\mathrm{GS}} \cup V_{\mathrm{DC}}$，其中 $V_{\mathrm{US}} = \{\mathrm{us}_i^t | \mathrm{us}_i \in \mathrm{US}, 1 \leqslant t \leqslant T\}$、$V_{\mathrm{RS}} = \{\mathrm{rs}_i^t | \mathrm{rs}_i \in \mathrm{RS}, 1 \leqslant t \leqslant T\}$、$V_{\mathrm{GS}} = \{\mathrm{gs}_i^t | \mathrm{gs}_i \in \mathrm{GS}, 1 \leqslant t \leqslant T\}$、$V_{\mathrm{DC}} = \{\mathrm{dc}^t | 1 \leqslant t \leqslant T\}$。

（2）图 G 中的弧 ε 是由水平的数据传输弧 ε_l 和垂直的数据存储—携带弧 ε_s 组成的。其中，水平的数据传输弧由 3 个部分组成，即 $\varepsilon_l=\varepsilon_{sr}\cup\varepsilon_{rg}\cup\varepsilon_{gdc}$。集合 ε_{sr} 中的弧建模了每个时隙用户卫星与中继卫星的通信机会，$\varepsilon_{sr}=\{(\mathrm{us}_i^t,\mathrm{rs}_j^t)|1\leqslant t\leqslant T$，第 t 个时隙用户卫星 us_i 在中继卫星 rs_j 的覆盖范围内 $\}$。中继卫星到地面站的链路集合及地面站到数据处理中心的固定链路集合分别为 $\varepsilon_{rg}=\{(\mathrm{rs}_i^t,\mathrm{gs}_j^t)|1\leqslant i\leqslant|\mathrm{RS}|,1+(i-1)L\leqslant j\leqslant iL,1\leqslant t\leqslant T\}$ 和 $\varepsilon_{gdc}=\{(\mathrm{gs}_i^t,\mathrm{dc}^t)|1\leqslant i\leqslant|\mathrm{GS}|,1\leqslant t\leqslant T\}$。数据存储—携带弧刻画了卫星、地面站从一个时隙到下一个时隙存储并携带数据的能力，其被建模为 $\varepsilon_s=\{(v_i^t,v_i^{t+1})|v_i^t\in V_{US}\cup V_{RS}\cup V_{GS}\cup V_{DC},1\leqslant t\leqslant T\}$。因为地面站和数据处理中心都配备了超大容量的存储器，本章主要关注卫星节点有限的存储器约束。因此，图 G 中的弧 ε 可以表示为 $\varepsilon=\varepsilon_l\cup\varepsilon_s$。图 5-2 中带箭头的黑色虚线表示了一个存储—携带—传输的范例。

在第 t 个时隙，链路所能传输的最大数据量为

$$C(v_i^t,v_j^t)=\mathrm{Ar}(v_i^t,v_j^t)\Delta\tau \tag{5-11}$$

其中，$\mathrm{Ar}(v_i^t,v_j^t)$ 指的是链路 (v_i^t,v_j^t) 在第 t 个时隙的可达链路速率（单位为 bit/s）。例如，当 $(v_i^t,v_j^t)\in\varepsilon_{rg}$ 时，$\mathrm{Ar}(v_i^t,v_j^t)$（即 $\mathrm{Arg}_{ij}(t)$）指的是第 t 个时隙从中继卫星 rs_i 到地面站 gs_j 的可达链路速率。由于地面站到数据处理中心是用高速的有线光纤连接的，可达链路速率为 Gbit/s 量级，比星间链路速率及星地链路速率高一个量级，因此，假设该类型的链路速率为无穷大，任务数据一旦传输到地面站，可立即传输到数据处理中心，即不考虑地面站到数据处理中心链路的拥塞。此外，存储弧 (v_i^t,v_i^{t+1}) 的最大数据承载量为节点 v_i 的存储器容量。

5.2.4 任务流模型

在本章中，考虑在规划周期范围内有一个从用户卫星产生的任务集合 $\mathrm{UM}=\{\mathrm{um}_1,\mathrm{um}_2,\cdots,\mathrm{um}_n,\cdots\}$，其中 $\mathrm{um}_n\in\mathrm{UM}$ 被一个 4 元组唯一表示，即利用 $\mathrm{um}_n=\{\mathrm{us}_{u(n)},t_{s_n},t_{e_n},\mathrm{dv}_n\}$ 刻画任务的需求。其中，$u(n)$ 指的是产生任务 um_n 的用户卫星的编号，t_{s_n} 和 t_{e_n}（$0\leqslant t_{s_n}<t_{e_n}\leqslant T$）分别指任务 um_n 的最早开始时间和最晚结束时间，这就意味着任务 um_n 的数据从产生时刻 t_{s_n} 开始必须要在 $\left\lfloor\dfrac{(t_{e_n}-t_{s_n})}{\Delta\tau}\right\rfloor$ 个时隙内传输到数据处理中心。dv_n 指的是任务 um_n 的数据量。本章中的任务规划指的是为每个任务分配的链路及传输时间，用于传输该任务对应的数据。在一个给定的调度策略下，当且仅当该任务对应的所有数据全部在其规定时间内传输到数据处理中心，该任务才被认为执行成功，否则，该任务被认为执行失败。

定义 $F=\{f_n \mid 1\leqslant n\leqslant |\mathrm{UM}|\}$ 为所有任务对应的任务流集合。任务 um_n 对应的数据传输过程可以被建模为时间扩展图（见图 5-2）上的从点 $\mathrm{us}_{u(n)}^{\tau_{s_n}}$ 开始到点 $\mathrm{dc}^{\tau_{e_n}}$ 结束的流，其中 $\tau_{s_n}=\left\lceil \frac{t_{s_n}}{\Delta\tau} \right\rceil$、$\tau_{e_n}=\left\lceil \frac{t_{e_n}}{\Delta\tau} \right\rceil$。此外，定义任务流 $x\left(v_i^t,v_j^t,f_n\right)$（单位为 bit）为 f_n 在弧 $\left(v_i^t,v_j^t\right)$ 上的数据量；进一步定义任务规划矩阵 $\boldsymbol{x}=\left(x\left(v_i^t,v_j^t,f_n\right),\ \forall\left(v_i^t,v_j^t\right)\in\varepsilon, f_n\in F, t\in\Gamma\right)$。

5.3　问题建模

本节研究通过联合优化用户卫星到中继卫星的链路连接规划、中继卫星功率分配及任务规划，最大化所有用户卫星的最小任务完成数的问题。首先，基于时间扩展图建模实际问题的相关约束；然后，基于一系列约束，给出问题建模。

5.3.1　相关约束

1. 星载存储器约束

为了建模星载存储器约束，本章定义在第 t 个时隙的结束时刻，任务数据流 f_n 在节点 i 的数据量为 $b_i^t(f_n)$（单位为 bit）。因此，所有任务数据流 f_n 在第 t 个时隙的结束时刻在节点 i 存储的数据总量不能超过该节点的存储器容量 $S_{i\max}$（单位为 Gbit），即

$$\sum_{f_n\in F} b_i^t(f_n)\leqslant S_{i\max} \tag{5-12}$$

2. 任务数据流守恒约束

为了更好地承载均衡网络中的数据流，允许网络中的数据流分裂。换句话说，只要有助于网络任务完成率的提升，一个任务对应的数据流可以在网络中自由地被分裂及合并。本章引入一系列布尔变量 $I_n\in\{0,1\}$（$1\leqslant n\leqslant |\mathrm{UM}|$）来刻画任务 um_n 是否被成功执行。此外，本章定义 $\boldsymbol{I}=\{I_n \mid 1\leqslant n\leqslant |\mathrm{UM}|\}$ 为任务完成向量。在时间扩展图中，一个节点的数据流入与流出必须满足任务数据流守恒约束。

（1）如果节点 v_i^t 是任务数据流 f_n 的源节点，即 $v_i^t=s(f)$，则

$$\sum_{v_j^t:\left(v_i^t,v_j^t\right)\in\varepsilon_{\mathrm{sr}}} x\left(v_i^t,v_j^t,f_n\right)=\mathrm{dv}_n I_n,\forall f_n\in F \tag{5-13}$$

（2）如果节点 v_i^t 是任务数据流 f_n 的一个中间节点，即 $v_i^t\neq s(f_n)$、$v_i^t\neq d(f_n)$，则

$$\sum_{v_j^t:\left(v_i^t,v_j^t\right)\in\varepsilon} x\left(v_i^t,v_j^t,f_n\right)+b_i^t(f_n)=\sum_{v_j^t:\left(v_i^t,v_j^t\right)\in\varepsilon} x\left(v_i^t,v_j^t,f_n\right)+b_i^{t-1}(f_n), f_n\in F, v_i^t\in V \tag{5-14}$$

（3）如果节点 v_i^t 是任务数据流 f_n 的目的节点，即 $v_i^t=d(f_n)$，则

$$b_i^t(f_n)=\mathrm{dv}_n I_n,\forall f_n\in F \tag{5-15}$$

此外，任意一条链路上的数据量不能超过该链路所能承载的最大数据量，即

$$\sum_{f_n\in F}x\left(v_i^t,v_j^t,f_n\right)\leqslant C\left(v_i^t,v_j^t\right),\forall\left(v_i^t,v_j^t\right)\in\varepsilon_1 \tag{5-16}$$

基于该资源时变图，可以将多维资源的联合调度问题建模为基于图论的约束流最大化问题。当且仅当一个任务的所有数据全部在其有效期内被回传到目的地，该任务才可被看作成功调度。

3. 可行链路调度约束

每颗用户卫星及中继卫星只配备了一定数量的收发信机，本章考虑一颗用户卫星同一时隙只能与一颗中继卫星建立通信链路，一颗中继卫星在同一时隙也只能服务一颗用户卫星。因此，本章引入布尔变量 $\delta_{ij}^t=\{0,1\}$（$\forall(v_i^t,v_j^t)\in\varepsilon_{\mathrm{sr}}$）来刻画链路 (v_i^t,v_j^t) 在第 t 个时隙是否可用。具体来说，如果链路 (v_i^t,v_j^t) 在第 t 个时隙是可用的，则 $\delta_{ij}^t=1$，否则，$\delta_{ij}^t=0$，如式（5-17）和式（5-18）所示：

$$\sum_{v_j^t:\left(v_i^t,v_j^t\right)\in\varepsilon_{\mathrm{sr}}}\delta_{ij}^t\leqslant 1,\forall v_i^t\in V_{\mathrm{US}} \tag{5-17}$$

$$\sum_{v_j^t:\left(v_i^t,v_j^t\right)\in\varepsilon_{\mathrm{sr}}}\delta_{ij}^t\leqslant 1,\forall v_i^t\in V_{\mathrm{RS}} \tag{5-18}$$

此外，定义 $\boldsymbol{\delta}(t)=\left\{\delta_{ij}^t\middle|(v_i^t,v_j^t)\in\varepsilon_{\mathrm{sr}}\right\}$ 为第 t 个时隙的链路连接规划向量。为了禁止任务数据流通过没有被激活（$\delta_{ij}^t=0$）的链路，有式（5-19）所示的约束：

$$\sum_{f_n\in F}x\left(v_i^t,v_j^t,f_n\right)\leqslant C(v_i^t,v_j^t)\delta_{ij}^t,\forall(v_i^t,v_j^t)\in\varepsilon_{\mathrm{sr}} \tag{5-19}$$

4. 功率约束

为了有效匹配中继卫星的功率资源与它们对应的星地链路的链路状态，中继卫星的总功率 $P_{\max}$ 需要被合理地分配给对应的地面站。假设地面站 $\mathrm{gs}_1\sim\mathrm{gs}_L$ 被分配给中继卫星 rs_1，则中继卫星 rs_i 可以与地面站 $\mathrm{gs}_{1+(i-1)L}\sim\mathrm{gs}_{iL}$ 建立通信链路。由于一颗中继卫星的所有波束功率之和不能超过其星地链路系统的总功率 $P_{\max}$，因此有

$$\sum_{1+(i-1)L\leqslant j\leqslant iL}p_{i,j}^t\leqslant P_{\max},\forall 1\leqslant i\leqslant|\mathrm{RS}|,1\leqslant t\leqslant T \tag{5-20}$$

其中，$0\leqslant p_{i,j}^t\leqslant P_{\max}$。

此外，定义 $\boldsymbol{p}(t)=\left\{p_{i,j}^t\middle|1\leqslant i\leqslant|\mathrm{RS}|,\ 1\leqslant j\leqslant|\mathrm{GS}|\right\}$ 为第 t 个时隙的功率分配向量。

5.3.2 问题建模

给定含有多颗用户卫星的网络，为了使各颗用户卫星获得相对公平的服务，需要

通过联合优化用户卫星到中继卫星的链路连接规划、中继卫星的功率分配及任务规划，从而最大化所有用户卫星的最小任务完成数。从数学的角度，该问题可以建模为

$$\max_{\boldsymbol{x},\boldsymbol{\delta},\boldsymbol{p},\boldsymbol{I}} \min_{1\leqslant i\leqslant|\mathrm{UM}|} \sum_{\mathrm{um}_n\in\mathrm{UM}_i} I_n$$

s.t. 星载存储器约束，见式（5-12）

任务数据流守恒约束，见式（5-13）~（5-16）

可行链路调度约束，见式（5-17）~（5-19）

功率约束，见式（5-20）

在该问题建模中，$\boldsymbol{\delta}$ 和 $\boldsymbol{I}$ 是整数变量的向量，而 $\boldsymbol{x}$ 和 $\boldsymbol{p}$ 是连续变量的向量。此外，$\mathrm{UM}_i=\{\mathrm{um}_n|u(n)=i\}$ 指的是由用户卫星 us_i 产生的任务集合。OPT-raw 问题是一个典型的 MINLP 问题[27]，其被证明是 NP 难问题，很复杂，因而很难求解。幸运的是，观察发现，虽然向量 $\boldsymbol{x}$ 和 $\boldsymbol{p}$ 通过星地链路的容量约束式 $C(v_i^t,v_j^t)=\mathrm{Arg}_{i,j}(t)\Delta\tau$ 耦合在一起，但是可以通过问题自身的特殊性解耦。为了传输尽可能多的数据到地面站，需要为每颗中继卫星解决功率分配问题，使得中继卫星的功率最优分配匹配其对应的星地链路信道状态，从而最大化每颗中继卫星的星地链路和速率。因此，根据星地链路容量约束［式（5-16）］，对于任意一颗中继卫星 rs_i，在第 t 个时隙有约束如式（5-21）所示：

$$\begin{cases}\sum\limits_{f_n\in F} x\left(v_i^t,v_{1+(i-1)L}^t,f_n\right)\leqslant \mathrm{Arg}_{i,1+(i-1)L}(t)\Delta\tau\\ \vdots\\ \sum\limits_{f_n\in F} x\left(v_i^t,v_{iL}^t,f_n\right)\leqslant \mathrm{Arg}_{i,iL}(t)\Delta\tau\end{cases} \tag{5-21}$$

通过将式（5-21）的小于等于号左侧和右侧分别相加，可以推导出式（5-22）：

$$\sum_{1+(i-1)L\leqslant j\leqslant iL}\sum_{f_n\in F} x\left(v_i^t,v_{1+(i-1)L}^t,f_n\right)\leqslant \sum_{1+(i-1)L\leqslant j\leqslant iL}\mathrm{Arg}_{i,j}(t)\Delta\tau \tag{5-22}$$

因此，对于中继卫星 rs_i 而言，星地链路和速率越大［见式（5-22）的小于等于号左侧)］，则意味着越多的任务数据允许被回传到地面站。换句话说，在给定星间链路连接规划时，最大化中继卫星的星地链路和速率可以使用户卫星有更多的机会尽可能多地传输其数据到地面站，这也有利于任务完成数的提升。

至此，原始的 OPT-raw 问题可以被自然拆分成 PA 问题和 OPAMS 问题。首先，对于每一颗中继卫星 rs_i，第 t 个时隙的 PA 问题可表示为

$$\mathrm{PA}:\max_{p(t)}\sum_{1+(i-1)L\leqslant j\leqslant iL}\mathrm{Arg}_{i,j}(t)$$

s.t. 功率约束，见式（5-20）

每颗中继卫星对应的星地链路的 SNR 可以被重写。在第 t 个时隙，中继卫星 rs_i 到地面站 gs_j 的 SNR 可以表示为 $\mathrm{SNR}_{i,j}(t)=H_{i,j}^t p_{i,j}^t$，随后可推导出拉格朗日函数如式（5-23）所示：

$$\mathrm{Lag}=\sum_{1+(i-1)L\leqslant j\leqslant iL} B_{\mathrm{c}}\log_2(1+H_{i,j}^t p_{i,j}^t)-\lambda\left(\sum_{1+(i-1)L\leqslant j\leqslant iL} p_{i,j}^t-P_{\max}\right) \tag{5-23}$$

其中，λ 是拉格朗日乘数。利用 Karush-Kuhn-Tucker 条件 [28]，最优解可以通过式（5-24）获得：

$$\begin{cases}\lambda'=\dfrac{H_{i,j}^t}{1+H_{i,j}^t p_{i,j}^t},\lambda'=\dfrac{\lambda\ln 2}{B_{\mathrm{c}}}\\ p_{i,j}^t=\left[\dfrac{1}{\lambda'}-\dfrac{1}{H_{i,j}^t}\right]^+\end{cases} \tag{5-24}$$

这里，$[x]^+=\max\{x,0\}$。由于 $p_{i,j}^t$ 和 λ' 在等式的左边和右边均出现了，它们不能直接通过求解式（5-24）获得。因此，采用迭代的注水算法 [29] 可为每颗中继卫星求解这样的功率分配问题。

基于中继卫星的功率最优分配策略，OPAMS 问题可以被建模为

OPAMS:

$$\max_{\boldsymbol{x},\boldsymbol{\delta},\boldsymbol{I}}\ \min_{1\leqslant i\leqslant|\mathrm{UM}|}\sum_{\mathrm{um}_n\in\mathrm{UM}_i} I_n$$

s.t. 星载存储器约束，见式（5-12）
任务数据流守恒约束，见式（5-13）~（5-16）
可行链路调度约束，见式（5-17）~（5-19）

上述的 OPAMS 问题是一个 MILP 问题，依然很难求解。求解 OPAMS 问题的主要挑战来自如何确定问题中的整数变量。理论上，求解一个一般的 MILP 问题的复杂度是随着整数变量的增加呈指数级增长的 [29]。而且，对于规模稍大的网络场景，现有的求解器并不能直接求解，因此设计一种高效的算法是很有必要的。

5.4 最优功率导向的基于图的任务规划算法

本节介绍一种两阶段的算法称为 OPGMS 算法，可用来求解 OPAMS 问题。求解 OPAMS 问题的难度主要来自大量的整数变量，即任务完成向量 $\boldsymbol{I}$ 和链路连接规划向量 $\boldsymbol{\delta}$，以及 $\boldsymbol{I}$ 和 $\boldsymbol{\delta}$ 通过任务数据流守恒约束［式（5-13）至式（5-16）］和可行链路调度约束［式（5-17）至式（5-19）］耦合在一起。

5.4.1 算法框架

考虑到变量之间的关系，OPGMS 算法的流程见算法 5.1。建模的 OPAMS 问题中，链路连接规划向量决定了星间链路是否可用于数据传输，因此它对于整个 OPAMS 问题的求解有着举足轻重的作用。OPGMS 算法分为两个阶段：第一阶段，首先获取一个可行的解，即采用第 5.4.2 小节介绍的 CACPD 算法来获得每个时隙对应的可行链路调度策略，然后基于获得的可行链路连接规划，采用第 5.4.3 小节介绍的 SPPMS 算法来获得任务规划策略；第二阶段，采用局部搜索（Local Search，LS）算法来进一步优化在第一阶段获取的链路连接规划，进而提升任务规划性能。

算法 5.1　OPGMS 算法

```
输入：网络拓扑 G 和任务需求 UM。
输出：链路连接规划向量 δ、功率分配向量 p 和任务规划矩阵 x。
初始化：设置存储器中的初始数据均为 0。
利用算法 5.2 获得可行的链路连接规划和中继卫星的最优功率分配。
利用算法 5.3 求解任务规划矩阵。
repeat
利用算法 5.4 提升所有用户卫星的最小任务完成数。
until 一个期望的算法终止策略被满足。
```

5.4.2 信道感知的链路连接算法

CACPD 算法主要用于获得在每个时隙内用户卫星与中继卫星的链路连接规划。首先，根据网络在第 t 个时隙（$1 \leqslant t \leqslant T$）的网络拓扑 $G(t)$，建立一个如图 5-3 所示的二分图。该二分图中的点被分成两个相互独立的集合，即用户卫星集合 US 和中继卫星集合 RS。随后，基于构造的二分图建模一个最大化权重匹配，从而求得每个时隙对应的用户卫星到中继卫星的链路连接规划。因此，高效的匹配算法，如 KM（Kuhn-Munkres）算法，可以被用于求解二分图上的最优匹配问题[30]。如算法 5.2 所示，每个时隙的可行链路调度策略是通过一个迭代求解匹配问题获得的。

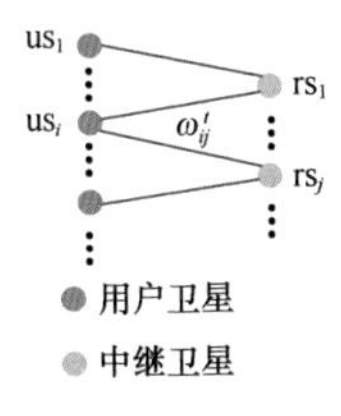

图 5-3　链路连接的二分图表征

算法 5.2　CACPD 算法

输入：网络拓扑 G。
输出：链路连接规划向量 $\boldsymbol{\delta}$ 和中继卫星在每个时隙的功率分配向量 $\boldsymbol{p}$。
初始化：设置最初的 $c(\mathrm{us}_i^0)=0$，$\forall \mathrm{us}_i \in \mathrm{US}$ 和 $t=1$。
if　$t \leqslant T$ then
利用迭代的注水算法为每颗中继卫星求解第 t 个时隙的 PA 问题。
为第 t 个时隙的网络拓扑 $G(t)$ 构建二分图。
根据式（5-25）为图 $G(t)$ 计算链路度量。
利用 KM 算法为图 $G(t)$ 计算最大权重匹配，进而获得第 t 个时隙可行的链路调度策略 $\boldsymbol{\delta}(t)$。
根据式（5-28）计算 $c(\mathrm{us}_i^t)$ 。
$t \leftarrow t+1$
end if

可以注意到，只要某一颗特定的用户卫星的任务数据被传输到中继卫星上，其就有机会被传输到地面站。中继卫星可以将收到的任务数据直接传输到地面站，或者存储下来在后续的时隙中传输到地面站。为了刻画动态信道特征（包括星间链路及星地链路）对链路连接规划的影响，在考虑用户卫星公平性的基础上，为星间链路 $\left(v_i^t, v_j^t\right) \in \varepsilon_{\mathrm{sr}}$ 提出如式（5-25）所示的链路度量：

$$\begin{cases} \chi_i(1), & t=1 \\ \dfrac{1}{c(\mathrm{us}_i^{t-1})+\chi_i(t)}, & 1<t<T \\ \dfrac{1}{c(\mathrm{us}_i^{T-1})+\chi_i(T)}, & t=T \end{cases} \tag{5-25}$$

其中，$\chi_i(t)$ 表示在第 t 个时隙用户卫星 us_i 可能回传到地面站的数据量。此外，对于最后一个时隙，任务数据只能通过中继卫星在当前时隙回传到地面站，而不能在中继卫星存储下来等待后续时隙进行回传。因此，有

$$\chi_i(t)=\begin{cases} C(v_i^t, v_j^t)+R(v_j^t), & 1 \leqslant t<T \\ \max\left\{\min\left\{C(v_i^T, v_j^T), R(v_j^T)\right\}\right\}, & t=T \end{cases} \tag{5-26}$$

其中，$R(v_j^t)$ 指的是在第 t 个时隙可以通过中继卫星 rs_j 回传到地面站的最大数据量：

$$R(v_j^t)=\sum_{(j-1)L \leqslant k \leqslant jL} C(v_j^t, v_k^t), \forall (v_j^t, v_k^t) \in \varepsilon_{\mathrm{rg}}^t \tag{5-27}$$

此外，$c\left(\mathrm{us}_i^t\right)$ 指的是第 t 个时隙用户卫星 us_i 积累的回传到地面站的数据量：

$$c\left(\mathrm{us}_i^t\right)=c\left(\mathrm{us}_i^{t-1}\right)+\delta_{ij}^t \chi(t), \forall v_j^t \in V_{\mathrm{RS}}, 1 \leqslant t \leqslant T \tag{5-28}$$

设置 $c\left(\mathrm{us}_i^0\right)=0$，$\forall \mathrm{us}_i \in \mathrm{US}$。可以注意到，$c\left(\mathrm{us}_i^{t-1}\right)$越大，$\omega_{ij}^t$（$1<t\leqslant T$）越小，这将有助于建立公平的星间链路连接。

用图 5-1 所示的网络场景，研究利用 CACPD 算法在 3 个时隙的网络中进行链路连接规划。如图 5-4 所示，连接用户卫星与中继卫星的蓝色线的上面和旁边的数字分别表示通过星间链路可传输的最大数据量，以及中继卫星的星地链路可传输的最大数据量。图 5-5 所示为通过采用 CACPD 算法获得的每个时隙的可行链路调度。

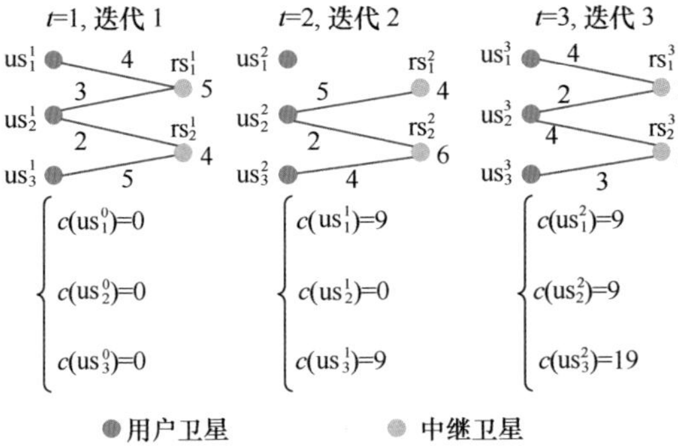

图 5-4　利用 CACPD 算法为图 5-1 所示的网络构造 3 个时隙的二分图

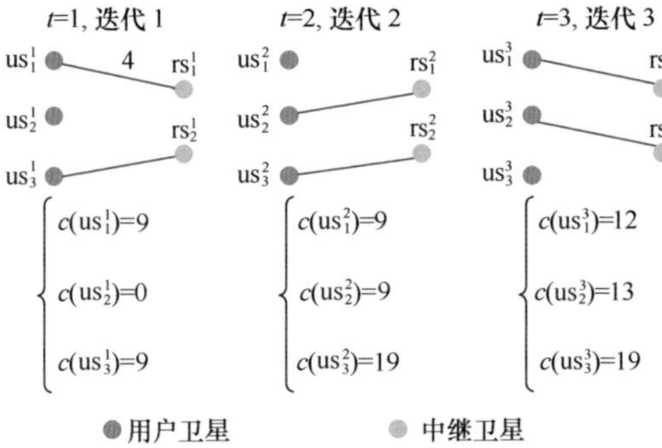

图 5-5　利用 CACPD 算法获得的每个时隙的可行链路调度

5.4.3　基于聚合最短路径的任务规划算法

当链路连接向量 $\boldsymbol{\delta}$ 确定后，OPAMS 问题中待求解的整数变量将变少。然而，任务完成向量 $\boldsymbol{I}$ 与任务规划矩阵 $\boldsymbol{x}$ 仍然待确定，求解维度降低的问题依然是一个 MILP 问题。

SPPMS 算法是基于最短路径算法进行设计的。然而，最短路径算法只能为任务数据流找到一条单独的路径，不能充分利用网络资源。为了更好地承载均衡网络中的任务数据流，允许任务数据流在网络中分裂。换句话说，只要有益于提升网络任务完成率，一个任务对应的数据流可以以任何方式在网络中进行分裂及合并，因此可采用文献 [31] 中提出的单位流的概念。单位流是一种原子流，即在网络中进行传输时不能再被分裂。定义 ρ 为单位流的数据量，则一个任务数据流的数据量通常可以被认为是多个单位流的叠加，即 $\mathrm{dv}_{f_n}=\rho N_{f_n}$ ，其中 dv_{f_n} 和 N_{f_n} 分别是任务数据流 f_n 的数据量及其对应的单位流数量。因此，一个任务的规划问题可以转化为聚合的多个单位流的单路径路由问题。

一般来说，已经被分配了较多单位流的链路不倾向于在路径选择中再被选择，以防止导致链路拥塞。由于地面站到数据处理中心的链路是有线光纤链路，链路速率达到 Gbit/s 量级，因此只考虑属于集合 $\varepsilon_{\mathrm{sr}} \cup \varepsilon_{\mathrm{rg}} \cup \varepsilon_{\mathrm{s}}$ 的链路拥塞问题。基于此，链路的权重可以被设计为

$$\varpi\left(v_i^t,v_j^t\right)=\frac{\rho}{C(v_i^t,v_j^t)-\mathrm{Av}(v_i^t,v_j^t)},\forall(v_i^t,v_j^t)\in\varepsilon_{\mathrm{sr}}\cup\varepsilon_{\mathrm{rg}}\cup\varepsilon_{\mathrm{s}} \tag{5-29}$$

其中，$\mathrm{Av}(v_i^t,v_j^t)$ 指的是分配到链路 (v_i^t,v_j^t) 的数据量。

具体的算法见算法 5.3。由于本章的目标是保障所有用户卫星的公平性，因此每个任务集合 $\mathrm{UM}_i, \forall \mathrm{us}_i\in \mathrm{US}$ 中的任务首先被按照它们到来的顺序排序；随后，采用一种轮询的方式为属于不同任务集合的单位流寻找路径。在每一次迭代为单位流寻找路径开始时，首先从有向图 G 中移出分配的数据量超过链路容量的链路。之后，在剩余的图中，采用聚合的最短路径算法为每个单位流寻找路径。如果一条路径已经被选择，则该条路径上的所有链路的积累数据量，即 $\mathrm{Av}(v_i^t,v_j^t), \forall(v_i^t,v_j^t)\in\varepsilon_{\mathrm{sr}}\cup\varepsilon_{\mathrm{rg}}\cup\varepsilon_{\mathrm{s}}$ 应该按照式（5-30）进行更新：

$$\mathrm{Av}(v_i^t,v_j^t)=\mathrm{Av}(v_i^t,v_j^t)+\rho \tag{5-30}$$

如果所有属于任务流 $f_n\in F$ 的单位流都能被成功分配到网络中，即都成功找到路径，则设置 I_n=1。否则，如果属于任务流 $f_n\in F$ 的某条单位流找不到路径，即不能被成功传输，则所有分配给该任务流 $f_n\in F$ 的其他单位流的资源就需要被释放，同时对应的任务完成指示因子 I_n 被设置为 0。该过程会一直进行，直到所有的单位流均已被分配，即均找到路径，或者网络已经没有资源能承载任务单位流时，该迭代过程结束。最后，通过融合所有单位流的路径，可以获得任务规划矩阵 $\boldsymbol{x}$ 和任务完成向量 $\boldsymbol{I}$。

算法 5.3　SPPMS 算法

1：输入：网络拓扑 G、链路连接规划向量 $\boldsymbol{\delta}$ 和任务需求 UM。
2：输出：任务规划矩阵 $\boldsymbol{x}$ 和任务完成向量 $\boldsymbol{I}$。
3：初始化：设置分配到链路上的初始数据为 0。
4：对于任意的用户卫星 $\mathrm{us}_i \in \mathrm{US}$，根据任务到来的时间顺序对任务进行排序。
5：利用轮询的方式为不同任务集合 UM_i 的单位流寻找路径。
6：if 所有任务的单位流均已找到路径，或者网络已经拥塞而不能承载更多的单位流 then
7：　go to 19
8：else
9：　for 每一个单位流 do
10：　　从有向图 G 中移出数据承载量已经超过链路最大承载量的链路。
11：　　在剩余的图中，以 $\varpi\left(v_i^t, v_j^t\right)$ 为链路权重，利用最短路径算法为单位流寻找路径。
12：　　if 路径被成功找到 then
13：　　　根据式（5-29）和式（5-30）分别更新链路的权重以及分配到选择的路径的所有链路的数据量。
14：　　else
15：　　　释放任务流 f_n 对应的单位流所占用的链路资源，同时将对应的任务完成指示因子 I_n 设置为 0。
16：　　end if
17：　end for
18：end if
19：融合所有单位流的路径并计算任务规划矩阵 $\boldsymbol{x}$ 和任务完成矩阵 $\boldsymbol{I}$。

5.4.4　局部搜索算法

采用局部搜索算法可提升已经获得的可行解。该算法的基本理念是寻找链路连接规划 $\boldsymbol{\delta}$ 的邻居 $N(\boldsymbol{\delta})$，从而找到一个更加合适的网络链路连接规划，提升所有用户卫星的最小任务完成数 $N_{\min}$，并进一步用这种更好的链路连接规划代替 $\boldsymbol{\delta}$。指定具有最小链路利用率 $l_{\min}$ 的链路，在每一次迭代中提升 $N_{\min}$，直到在当前链路连接规划的邻居中没有可以再提升的空间。从本质上说，局部搜索算法是一个贪婪的迭代算法。

算法 5.4 详细描述了完整的局部搜索过程。在每一次迭代中，首先找到当前的 $N_{\min}$ 和确定具有最小任务完成数的用户卫星集合 $\mathrm{US}_{\min}=\{\mathrm{us}_i|$ 用户卫星 us_i 总的任务完成数等于 $N_{\min}\}$。随后，确定属于链路集合 $\varepsilon_{\mathrm{sr}}^1$ 中具有最小链路利用率的链路 $l_{\min}$。同时，指出该链路 $l_{\min}$ 所在的时隙数，记作时隙 k。链路 $l_{\min}$ 是一个可行的通信链路连接，但是由于其他完成任务数更少的用户卫星可能想要通过建立一个与之冲突的星间链路连

接来提升其任务完成数，因此 $l_{\min}$ 可能是一个浪费星间通信链路资源的连接。基于上述两个步骤，尝试从 $\boldsymbol{\delta}$ 的邻居 $N(\boldsymbol{\delta})$ 中寻找一种更好的网络链路连接规划，从而提升网络性能。

算法 5.4　LS 算法

1: 输入：链路连接规划 $\boldsymbol{\delta}$、任务规划矩阵 $\boldsymbol{x}$ 及任务完成向量 $\boldsymbol{I}$ 的初始解。

2: 输出：链路连接规划 $\boldsymbol{\delta}$、任务规划矩阵 $\boldsymbol{x}$ 及任务完成向量 $\boldsymbol{I}$ 的最终解。

3: 初始化：设置最大的迭代次数及链路集合 $L=\left\{(v_i^t,v_j^t)\middle|(v_i^t,v_j^t)\in\varepsilon_{\mathrm{sr}}\right\}$。

4: for $i=1$ to 最大的迭代次数 do

5: 　while $L\neq\varnothing$ do

6: 　　确认具有最小任务完成数的用户卫星集合 $\mathrm{US}_{\min}$、链路 $l_{\min}$ 及用户卫星 $\mathrm{us}_{\min}$。

7: 　　通过释放链路 $l_{\min}$ 寻找 $\boldsymbol{\delta}$ 的邻居 $N(\boldsymbol{\delta})$。

8: 　　if $N(\boldsymbol{\delta})$ 存在 then

9: 　　　为受影响的任务利用 SPPMS 算法选择提升最大的解：

$$(\boldsymbol{\delta},\boldsymbol{x},\boldsymbol{I}):=\arg\max\left\{N_{\min}\mid\boldsymbol{\delta}\in N(\boldsymbol{\delta})\right\}$$

10: 　　　重新计算链路集合 $L=\left\{(v_i^t,v_j^t)\middle|(v_i^t,v_j^t)\in\varepsilon_{\mathrm{sr}}\right\}$

11: 　　　go to 5

12: 　　else

13: 　　　$L\leftarrow L-l_{\min}$

14: 　　end if

15: 　end while

16: end for

如果链路 $l_{\min}$ 不是一个属于集合 $\mathrm{US}_{\min}$ 的用户卫星的可行的链路连接，则指定一颗 $\mathrm{US}_{\min}$ 中的用户卫星 $\mathrm{us}_{\min}\in\mathrm{US}_{\min}$，使其与一颗中继卫星建立一条星间通信链路，但是该链路不属于一条已经分配的可行的链路连接。释放链路 $l_{\min}$，重新为用户卫星 $\mathrm{us}_{\min}$ 建立一条新的链路连接。随后利用 KM 算法为第 k 个时隙剩余的用户卫星重新建立星间链路连接。换句话说，获得了 $\boldsymbol{\delta}$ 的邻居 $N(\boldsymbol{\delta})$。一旦为用户卫星 $\mathrm{us}_{\min}$ 决定了一条新的链路连接，则一个新的 $\boldsymbol{\delta}$ 的邻居 $N(\boldsymbol{\delta})$ 将产生。由于第 k 个时隙的链路连接规划发生了改变，所有任务有效期经过第 k 个时隙的任务，即任务从第 k 个时隙开始，或者任务从第 k 个时隙之前开始但结束时间晚于第 k 个时隙的任务都被称为受影响的任务，这些任务都需要被重新规划。这些受影响的任务中最早开始和最晚结束的时隙分别记作 sl_{e} 和 sl_{l}。随后，给定从时隙 sl_{e} 到时隙 sl_{l} 的网络拓扑及新的链路连接规划 $N(\boldsymbol{\delta})$，应用 SPPMS 算法为受影响的任务重新计算任务规划策略。$\boldsymbol{\delta}$ 的邻居 $N(\boldsymbol{\delta})$ 的数量主要取决于用户卫星 $\mathrm{us}_{\min}$

可以建立多少条潜在的星间链路。选择最优的邻居，同时将 $\boldsymbol{\delta}$ 更新为该最优的邻居。

如果 $N_{\min}$ 不能通过释放链路 $l_{\min}$ 而得到提升，则可以用次最小链路利用率的链路来代替 $l_{\min}$，进而采用相同的方法寻找一个更好的邻居。该方法将一直持续，直到所有邻居中都不存在更好的解。

5.4.5 算法复杂度分析

由于原始 OPT-raw 问题的 NP 难特征，其不能在代数式复杂度内求解，而且 MINLP 问题的计算复杂度主要取决于整数变量的个数 [32]。随着任务规划周期和任务需求数的增加，OPT-raw 问题中越来越多的整数变量需要求解，这加剧了问题的求解难度。本小节分析 OPGMS 算法的复杂度，并验证它是代数式复杂度的。

（1）该算法采用迭代的注水算法为每一颗中继卫星计算 T 个时隙的最优功率分配策略。因此，该阶段的计算复杂度 $C_1 = O(T\,|\,\mathrm{SR}\,|\,\pi L)$，其中 π 是式（5-23）中的拉格朗日乘数的迭代次数。

（2）该算法采用 CACPD 算法来获得可行的链路连接规划，并利用 KM 算法 [30] 求解每个时隙的匹配问题。不难发现，为每一条链路求解权重的计算复杂度是远远低于求解匹配问题的复杂度的。因此，该阶段的计算复杂度 $C_2 = O\left(T|\mathrm{US}|^3\right)$。

（3）为了获得每个任务的任务规划策略，本章提出了 SPPMS 算法，采用最短路径算法来获得每个单位任务流的数据传输策略。因此，在最差的情况，即所有任务的有效期都是整个任务规划周期的情况下，则该阶段的计算复杂度 $C_3 = O\left(\left(\sum_{n=1}^{n=|F|} N_{f_n}\right)(\varepsilon + v\log v)\right)$。其中，$\varepsilon = T\left(|\mathrm{US}||\mathrm{RS}| + |\mathrm{RS}|L + |\mathrm{GS}|\right) + (T-1)\left(|\mathrm{US}| + |\mathrm{RS}| + |\mathrm{GS}| + 1\right)$、$v = T\left(|\mathrm{US}| + |\mathrm{RS}| + |\mathrm{GS}| + 1\right)$。

（4）对于局部搜索算法，迭代次数的上界为 $O\left(T\left(|\mathrm{US}||\mathrm{RS}|\right)\right)$。对于最差的情况，由于每一次迭代的复杂度（为受影响的任务重新计算任务规划策略的复杂度）是 $O\left(\left(\sum_{n=1}^{n=|F|} N_{f_n}\right)(\varepsilon + v\log v)\right)$，则该阶段的计算复杂度 $C_4 = O\left(T\left(|\mathrm{US}||\mathrm{RS}|\right)\left[\left(\sum_{n=1}^{n=|F|} N_{f_n}\right)(\varepsilon + v\log v)\right]\right)$。

综上，OPGMS 算法的总计算复杂度为

$$C_{\mathrm{tot}} = C_1 + C_2 + C_3 + C_4 = O\left(T\left(|\mathrm{US}||\mathrm{RS}|\right)\left[\left(\sum_{n=1}^{n=|F|} N_{f_n}\right)(\varepsilon + v\log v)\right]\right) \tag{5-31}$$

可以看到，OPGMS 算法是代数式复杂度的。

5.5 仿真结果与分析

5.5.1 仿真参数设置

本节采用 STK 软件获取仿真系统的网络拓扑演进过程，结合 MATLAB 软件分析算法性能。网络场景配置如下。

（1）20 颗低轨用户卫星，位于轨道高度为 619.6km、倾斜角为 97.86°的 4 个太阳同步轨道上。

（2）3 颗中继卫星，其星下点经度分别为 76.95°E、176.76°E、16.65°E。

（3）9 个地面站，其中每颗中继卫星分配了固定的 3 个地面站，且每颗中继卫星所属的地面站之间相距 30km[20]，从而保障其星地链路信道质量相互独立。

（4）一个数据处理中心。

任务规划周期是从 2016 年 12 月 14 日 4 时至 15 日 4 时，此外，除非特别声明，每个时隙的长度为 1min。任务需求均匀分布在整个任务规划周期内，即任务的最早开始时间均匀分布在规划周期中，且每个任务的数据量设置为 10Gbit。每颗用户卫星和中继卫星的存储器容量分别设置为 60Gbit 和 100Gbit。根据文献 [5] 中星间链路可达数据速率的计算公式可以得到，在本节考虑的网络场景配置下，链路速率为 26 ～ 59Mbit/s。根据文献 [6]，假设星地链路的信道状态在 30min 内是稳定的。在没有特别声明的情况下，降雨密度假设为均值 5mm/h，方差为 10。在实际情况中，当降雨密度达到 10mm/h 时，工作在 Ka 频段的通信链路几乎是中断的。

5.5.2 网络性能分析

为了证明 OPGMS 算法的先进性，本节将其与两种现有参考算法进行了对比，即文献 [14] 中提出的基于演进算法的启发式资源分配（Heuristic Approach based on Evolutionary Algorithm，TACP-EA）算法和基于平均功率分配的任务规划（Mission Scheduling Algorithm with Average PA，MSCPA）算法。具体来说，TACP-EA 算法在进行链路连接规划时考虑了可预测的任务到达，但是忽略了星间链路及星地链路的信道质量差异性。此外，TACP-EA 算法不考虑中继卫星的功率分配，为每一颗中继卫星选择信道状态最好的链路，并将星地链路总功率用于该星地链路的建立。为了进一步强调考虑差异化星地链路的必要性，MSCPA 算法采用与 OPGMS 算法一致的链路连接规划及任务规划策略，但是不考虑星地链路信道质量。换句话说，中继卫星的系统总功率被均匀分配到中继卫星对应的星地链路。

为了评估 OPGMS 算法的性能，采用免费的 LINGO 软件[33]直接求解原始的

OPT-raw 问题的最优解，记作 OPT 算法。由于 OPT 算法通常是高时间耗损的，首先针对一个任务规划周期较小且任务需求数较少的小规模网络场景进行算法分析，即任务规划周期为 2h，任务的时延需求为 2h。表 5-1 展示了各种算法的网络总完成任务数 N_{total}，以及所有用户卫星的最小任务完成数 N_{min}。由表 5-1 可知，OPGMS 算法的 N_{min} 与 N_{total} 与通过软件得出的最优解非常接近。

表 5-1　不同算法在不同任务需求时的任务完成性能比较

任务需求数	OPT 算法的 N_{total}/N_{min}	OPGMS 算法的 N_{total}/N_{min}
40	40/2	40/2
50	50/2	50/2
60	59/2	58/2
70	68/3	66/3
80	77/3	76/3

图 5-6 展示了 OPT 算法与 OPGMS 算法在算法执行时间上的对比。可以看出，OPT 算法的复杂度随着任务规划周期与任务需求数的增长呈指数级增长趋势，这限制了其在大规模或稍大规模的网络场景中的应用。出现这种现象的原因是，随着任务规划周期与任务需求数的增长，原始任务规划问题所需求解的整数变量的数量增加了。为了更清晰地验证 OPGMS 算法的性能，从图 5-7 可以看出，OPGMS 算法通过设计一个基于图的算法替换了直接求解原始优化问题，与 OPT 算法相比可以有效地降低复杂度。此外，还可以观察到，OPT 算法的复杂度随着任务规划周期与任务需求数的增长而增长，这在实际应用中是不可接受的。接下来的仿真主要关注 OPGMS 算法与参与对比的算法在较大规模场景中的性能。

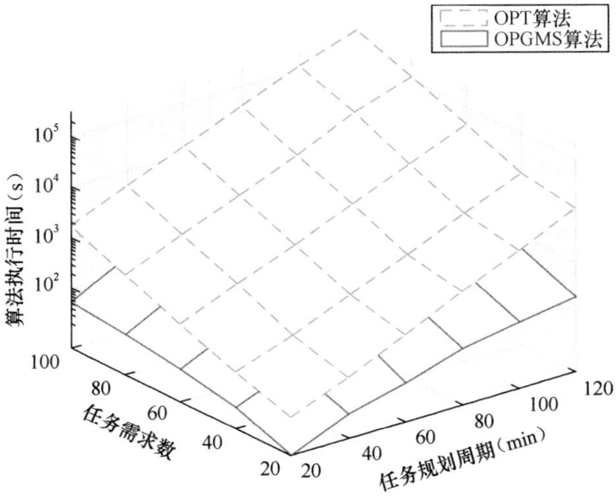

图 5-6　OPT 算法及 OPGMS 算法的算法执行时间随任务需求数及任务规划周期变化的对比

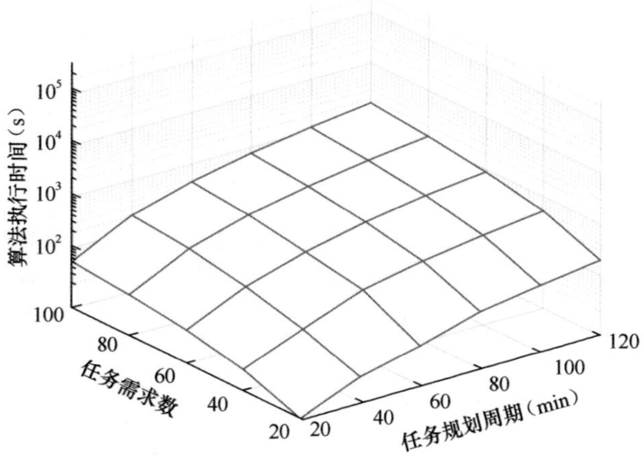

图 5-7　OPGMS 算法的算法执行时间随任务需求数及任务规划周期变化的情况

为了强调考虑差异化的星地链路的重要性，表 5-2 展示了不同算法在 3 种星地链路信道配置下（降雨密度均值为 5mm/h，方差为 σ）的任务完成性能，包括总的任务完成数 N_{total} 及所有用户卫星的最小任务完成数 N_{min}。其中，任务需求数为 500，任务时延需求为 1h，P_{max}=150W。由于 TACP-EA 算法总是选择中继卫星所有星地链路中信道质量最好的链路，而不考虑星地链路的功率分配问题，因此其 N_{total} 随着 σ 的增大而变大。然而，对于其他两种算法，N_{total} 随着 σ 的增大而变小。值得注意的是，当 σ=2 时，OPGMS 算法和 MSCPA 算法在 N_{total} 和 N_{min} 上的差距比其他两种信道小。这是因为，当 σ=2 时，中继卫星对应的星地链路信道状态差别不大，因此最优功率分配策略与平均功率分配比较接近。因此，两种算法的性能差别不是很大。此外，由于 MSCPA 算法考虑星间链路的信道差异性，当 σ=20 时，MSCPA 算法的 N_{min} 优于 TACP-EA 算法。相反地，由于当 σ =20 时，星地链路信道质量差异大，平均功率分配策略是不明智的，所以 MSCPA 算法的 N_{total} 比 TACP-EA 算法差。

表 5-2　不同算法在不同星地链路信道状态时的任务完成性能对比

算法	N_{total}/N_{min}（σ =2）	N_{total}/N_{min}（σ =10）	N_{total}/N_{min}（σ =20）
OPGMS	489/24	478/23	454/22
MSCPA	468/22	398/17	249/12
TACP-EA	225/10	252/8	268/7

图 5-8 和图 5-9 分别展示了不同算法随任务需求数变化的 N_{min} 和 N_{total}，其中任务时延需求为 1h，P_{max}=150W。正如所期望的，随着任务需求数的增长，这 3 种算法的

N_{min} 和 N_{total} 均增长。然而，当任务需求数增长到一定程度时，N_{min} 和 N_{total} 将不会持续增长，这是由于网络资源有限（如有限的星间链路容量、星地链路容量、中继卫星的星地链路系统总功率）。此外，由于 OPGMS 算法联合考虑了星间链路及星地链路的信道差异性，因此其 N_{min} 和 N_{total} 优于 MSCPA 算法和 TACP-EA 算法。

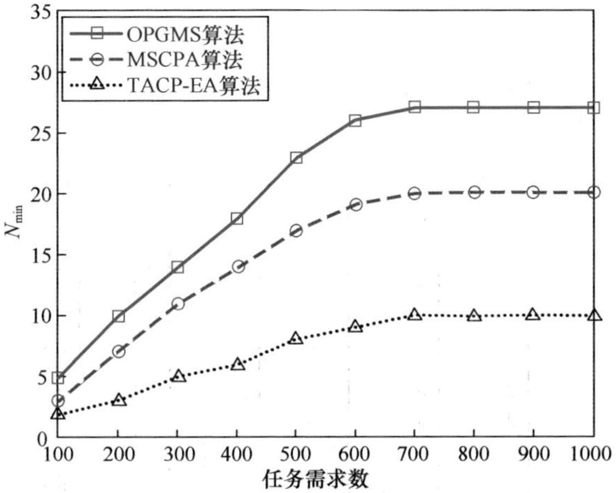

图 5-8　不同算法随任务需求数变化的 N_{min}

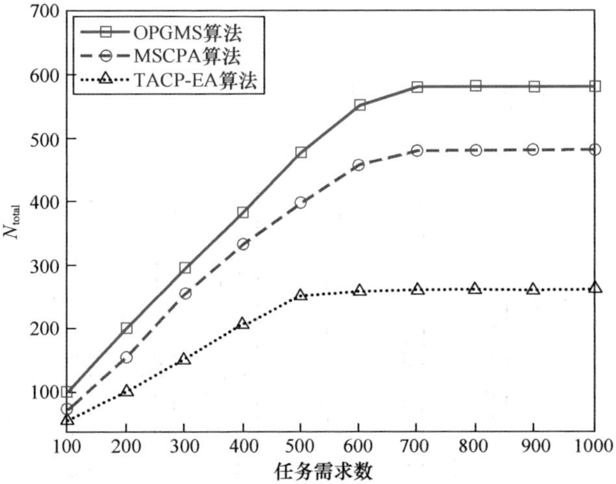

图 5-9　不同算法随任务需求数变化的 N_{total}

图 5-10 和图 5-11 展示了 3 种算法的任务时延需求对网络 N_{min} 和 N_{total} 的影响，其中任务需求数为 500，P_{max}=150W。显然，随着任务时延需求的增长，3 种算法的 N_{min} 和 N_{total} 均增长。这是因为较大的任务时延需求可以使任务数据被携带较长的时间，等

到合适的机会再回传到地面站，即增加了任务数据被回传的可能性。相反，较小的任务时延需求将导致更多回传有效期较短的任务被丢弃。然而，随着任务时延需求的增加，网络的 N_{min} 和 N_{total} 并不会持续变好。这是因为，在这种情况下，星间链路及星地链路容量资源已陷入瓶颈。此外，可以看到，OPGMS 算法与 MSCPA 算法和 TACP-EA 算法相比可以获得更好的 N_{min} 和 N_{total}。

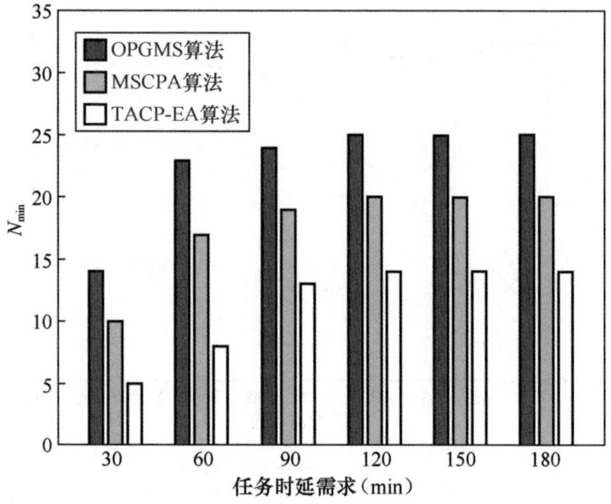

图 5-10　不同算法随任务时延需求变化的 N_{min}

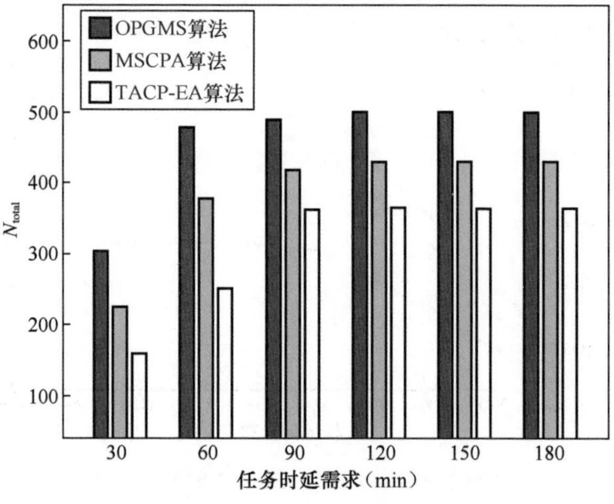

图 5-11　不同算法随任务时延需求变化的 N_{total}

为了更好地验证 OPGMS 算法在保障用户卫星公平性方面的性能，采用如式（5-32）所示的公平性（Jain）指标：

$$\mathrm{FJ}_{\text{index}} = \frac{\left(\sum_{k=1}^{k=|\mathrm{US}|} N_k\right)^2}{|\mathrm{US}| \sum_{k=1}^{k=|\mathrm{US}|} N_k^2} \tag{5-32}$$

其中，$N_k = \sum_{\mathrm{um}_n \in \mathrm{UM}_k} I_n$ 是用户卫星 us_k 成功传输的任务数。该公平性指标的取值范围是 0 ～ 1，值越大，表示在任务规划过程中，各用户卫星的公平性越好。正如图 5-12 所示，虽然 TACP-EA 算法倾向于为各用户卫星建立一种相对公平的星间链路连接规划，但是其忽略了星间链路信道及星地链路信道的差异性。因此，OPGMS 算法和 MSCPA 算法的公平性均比 TACP-EA 算法好。

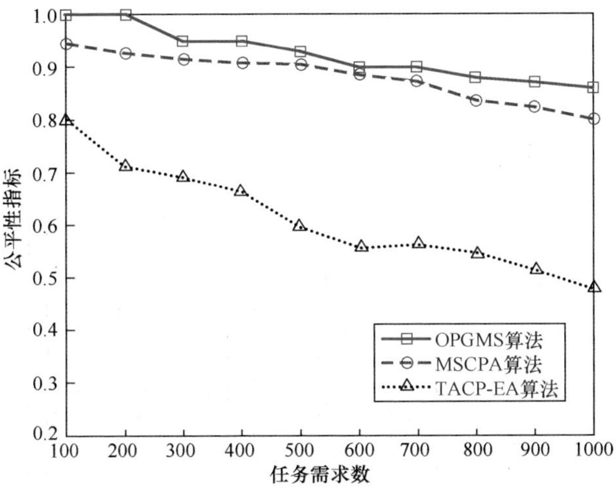

图 5-12 不同算法的公平性指标随任务需求数变化的情况

最后，为了进一步验证考虑星地链路差异性的重要性，图 5-13 和图 5-14 分别展示了中继卫星星地链路系统总功率 $P_{\max}$ 对网络 $N_{\min}$ 和 N_{total} 的影响，其中任务需求数为 500，任务时延需求为 1h。图 5-14 中每根柱子下面的白色部分表示的是通过信道质量较好（降雨密度小于 5mm/h）的星地链路成功进行数据传输的任务数。从图 5-13 和图 5-14 中可以看到，$P_{\max}$ 的增加给 $N_{\min}$ 和 N_{total} 均带来了增益。OPGMS 算法的 $N_{\min}$ 和 N_{total} 均优于其他两种算法。此外，从图 5-14 中可以观察到，由于 MSCPA 算法忽略了星地链路的差异性，而采用平均功率分配策略，因此其并没有很好地利用 $P_{\max}$ 增加所带来的网络性能增益，这使得其性能比 OPGMS 算法差。还可以看到，完成同样多的任务，MSCPA 算法需要的 $P_{\max}$ 比 OPGMS 算法大，这为未来的空间信息网络规划建设提供了指导意义。

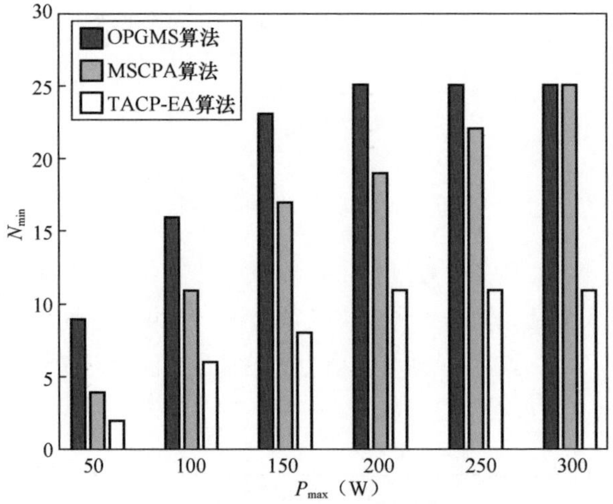

图 5-13 不同算法随 P_{max} 变化的 N_{min}

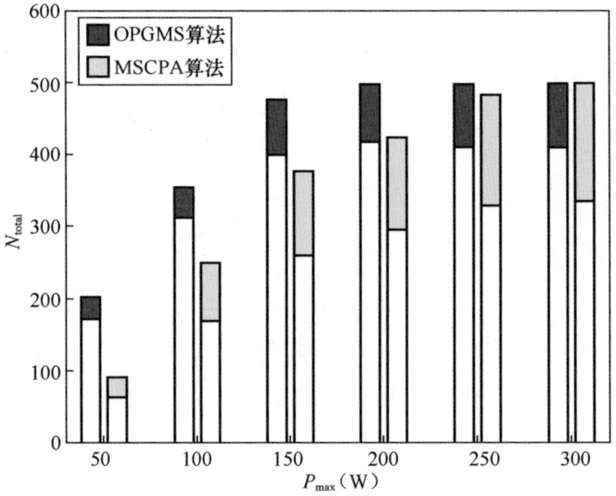

图 5-14 OPGMS 算法和 MSCPA 算法随 P_{max} 变化的 N_{total}

5.6 本章小结

本章主要研究了基于信道感知的中继卫星任务规划算法，综合考虑了任务规划过程中星间链路连接规划、中继卫星星地链路系统功率分配带来的影响。考虑到任务规划算法的性能受限于时变的星间链路及具有差异化质量的星地链路，本章提出了一种包含两个阶段的 OPGMS 算法来高效求解上述基于信道感知的中继卫星任务规划问题。

仿真结果验证了 OPGMS 算法在任务完成率方面的有效性。同时，本章通过研究不同网络参数（如星地链路信道状态、任务需求数、中继卫星系统总功率等）对网络性能的影响，为未来的空间信息网络规划建设提供指导，并为进一步研究空间信息网络任务规划算法奠定基础。

参考文献

[1] ZALESKI R. Three generations of tracking and data relay satellite (TDRS) spacecraft[C]//2016 Boeing Customer Satellite Conference. [s.l.]: [s.n.], 2016.

[2] DU J, JIANG C, GUO Q, et al. Cooperative earth observation through complex space information networks[J]. IEEE Wireless Communications, 2016, 23(2): 136-144.

[3] L'ABBATE M, VENDITTI P, SVARA C, et al. From Mbps to Gbps: Evolution of payload data handling and transmission system for future earth observation missions [C]// 2014 IEEE Metrology AeroSpace. NJ: IEEE, 2014: 576-581.

[4] ISRAEL D, CORNWELL D, MENKE G, et al. Demonstration of disruption tolerant networking across lunar optical communications links[C]//The 32nd AIAA International Communications Satellite Systems Conference. [s.l.]: [s.n.], 2014: 4-7.

[5] GOLKAR A, i CRUZ I. The federated satellite systems paradigm: Concept and business case evaluation[J]. Acta Astronautica, 2015, 111: 230-248.

[6] PARABONI A, BUTI M, CAPSONI C, et al. Meteorology-driven optimum control of a multibeam antenna in satellite telecommunications[J]. IEEE Transactions on Antennas and Propagation, 2009, 57(2): 508-519.

[7] NET M S, DEL PORTILLO I, CRAWLEY E, et al. Approximation methods for estimating the availability of optical ground networks[J]. Journal of Optical Communications and Networking, 2016, 8(10): 800-812.

[8] ISRAEL D, HECKLER G, MENRAD R. Space mobile network: A near earth communications and navigation architecture[C/OL]//2016 IEEE Aerospace Conference. NJ: IEEE, 2016.

[9] ROSSI T, SANCTIS M, RIZZO L, et al. Experimental assessment of optimal ACM parameters in Q/V-band satellite communication[C/OL]//2016 IEEE Aerospace Conference. NJ: IEEE, 2016.

[10] CAINI C. 2-Delay-tolerant networks (DTNs) for satellite communications[J]. Advances in Delay-Tolerant Networks (DTNs): Architecture and Enhanced Performance, 2015: 25-47.

[11] FRAIRE J, FINOCHIETTO J. Design challenges in contact plans for disruption-tolerant satellite networks[J]. IEEE Communications Magazine, 2015, 53(5): 163-169.

[12] ROJANASOONTHON S, BARD J. A GRASP for parallel machine scheduling with time windows[J]. INFORMS Journal on Computing, 2005, 17(1): 32-51.

[13] LIN P, KUANG L, CHEN X, et al. Adaptive subsequence adjustment with evolutionary asymmetric path-relinking for TDRSS scheduling[J]. Journal of Systems Engineering and Electronics, 2014, 25(5): 800-810.

[14] FRAIRE J, MADOERY P, FINOCHIETTO J, et al. An evolutionary approach towards contact plan design for disruption-tolerant satellite networks[J]. Applied Soft Computing, 2017, 52: 446-456.

[15] ZHOU D, SHENG M, LI J, et al. Toward high throughput contact plan design in resource limited small satellite networks[C]//2016 IEEE 27th Annual International Symposium on Personal, Indoor, and Mobile Radio Communications (PIMRC). NJ: IEEE, 2016.

[16] DESTOUNIS A, PANAGOPOULOS A. Dynamic power allocation for broadband multi-beam satellite communication networks[J]. IEEE Communications Letters, 2011, 15(4): 380-382.

[17] TANI S, MOTOYOSHI K, SANO H, et al. An adaptive beam control technique for diversity gain maximization in LEO satellite to ground transmissions[C] // 2016 IEEE International Conference on Communications (ICC). NJ: IEEE, 2016.

[18] ZHOU D, SHENG M, WANG X, et al. Mission aware contact plan design in resource-limited small satellite networks[J]. IEEE Transactions on Communications, 2017, 65(6): 2451-2466.

[19] LIU R, SHENG M, LUI K, et al. An analytical framework for resource-limited small satellite networks[J]. IEEE Communications Letters, 2016, 20(2): 388-391.

[20] KYRGIAZOS A, EVANS B, THOMPSON P. On the gateway diversity for high throughput broadband satellite systems[J]. IEEE Transactions on Wireless Communications, 2014, 13(10): 5411-5426.

[21] GHARANJIK A, RAO B, ARAPOGLOU P, et al. Gateway switching in Q/V band satellite feeder links[J]. IEEE Communications Letters, 2013, 17(7): 1384-1387.

[22] EVANS B G. Satellite communication systems: Vol 38[M]. [s. l.]: IET, 1999.

[23] SERIES P. Propagation data and prediction methods required for the design of Earth-space telecommunication systems[J]. Recommendation ITU-R P.618-12, 2015.

[24] ITU-R. Rain height model for prediction methods[J]. Recommendation ITU-R P.839-4, 2013.

[25] ITU-R. Specific attenuation model for use in prediction methods[J]. Recommendation ITU-R P.838, 2005.

[26] ARAVANIS A, SHANKAR B, ARAPOGLOU P, et al. Power allocation in multibeam satellite systems: A two-stage multi-objective optimization[J]. IEEE Transactions on Wireless

Communications, 2015, 14(6): 3171-3182.

[27] LEE J, LEYFFER S. Mixed-integer nonlinear programming[M]//International Series in Operations Research & Management Science. Boston: Springer, 2006.

[28] BOYD S, VANDENBERGHE L. Convex optimization[M]. Cambridge: Cambridge University Press, 2004.

[29] LI W, LEI J, WANG T, et al. Dynamic optimization for resource allocation in relay-aided OFDMA systems under multiservice[J]. IEEE Transactions on Vehicular Technology, 2016, 65(3): 1303-1313.

[30] ZHENG K, LIU F, ZHENG Q, et al. A graph-based cooperative scheduling scheme for vehicular networks[J]. IEEE Transactions on Vehicular Technology, 2013, 62(4): 1450-1458.

[31] LUO C, GUO S, GUO S, et al. Green communication in energy renewable wireless mesh networks: Routing, rate control, and power allocation[J]. IEEE Transactions on Parallel and Distributed Systems, 2014, 25(12): 3211-3220.

[32] BERTEKAS D. Nonlinear programming[J].Journal of the Operational Research Society, 1997, 48(3): 334.

[33] SCHRAGE L. Optimization modeling with LINGO[M]. Chicago: Lindo System, 1999.

第 6 章　基于天线转动时间的中继卫星系统数传任务规划

本章通过研究中继卫星在用户卫星间切换所需时间的差异性和时变性，提出一种基于天线转动时间的中继卫星系统数传任务规划方法。该方法通过在规划中继卫星天线服务用户卫星顺序的过程中考虑其转动时间，使得天线尽可能在相距较近的用户卫星之间切换，从而大大缩短了中继卫星天线空转消耗的时间，提高了系统资源利用率。

6.1　引言

随着空间科学和信息技术的迅猛发展，近年来空间信息网络已经成为人类获取地理空间信息的重要途径，对地观测任务在国家安全、环境监测、交通管理、工农业、抢险救灾等领域中发挥着日益重要的作用。由于卫星造价高、平台载荷能力受限等原因，各对地观测系统的可用资源十分有限，面对不断增长的任务需求，如何设计高效的任务规划方法来使得现有网络能够获取更多高质量的图像并将其及时回传到地面站已经成为本领域中的一个热点问题。

由于对地观测卫星大多为低轨卫星，其与地面站的可见窗口十分有限（窗口长度一般为 5 ～ 10min，每天可见 3 ～ 5 次），而且对地观测系统的地面站数量有限且仅能在我国本土布站，这将严重制约回传到地面站的观测数据的数量和实时性。使用中继卫星（位于地球同步轨道）可以有效延长对地观测卫星和地面站之间的连通时间。然而，随着中继卫星单址天线传输速率的提高［例如，美国跟踪与数据中继卫星系统（Tracking and Data Relay Satellite System）的单址天线传输速率最高可达 800Mbit/s］，单址天线过慢的转动速度已经成为制约中继卫星系统资源利用率的重要瓶颈。由于单址天线在用户卫星之间转动所需的时间主要取决于用户到其连线的夹角大小，如图 6-1 所示，通过合理地为各天线分配任务并规划中继卫星天线服务用户的顺序，使其在相距较近的用户卫星间切换，可以有效缩短天线转动消耗的时间。因此，中继卫星系统任务规划方案中，天线转动时间应该作为一个重要的参数来考虑。然而，截至本书成稿之日，现有中继卫星调度机制大多没有考虑单址天线转动消耗的时间[1-2]，仅有文献 [3] 在问题建模过程中考虑到了不同中继卫星天线在不同用户间切换服务所需的时间，其规划策略使中继卫星天线倾向于在距离较近的卫星之间转动，从而有效缩短了天线的空转时间。然而，其模型中将同一天线在给定任务之间切换的时间考虑为定值，忽略了由于卫星运动导致的天线转动所需时间的时变性。而且，文献 [3] 的工作很难直接扩展来使得任务规划过程中考虑中继卫星天线在任务间切换所需时间的时变性，这是因为在多级调度问题中，时间本身就是待优化变量，如果再引入时变参数，问题将会变得极为复杂。因此，为了进一步提高中继卫星系统的效率，需要设计新的数传任务规划方法来优化中继卫星天线服务用户的顺序，从而降低中继卫星天线的空转时间。

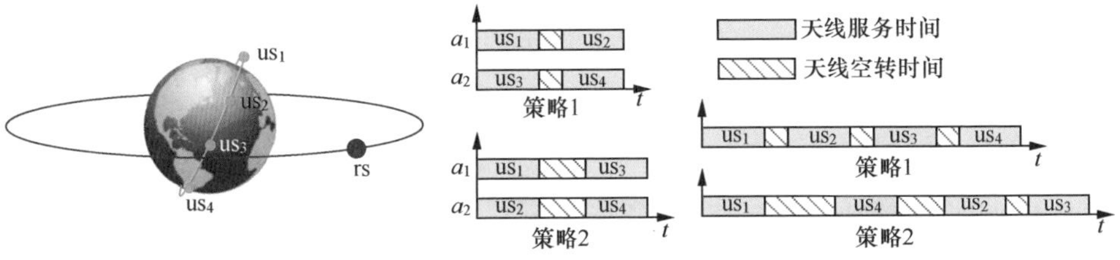

（a）示例网络　　（b）任务分配策略　　（c）服务顺序规划策略

图 6-1　任务规划策略对天线转动时间的影响

针对以上问题，本章提出一种基于天线切换时间的中继卫星数传任务规划方法来提高中继卫星系统的资源利用率。该方案通过资源时变冲突图建模中继卫星天线在不同用户卫星之间转动所需时间对数传任务规划的影响，并将数传资源调度问题建模为资源时变冲突图中的独立集求解问题。仿真结果表明，该方案可以有效提升网络中的任务完成率。

本章其余内容的安排如下：第 6.2 节提出了中继卫星系统网络模型和天线转动模型；第 6.3 节对链路调度问题和数传资源调度问题进行了建模，并对其模型进行优化；第 6.4 节根据问题模型，提出天线转动的中继卫星任务规划方法；第 6.5 节进行仿真验证，并对仿真结果进行分析；最后，第 6.6 节对本章进行简短的总结。

| 6.2　系统模型 |

6.2.1　网络模型

考虑一个中继卫星网络（Data relay Satellite Network，DSN），其包含以下 4 个部分。

（1）多颗用户卫星，分布在低轨（轨道高度为 400 ～ 1400km）上，使用集合 $\mathrm{US}=\{\mathrm{us}_1, \mathrm{us}_2, \cdots, \mathrm{us}_n, \cdots\}$ 表示，每颗用户卫星携带一套收发设备，分别负责与中继卫星通信。

（2）多颗中继卫星，分布在地球同步轨道上，使用集合 $RS = \{rs_1, rs_2, \cdots, rs_n, \cdots\}$ 表示，每颗中继卫星携带多副用于接收来自用户卫星的数据的单址天线，中继卫星 rs_i 的单址天线的集合用 $RA_i = \{ra_{i,1}, ra_{i,2}, \cdots, ra_{i,m}, \cdots\}$ 表示。

（3）多个中继地面站，用集合 $GS = \{gs_1, gs_2, \cdots, gs_n, \cdots\}$ 表示。

（4）一个数据处理中心，用 dc 表示。

网络的规划周期为 $[0, T]$，规划周期内待完成任务集合用 $OM = \{om_1, om_2, \cdots, om_n, \cdots\}$ 表示。任务 om_j 可以使用四维元组 $[us_{mu(j)}, da_j, t_{sj}, t_{ej}]$ 唯一标识，其中 $mu(j)$ 表示发起任务 om_j 请求的用户卫星的编号，da_j 表示任务 om_j 的数据量，t_{sj} 和 t_{ej}（$0 \leqslant t_{sj} < t_{ej} \leqslant T$）分别表示任务 om_j 的最早开始时间和最晚结束时间，换言之，$[t_{sj}, t_{ej}]$ 为任务 om_j 的规划窗口。在一个任务的规划窗口内，用户卫星将任务数据发送给一个能够建立通信链路的中继卫星，随后任务数据会被中继卫星回传到中继地面站并最终送往数据处理中心。中继卫星系统的运营管理中心根据规划周期内的任务请求及资源状态做出任务规划，任务规划方案指定每个任务的数据在何时通过哪颗中继卫星的哪副天线来传输。如果一个任务的所有数据能够在其规划窗口内回传到中继地面站，则称该任务被成功规划。

6.2.2 天线转动模型

为了计算中继卫星天线从一颗用户卫星指向另一颗用户卫星所需的时间，需要首先求解用户切换时天线所需转动的角度。已知卫星轨道参数可以通过标准教科书中的方法或 STK 软件计算出卫星在规划周期内的位置信息（经度、纬度、海拔等）。为了求解中继卫星天线的转动角度，建立一个中继卫星轨道坐标系，如图 6-2 所示。该坐标系的原点在中继卫星质心，Z 轴指向地心，X 轴在轨道平面内指向运行方向且与 Z 轴垂直，Y 轴与 X 轴、Z 轴构成右手系。用向量 $\mathbf{du}_i^k(t)=(x_i^k(t), y_i^k(t), z_i^k(t))$ 表示 t 时刻用户卫星 us_i 在中继卫星 rs_k 轨道坐标系中的位置，其中，

$$\begin{cases} x_i^k(t) = (h_{U,i} + r_E)\cos\varphi_{U,i}(t)\sin(\theta_{U,i}(t) - \theta_{G,k}) \\ y_i^k(t) = -(h_{U,i} + r_E)\sin\varphi\theta_{U,i}(t) \\ z_i^k(t) = (h_{U,i} + r_E) - (h_{U,i} + r_E)\cos\varphi_{U,i}(t)\cos(\theta_{U,i}(t) - \theta_{G,k}) \end{cases} \tag{6-1}$$

其中，$h_{U,i}$ 表示用户卫星 us_i 的海拔高度，$\varphi_{U,i}(t)$ 和 $\theta_{U,i}(t)$ 分别表示 t 时刻用户卫星 us_i 星下点的纬度与经度，$\theta_{G,k}$ 表示中继卫星 rs_k 的星下点经度，h_G 表示中继卫星的轨道高度，r_E 为地球半径。

t 时刻用户卫星 us_i、us_j 到中继卫星 rs_k 连线的夹角表示为

$$\gamma_{i,j}^k(t) = \arccos\left(\frac{\mathbf{du}_i^k(t)\cdot\mathbf{du}_j^k(t)}{|\mathbf{du}_i^k(t)||\mathbf{du}_j^k(t)|}\right) \tag{6-2}$$

中继卫星天线的转动时间与角度成正比，因此，中继卫星 rs_k 将天线从用户卫星 us_i 指向 us_j 所需的时间近似表示为

$$st_{i,j}^{k}(t)=\frac{\gamma_{i,j}^{k}(t)}{\omega} \tag{6-3}$$

其中，ω 表示中继卫星天线的转动速率。

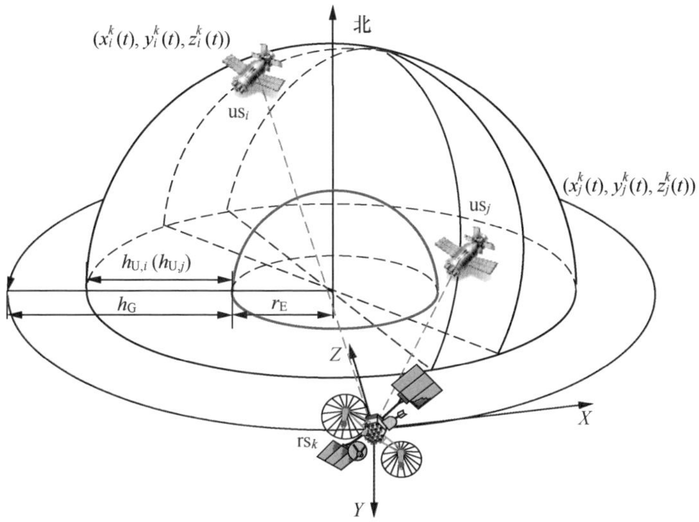

图 6-2　中继卫星轨道坐标系

6.3　问题建模

截至本书成稿之日，现有工作将中继卫星系统的数传任务规划建模为多级规划问题[1-3]，然而，由于时间本身就是多级规划问题中的优化变量，在多级规划模型中考虑天线转动时间的时变性会使问题求解变得极为复杂。因此，本章采用新的数学模型，将数传任务规划问题分解为两个部分来考虑：一部分是将中继卫星系统的数传资源分配给各用户卫星；另一部分是将中继卫星获得的资源分配给与之关联的任务。

6.3.1　链路调度

将中继卫星系统的数传资源分配给各用户卫星的过程就是中继卫星链路调度过程。为了减少中继卫星天线空转的时间，需要在链路调度过程中考虑天线在用户卫星之间转动时间的差异性和时变性，为此，首先构造资源时变图 $ZG_K(V, A)$ 来表征网络

中可能存在的链路调度方式，如图 6-3（a）所示。在资源时变图的基础上，构造资源时变冲突图来建模由中继卫星天线转动引起的链路调度冲突，如图 6-3（b）所示。求解中继卫星无冲突链路调度的问题就转化为资源时变冲突图中的独立集问题，使用布尔变量 $w(\mathrm{us}_i^k,\mathrm{ra}_{j,m}^k)$ 表示从用户卫星 us_i 到天线 $\mathrm{ra}_{j,m}$ 的链路在第 k 个时间间隔是否被调度。为了满足资源时变冲突图中的独立集条件，中继卫星系统中无冲突的链路调度应该满足：

$$\sum_{(\mathrm{us}_i^k,\mathrm{ra}_{j,n}^k)\in A_{\mathrm{OL}}} w(\mathrm{us}_i^k,\mathrm{ra}_{j,n}^k)\leqslant 1,\quad \forall \mathrm{ra}_{j,n}^k\in V_{\mathrm{RA}} \tag{6-4}$$

$$\sum_{(\mathrm{us}_i^k,\mathrm{ra}_{j,n}^k)\in A_{\mathrm{OL}}} w(\mathrm{us}_i^k,\mathrm{ra}_{j,n}^k)\leqslant 1,\quad \forall \mathrm{us}_i^k\in V_{\mathrm{US}} \tag{6-5}$$

$$w(\mathrm{us}_i^k,\mathrm{ra}_{j,n}^k)+w(\mathrm{us}_p^l,\mathrm{ra}_{j,n}^l)\leqslant 1,\forall \mathrm{ra}_{j,n}\in \mathrm{RA}_j,\mathrm{us}_i,\mathrm{us}_p\in \mathrm{US},0\leqslant l-k\leqslant\left\lceil\frac{\mathrm{st}_{i,p}^j(l\tau)}{\tau}\right\rceil \tag{6-6}$$

其中，V_{US} 和 V_{RA} 分别是资源时变图中表示用户卫星和中继卫星天线的顶点集合；A_{OL} 是资源时变图中所有机会链路弧的集合，根据第 3 章的定义有

$$A_{\mathrm{OL}}=\{(\mathrm{us}_i^k,\mathrm{ra}_{j,m}^k)\mid l_{\mathrm{c}}^k(\mathrm{us}_i)\in R_{\mathrm{C}}^k(\mathrm{rs}_j),\mathrm{us}_i^k\in V_{\mathrm{US}},\mathrm{ra}_{j,m}^k\in V_{\mathrm{RA}}\} \tag{6-7}$$

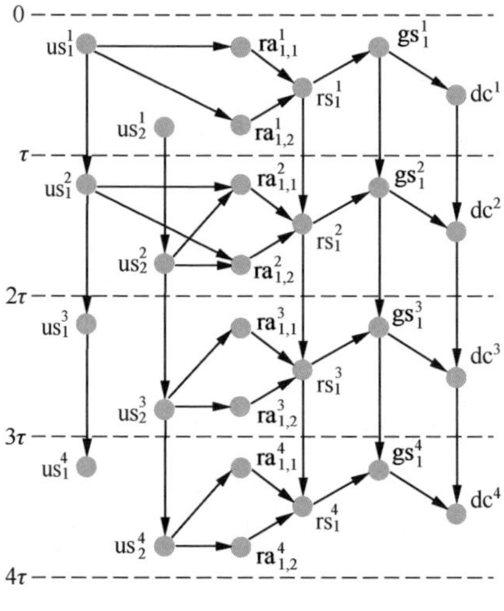

（a）资源时变图

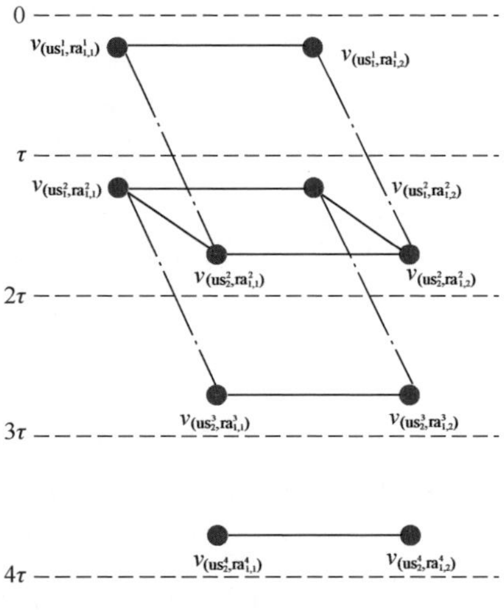

（b）资源时变冲突图

图 6-3　中继卫星系统资源时变图

6.3.2　数传资源调度

通过资源时变冲突图的独立集可以得到资源时变图的一个无冲突子图 $\mathrm{ZG}'_K(V,A')$，

ZG'_K 的机会链路弧集合是 ZG_K 机会链路弧集合的一个子集，其余部分与 ZG_K 完全相同，具体的无冲突子图的机会链路弧集合表示为

$$A'_{\mathrm{OL}}=\{(\mathrm{us}_i^k,\mathrm{ra}_{j,n}^k)\,|\,(\mathrm{us}_i^k,\mathrm{ra}_{j,n}^k)\in A_{\mathrm{OL}},w(\mathrm{us}_i^k,\mathrm{ra}_{j,n}^k)=1\} \tag{6-8}$$

根据第 3 章的论述，把任务规划问题建模为无冲突子图中的多商品流问题。具体而言，把任务 om_i 的规划过程映射为以顶点 $\mathrm{us}_{\mathrm{mu}(i)}^{\mathrm{ts}_i}$ 为源且以 $\mathrm{dc}^{\mathrm{te}_i}$ 为目的的流 f_i。用 $x(f_i)$ 表示 f_i 的流量，$x(v_i^k,v_j^k,f_i)$ 表示流 f_i 在弧 (v_i^k,v_j^k) 上的流量。用集合 $F=\{f_i|1\leqslant i\leqslant|\mathrm{OM}|\}$ 表示网络中所有任务映射到资源时变图无冲突子图中的流集合。F 中的流应当满足无冲突子图上的任务数据流守恒约束及容量约束：

$$\sum_{(v_j^l,v_i^k)\in A'}x(v_j^l,v_i^k,f_n)-\sum_{(v_i^k,v_j^l)\in A'}x(v_i^k,v_j^l,f_n)=\begin{cases}-x(f_n), & v_i^k=s(f_n)\\ 0, & v_i^k\neq s(f_n),d(f_n),\forall f_n\in F,v_i^k\in V\\ x(f_n), & v_i^k=d(f_n)\end{cases} \tag{6-9}$$

$$\sum_{f_n\in F}x(v_i^k,v_j^l,f_n)\leqslant C(v_i^k,v_j^l),\forall(v_i^k,v_j^l)\in A' \tag{6-10}$$

其中，$s(f_n)$ 和 $d(f_n)$ 分别表示流 f_n 的源顶点和目的顶点。

6.3.3　优化模型

用布尔变量 y_n 表示任务 om_n 是否被成功规划。为了最大化网络中的成功规划任务数，根据第 6.3.2 小节建立的约束条件，将任务规划方案建模为以下优化问题：

$$\mathbf{P2}:\quad \max\sum_{1\leqslant n\leqslant|\mathrm{OM}|}y_n$$

$$\text{s.t.}\quad y_n\mathrm{da}_n=x(f_n),\quad\forall 1\leqslant n\leqslant|\mathrm{OM}| \tag{6-11}$$

$$y_n\in\{0,1\},\quad\forall 1\leqslant n\leqslant|\mathrm{OM}| \tag{6-12}$$

$$w(\mathrm{us}_i^k,\mathrm{ra}_{j,n}^k)\in\{0,1\},\quad\forall(\mathrm{us}_i^k,\mathrm{ra}_{j,n}^k)\in A_{\mathrm{OL}} \tag{6-13}$$

独立集约束，见式（6-4）~（6-6）　（6-14）

流约束，见式（6-9）~（6-10）　（6-15）

式（6-9）和式（6-10）中含有集合 A'，而集合 A' 受资源时变冲突图独立集的影响，为了便于优化模型求解，将式（6-9）和式（6-10）写成如下的等效形式：

$$\sum_{(v_j^l,v_i^k)\in A}x(v_j^l,v_i^k,f_n)-\sum_{(v_i^k,v_j^l)\in A}x(v_i^k,v_j^l,f_n)=\begin{cases}-x(f_n), & v_i^k=s(f_n)\\ 0, & v_i^k\neq s(f_n),d(f_n),\forall f_n\in F,v_i^k\in V\\ x(f_n), & v_i^k=d(f_n)\end{cases} \tag{6-16}$$

$$\sum_{f_n\in F}x(v_i^k,v_j^l,f_n)\leqslant C(v_i^k,v_j^l),\forall(v_i^k,v_j^l)\in A-A_{\mathrm{OL}} \tag{6-17}$$

$$\sum_{f_n\in F} x(\mathrm{us}_i^k,\mathrm{ra}_{j,n}^k,f_n)\leqslant C(\mathrm{us}_i^k,\mathrm{ra}_{j,n}^k)w(\mathrm{us}_i^k,\mathrm{ra}_{j,n}^k),\forall(v_i^k,v_{j,n}^k)\in A_{\mathrm{OL}} \tag{6-18}$$

因此，上述优化问题 **P2** 可以重新描述为

$$\mathbf{P3:}\quad \max \sum_{1\leqslant n\leqslant|\mathrm{OM}|} y_n$$

$$\text{s.t.}\quad y_n\mathrm{da}_n = x(f_n),\quad \forall 1\leqslant n\leqslant|\mathrm{OM}| \tag{6-19}$$

$$y_n\in\{0,1\},\quad \forall 1\leqslant n\leqslant|\mathrm{OM}| \tag{6-20}$$

$$w(\mathrm{us}_i^k,\mathrm{ra}_{j,n}^k)\in\{0,1\},\quad \forall(\mathrm{us}_i^k,\mathrm{ra}_{j,n}^k)\in A_{\mathrm{OL}} \tag{6-21}$$

独立集约束，见式（6-4）~（6-6）（6-22）

流约束，见式（6-16）~（6-18）（6-23）

其中，y_n、$w(\mathrm{us}_i^k,\mathrm{ra}_{j,n}^k)$ 是布尔变量，$x(f_n)$、$x(v_i^k, v_j^l, f_n)$ 是非负的连续变量，$\mathrm{st}_{i,p}^j(l\tau)$、$C(v_i^k, v_j^l)$ 是已知量。

6.4 基于天线转动时间的中继卫星系统数传任务规划方法

问题 **P3** 是一个混合整数线性规划，其求解复杂度较高。为了保证在网络规模较大的情况下也能快速得到任务规划方案，本节提出一种多项式时间的算法。该算法的基本原理为：考虑到问题 **P3** 中的大部分整数变量来自独立集约束，因此从降低求解资源时变冲突图独立集的复杂度入手，设计一种考虑用户卫星任务需求和天线空转时间的启发式独立集求解算法，从而降低整个任务规划过程的复杂度。图 6-3 (b) 中，资源时变冲突图中相隔距离较远的层之间关联性较弱，可以通过依次求解子图独立集的方式求解整个资源时变冲突图的独立集。用 SG(RCG, k) 表示资源时变冲突图 RCG 的第 k 个子图，其定义为按如下规则删除资源时变图中第 k 层到第 $\max\{k+\delta_{\max}, K\}$ 层的部分顶点及与之关联的弧：如果顶点 $v_{(\mathrm{us}_i^k,\mathrm{ra}_{j,n}^k)}$ 存在，则将顶点 $v_{(\mathrm{us}_i^l,\mathrm{ra}_{j,n}^l)}$，$\forall k<l\leqslant\max\{k+\delta_{\max}, K\}$ 删除。删除完成后，第 k 层到第 $\max\{k+\delta_{\max}, K\}$ 层剩余的部分就是 SG(RCG, k)。

如前文所述，资源时变冲突图的独立集可以直接转化为中继卫星系统的链路调度结果。在链路调度过程中，为了提高中继卫星的资源利用率，需要遵循以下原则。

（1）尽可能地避免天线频繁转动，这可以通过选择存储空间内有较多任务数据需要处理的用户卫星来实现。

（2）尽可能地减小天线切换服务用户时需要转动的角度，这可以通过使天线选择在距离较近的用户卫星之间切换来实现。

为了在求解独立集的过程中考虑到上述因素，将资源时变冲突图中顶点 $v_{(\mathrm{us}_m^{k+l},\mathrm{ra}_{j,n}^{k+l})}$

的度量定义如下：

$$\mathrm{ht}_{(\mathrm{us}_m^{k+l},\mathrm{ra}_{j,n}^{k+l})}=\alpha(\mathrm{st}_{\max}-\mathrm{st}_{i,m}^{j}(k\tau))+\beta\min\left\{\mathrm{qr}_j(\mathrm{us}_m,k+l)\tau,\frac{\sum_{\mathrm{om}_c\in\mathrm{OM}(\mathrm{us}_m^{k+l})}\mathrm{da}_c}{C(\mathrm{us}_m,\mathrm{ra}_{j,n})}\tau\right\} \tag{6-24}$$

其中，us_i 为天线 $\mathrm{ra}_{j,n}$ 在第 k 个时隙服务的卫星；$\mathrm{st}_{\max}$ 表示中继卫星天线转动所需时间的最大值；$\mathrm{qr}_j(\mathrm{us}_m, k+l)$ 表示从第 $k+l$ 个时隙开始，到用户卫星 us_m 离开中继卫星 rs_j 的通信范围为止的时间段内包含的时隙数；$\mathrm{OM}(\mathrm{us}_m^{k+l})$ 表示在第 $k+l$ 个时隙用户卫星 us_m 存储空间内的数据所属的任务。因此，$\mathrm{st}_{\max}-\mathrm{st}_{i,m}^{j}(k\tau)$ 表示与最大转动时间相比，在第 $k+l$ 个时隙天线 $\mathrm{ra}_{j,n}$ 服务用户卫星 us_m 能够节省的时间，$\min\left\{\mathrm{qr}_j(\mathrm{us}_m,k+l)\tau,\frac{\sum_{\mathrm{om}_c\in\mathrm{OM}(\mathrm{us}_m^{k+l})}\mathrm{da}_c}{C(\mathrm{us}_m,\mathrm{ra}_{j,n})}\tau\right\}$ 表示在第 $k+l$ 个时隙天线 $\mathrm{ra}_{j,n}$ 指向用户卫星 us_m 后能够持续服务的时间。可以看出，天线切换到 us_m 所需的转动时间越短，能够持续服务 us_m 的时间越长，则 $\mathrm{ht}_{(\mathrm{us}_m^{k+l},\mathrm{ra}_{j,n}^{k+l})}$ 越大。在上述度量的基础上，求解高效链路调度的问题就可以转化为逐段求解资源时变图中最大权独立集的问题。

为了获得在给定时隙内各用户卫星存储空间内的任务集合，定义如下用户卫星存储空间管理策略：

$$\mathrm{OM}(\mathrm{us}_m^{k+1})=\mathrm{OM}(\mathrm{us}_m^{k})\cup\mathrm{OM}_\mathrm{n}(\mathrm{us}_m^{k})-\mathrm{OM}_\mathrm{c}(\mathrm{us}_m^{k})-\mathrm{OM}_\mathrm{o}(\mathrm{us}_m^{k}) \tag{6-25}$$

其中，$\mathrm{OM}_\mathrm{n}(\mathrm{us}_m^k)$ 表示由用户卫星 us_m 请求的且在第 k 个时隙内开始调度的任务集合，$\mathrm{OM}_\mathrm{c}(\mathrm{us}_m^k)$ 表示在第 k 个时隙内由用户卫星 us_m 发送成功的任务集合。如果在第 k 个时隙内用户卫星 us_m 没有被任何中继卫星天线服务，则 $\mathrm{OM}_\mathrm{c}(\mathrm{us}_m^k)=\varnothing$；反之，如果在第 k 个时隙内用户卫星 us_m 成功接入中继卫星天线，则从 $\mathrm{OM}(\mathrm{us}_m^k)$ 中选择最晚结束时间与 k 最接近的任务，将其放入集合 $\mathrm{OM}_\mathrm{c}(\mathrm{us}_m^k)$ 中，直至 $\mathrm{OM}(\mathrm{us}_m^k)$ 中没有剩余任务，或者因为 $\mathrm{OM}_\mathrm{c}(\mathrm{us}_m^k)$ 中任务的数据总量接近链路一个时隙的服务能力而无法继续放入为止。$\mathrm{OM}_\mathrm{o}(\mathrm{us}_m^k)$ 表示在第 k 个时隙内超时的任务。综上所述，在第 $k+1$ 个时隙开始时刻存储在用户卫星 us_m 空间的任务集合等于第 k 个时隙开始时刻存储在用户卫星 us_m 空间的任务集合加上第 k 个时隙内新到达的任务，并减去在第 k 个时隙内发送出去的任务和超时的任务。

算法 6.1 详细描述了基于资源时变冲突图独立集求解的任务规划算法，下面对该算法进行简要说明。

（1）初始化资源时变图的第一个子图 SG(RCG, 1)，并使用中继卫星天线位置初始化 SG(RCG, 1) 中顶点的度量，然后求解子图中的最大加权独立集，随后，根据第 k 个时隙的链路调度状况更新所有用户的存储空间，并记录第 k 个时隙成功传输的任务数。

（2）从资源时变冲突图中将与最大独立集 IS_k 中顶点冲突的顶点及其相关的弧删除，这对应于算法 6.1 的第 6 ～ 11 行。

（3）重复以上过程，直到遍历整个资源时变冲突图为止。

算法执行结束后，可以直接输出每颗用户卫星在每个时隙通过哪副中继卫星天线成功传输了哪个任务。

算法 6.1　基于资源时变冲突图独立集求解的任务规划算法

1: 初始化资源时变冲突图 RCG(V_c, ε_c)，令 $k \leftarrow 1$。

2: 初始化子图 SG(RCG, k)，以及 SG(RCG, k) 中顶点的度量。

3: 求解子图 SG(RCG, k) 的最大加权独立集 IS_k。

4: 更新所有用户卫星的存储空间，记录 $OM_c(us_i^k)$, $\forall 1 \leqslant i \leqslant |US|$。

5: repeat

6: 　for $\forall v_0 \in V_c$ do

7: 　　if 存在 $v_1 \in IS_k$ 且 $(v_0, v_1) \in \varepsilon_c$ then

8: 　　　$V_c \leftarrow V_c - \{v_0\}$

9: 　　　$E_c \leftarrow E_c - \{(v_0, v_2) | (v_0, v_2) \in \varepsilon_c\}$

10: 　　end if

11: 　end for

12: 　$k \leftarrow k+1$

13: 　构造子图 SG(RCG, k)，求解 SG(RCG, k) 中顶点的度量。

14: 　求解子图 SG(RCG, k) 的最大加权独立集 IS_k。

15: 　更新所有用户卫星的存储空间，记录 $OM_c(us_i^k)$, $\forall 1 \leqslant i \leqslant |US|$。

16: until $k = K$

17: 输出 $OM_c(us_i^k)$, $\forall 1 \leqslant i \leqslant |US|, 1 \leqslant k \leqslant K$。

| 6.5　仿真结果与分析 |

本节通过仿真实验验证本章介绍的任务规划方法的性能。考虑一个包含 3 颗中继卫星、8 ～ 40 颗用户卫星、2 个中继地面站和 1 个数据处理中心的空间信息网络。其中，卫星轨道参数和地面站位置具体如下。

（1）中继卫星 rs_1、rs_2、rs_3 的星下点经度分别为 76.95°E、176.76°E、16.65°E。

（2）用户卫星均匀分布在如下 8 个轨道的太阳同步轨道上：① 轨道高度为 778km、倾角为 98.5°、升交点赤经为 157.5°E；② 轨道高度为 631km、倾角为 97.9°、升交点赤经为 112.5°E；③ 轨道高度为 645km、倾角为 98.05°、升交点赤经为 67.5°E；

④ 轨道高度为 649km、倾角为 97.95°、升交点赤经为 22.5°E；⑤ 轨道高度为 778km、倾角为 98.5°、升交点赤经为 135°E；⑥ 轨道高度为 631km、倾角为 97.9°、升交点赤经为 90°E；⑦ 轨道高度为 645km、倾角为 98.05°、升交点赤经为 45°E；⑧ 轨道高度为 649km、倾角为 97.95°、升交点赤经为 0°E。

（3）中继地面站 gs_1、gs_2 分别位于北京 (40°N, 116°E) 和喀什 (39.5°N, 76°E)，且 gs_1 负责与 rs_1、rs_2 通信，gs_2 负责与 rs_3 通信。

网络中的参数设置见表 6-1。该场景的任务规划周期为 1 天（2016 年 7 月 9 日 4 时至 10 日 4 时），采用的时隙长度 $\tau = 1\text{min}$。每颗用户卫星有 100 个任务与之关联，任务的最早开始时间均匀分布在规划周期上。图中的仿真结果是 100 次随机产生任务最早开始时间所获得结果的平均值。

表 6-1　仿真参数设置

仿真参数	参数设置
用户卫星到地面站的链路速率 r_{tr}	20Mbit/s
用户卫星的存储容量 b_o	100Gbit
中继卫星用于服务用户的天线数	2
中继卫星天线的最大俯仰角	20°
中继卫星天线的转动速率	0.1°/s
中继卫星到地面站的链路带宽 r_{rg}	50Mbit/s
任务原始数据量 da	4Gbit
任务规划窗口长度	2h

本实验使用基于天线转动时间的中继卫星系统数传任务规划方法与以下两种规划方法进行了对比。

（1）不考虑天线转动时间的规划方法。由文献 [1] 提出，其在规划过程中完全忽略中继卫星天线在用户卫星之间转动所需的时间。

（2）考虑固定天线转动时间的规划方法。由文献 [3] 提出，其在规划过程中将中继卫星从完成一个任务数据接收到可以接收另一个任务的数据之间所需的切换时间考虑为定值，为了保证任务之间预留的切换时间间隔足够天线转动，需要将该切换时间间隔设置为两个任务规划周期交集内中继卫星天线从第一个任务发起用户卫星转动到第二个任务发起用户卫星所需时间的最大值，因此，该规划方法没有考虑天线在两颗用户卫星之间的转动时间的时变性。

图 6-4 展示了 3 种任务规划方法下网络中的可完成任务数随用户卫星数变化的趋势。可以看出，当网络中的用户卫星数较少时，网络中负载较轻的 3 种方法的差距

并不大。随着网络中用户卫星数的增加，网络负载越来越大，考虑中继卫星天线转动时间的好处得以逐渐凸显。具体而言，不考虑天线转动时间的规划方法能够完成的任务数最少，这是因为，由于其在规划的过程中没有考虑为天线转动预留足够的时间，其规划方案中的很多任务在实际执行过程中却因为天线来不及转动而不能被成功规划。特别地，网络中的任务数越多，不考虑天线转动时间的规划方法得到的方案中任务的间隔越小，任务越容易规划失败，这也是当网络中负载较大时，成功规划任务数会随着用户卫星数的增加而下降的原因。考虑固定天线转动时间的规划方法的性能介于不考虑天线转动时间的规划方法和本章介绍的规划方法之间。由于其考虑了用户切换过程中用于天线转动的时间，该规划方法得到的方案会尽可能避免天线在用户之间的频繁转动，并在需要天线转动时预留足够的时间。但是由于其没有考虑天线在用户之间转动时所需时间的时变性，为了保证预留的时间足够任何情况下天线的转动，其预留时间往往设置为天线在两个用户之间转动可能需要时间的最大值，这样会导致部分预留给天线转动的时间被浪费。本章介绍的规划方法由于考虑了天线转动时间的时变性，能够根据天线转动时间灵活安排天线服务用户的顺序，一方面可以避免天线的频繁切换，另一方面可以有效缩短天线每次转动所需的时间。与不考虑天线转动时间的规划方法及考虑固定天线转动时间的规划方法相比，当网络中的用户卫星数足够多时，本章介绍的规划方法的可完成任务数分别提高了72%、22%。

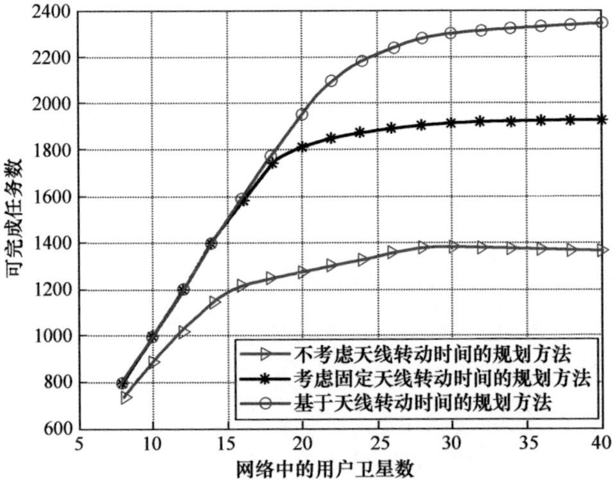

图 6-4 网络中的可完成任务数随网络中用户卫星数变化的趋势

图 6-5 展示了 3 种规划方法下中继卫星天线转动总次数随用户卫星数变化的趋

势。可以看出，不考虑天线转动时间的规划方法下，天线转动次数随网络中用户卫星数的增加而不断增加，直到网络中的任务数达到该规划方法能够容纳的上限为止。考虑固定天线转动时间的规划方法下，当网络中的用户卫星数较少时，天线转动次数随用户卫星数的增加而增加。这是因为，此时网络负载较小，为了完成所有任务，天线需要在各用户卫星之间频繁转动。当网络中的用户卫星增加到一定数量时，为了能够完成更多任务，中继卫星天线开始选择服务存储空间内任务数据较多的用户卫星来减少切换次数，从而缩短中继卫星天线因为转动而消耗的时间。网络中的用户卫星数越多，则负载越大，越容易找到存储空间内任务数据较多的用户卫星，因此天线切换次数也越少。本章介绍的规划方法与考虑固定天线转动时间的规划方法的变化趋势类似，有所不同的是，随着用户卫星数越来越多，用户卫星与其他用户卫星距离较近的机会也越来越多，因而中继卫星天线在最近的用户卫星之间转动的时间成本也越来越小，因此，当网络中的用户卫星数增加到一定程度时，选择相距较近的卫星切换所带来的增益可以超过选择存储空间内任务数据最多的卫星，从而导致随着网络中用户卫星数的增加，中继卫星天线的转动次数逐渐趋于平稳甚至有所回升。

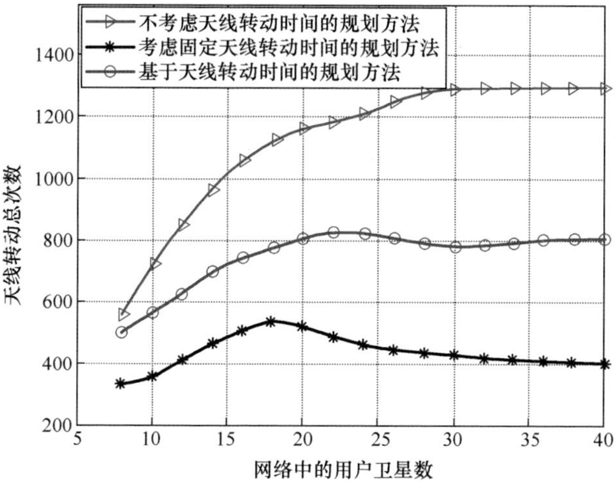

图 6-5　中继卫星天线转动次数随网络中用户卫星数变化的趋势

图 6-6 展示了 3 种规划方法下中继卫星天线平均转动时间随用户卫星数变化的趋势。可以看出，3 种规划方法下天线平均转动时间都有随着用户卫星数增加而变小的趋势，这是因为，随着用户卫星数的增加，网络中的用户卫星与其他卫星相距较近的机会逐渐增加，因此，天线在用户卫星之间转动所需时间较短的可能性也随之增加。与其他两种规划方法相比，本章介绍的规划方法由于充分考虑了中继卫星天线在用户

卫星之间转动所需时间的差异性和时变性，使中继卫星天线能够充分利用网络中用户卫星靠近的机会完成天线转动，从而有效缩短平均转动时间。由于考虑固定天线转动时间的规划方法将两个任务之间切换服务所需的时间考虑为规划周期内天线转动所需时间的最大值，而忽略了天线转动时间的时变性，这导致该规划方法并不能很好地利用两颗用户卫星相距较近的机会。不考虑天线转动时间的规划方法完全没有考虑天线转动时间的因素，因此，与其他方法相比，其天线转动所需时间最长。

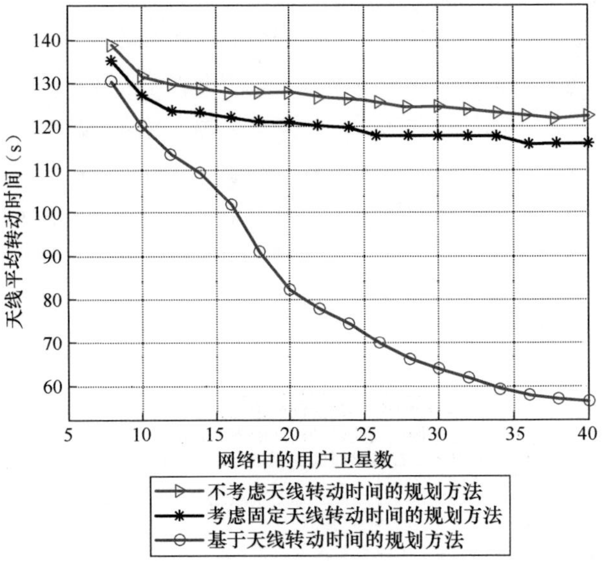

图 6-6　中继卫星天线平均转动时间随网络中用户卫星数变化的趋势

图 6-7 展示了 3 种规划方法下用户公平性（Jain）指标[4]随用户卫星数变化的趋势。可以看出，本章介绍的规划方法与考虑固定天线转动时间的规划方法在网络中负载较小时，由于所有的任务都能被服务，其公平性指标为 1，但是随着网络中负载的增加，其公平性有迅速恶化的趋势。这是因为，这两种方法在规划过程中都考虑了天线转动时间的影响，为了避免天线在用户卫星之间频繁切换，中继卫星天线倾向于选择存储空间内携带任务数据更多的用户卫星来服务，这样导致已与中继卫星建立通信链路的用户卫星的任务可以被大量服务，而没有被接入的用户卫星的任务则得不到处理，网络中的用户卫星数越多，这种不公平现象就会越严重。与考虑固定天线转动时间的规划方法相比，由于本章介绍的规划方法能够更好地利用用户卫星相距较近的机会，其天线转动所需时间随着网络中用户卫星数的增长而迅速下降，使得网络中存储空间内携带任务数据量较少的卫星被服务的机会大于考虑固定天线转动时间的规划方法，因此本章介绍的规划方法的公平性优于考虑固定天线转动时间的规划方法。由

于不考虑天线转动时间的规划方法没有考虑天线转动时间的因素，其在任务规划过程中不会抑制天线转动的次数，因此，当网络负载较大时，其公平性会优于其余两种策略。

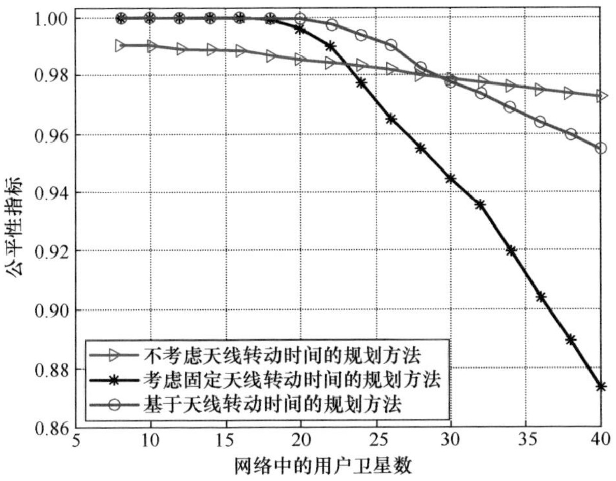

图 6-7　用户公平性指标随网络中用户卫星数变化的趋势

6.6　本章小结

本章介绍了一种基于天线转动时间的中继卫星系统数传任务规划方法，可以提高中继卫星系统的资源利用率。该方法的基本思想是，在任务规划过程中根据中继卫星天线在用户卫星之间转动的时间合理安排各天线的服务顺序，以达到缩短天线空转时间的目的。该方法通过资源时变冲突图建模中继卫星天线在不同用户卫星之间转动所需时间对数传任务规划的影响，并将数传资源调度问题建模为资源时变冲突图中的独立集求解问题。仿真结果表明，该方法可以有效提升网络的任务完成率。

参考文献

[1] ROJANASOONTHON S, BARD J, REDDY S D. Algorithms for parallel machine scheduling: A case study of the tracking and data relay satellite system[J]. Journal of the Operational Research Society, 2003, 54(8): 806-821.

[2] ZHAO W, DONG C, ZHAO S, et al. Resources scheduling for data relay satellite with microwave and optical hybrid links based on improved niche genetic algorithm[J]. Optik: International

Journal for Light and Electron Optics, 2014, 125(13): 3370-3375.

[3] LIN P, KUANG L, CHEN X, et al. Adaptive subsequence adjustment with evolutionary asymmetric path-relinking for TDRSS scheduling[J]. Journal of Systems Engineering and Electronics, 2014, 25(5): 800-810.

[4] SEDIQ A, GOHARY R, SCHOENEN R, et al. Optimal tradeoff between sum-rate efficiency and Jain’s fairness index in resource allocation[J]. IEEE Transactions on Wireless Communications, 2013, 12(7): 3496-3509.

第二部分小结

第二部分重点关注常规任务的空间信息网络资源管理与优化。首先，对于常规观测任务中任务分布与传输资源分布不匹配的问题，研究了针对观测任务的空间信息网络存储资源、通信资源、能量资源联合调度方案，建模 MARA 问题并提出了一种适应大规模网络的、低复杂度的基于时间扩展图和原始分解算法的调度方法。然后，针对链路的信道状态分布对任务时空分布与链路传输能力匹配的制约问题，考虑网络星间链路连接规划、中继卫星星地链路系统功率分配对任务规划过程的影响，提出了一种包含两阶段的 OPGMS 算法，可最大化网络中所有用户卫星的最小任务完成数，并有效匹配中继卫星系统的数传任务需求与资源分布。最后，聚焦中继卫星在用户卫星间切换所需时间的差异性和时变性，提出了一种基于天线转动时间的中继卫星系统数传任务规划方法，该方法可以通过规划中继卫星天线服务用户卫星的顺序来使得中继卫星天线尽可能在相距较近的用户卫星之间切换，能够大大降低中继卫星天线空转消耗的时间，从而提高中继卫星系统的资源利用率，为未来的空间信息网络规划建设提供指导，并为进一步研究空间信息网络任务规划算法奠定基础。

第三部分　面向动态突发任务的空间信息网络资源管理与优化

本部分重点介绍面向动态突发任务的空间信息网络资源管理与优化。首先针对已知动态突发任务数据到达分布的动态突发任务，主要研究动态突发任务数据到达与网络链路连接规划、电池管理及存储资源管理的耦合关系，设计了一种基于马尔可夫决策过程（Markov Decision Process，MDP）的面向动态突发任务需求的多维资源联合调度技术，进一步针对动态突发任务数据到达分布未知的动态突发任务，研究了一种基于动态突发任务到达模糊信息的两阶段随机优化架构，并在此基础上设计了一种数据到达分布鲁棒的两阶段任务规划算法。

第 7 章主要介绍针对动态突发任务数据到达分布已知情况下的资源管理与优化方法。该方法联合考虑链路连接规划、电池管理和存储资源管理的动态突发任务数据调度优化问题，并进一步将动态突发任务数据调度问题建模为一个时间无限的 MDP 来实现网络长期任务数据传输性能的最大化。具体而言，本章介绍了一种有限—嵌—无限两层动态规划架构，并提出基于值的前向逆向归纳任务规划方法和基于策略的前向逆向归纳任务规划方法来求解一个周期内的最优链路及资源调度策略，其中设计了一种基于反向归纳的方法来计算正向归纳部分每轮迭代的任务数据回传量。最后，本章通过仿真实验进一步验证了上述算法的收敛性，以及在网络长期任务数据传输性能方面的有效性。本章介绍的基于 MDP 的有限—嵌—无限两层动态规划架构在未来的卫星系统动态突发任务数据调度中具有广泛的应用前景。

第 8 章重点关注动态突发任务数据到达分布未知条件下的资源管理与优化方法。考虑两阶段的动态突发任务数据到达（第一阶段是确定性的任务数据到达），主要针对第二阶段的动态突发任务数据到达，引入一个模糊集合（简称模糊集）来刻画两阶段动态突发任务数据到达的不确定性分布，进一步研究基于动态突发任务到达模糊信息的两阶段任务规划算法，解决确定性到达的任务与随机到达的任务之间的资源竞争问题。具体而言，本章介绍了数据到达分布鲁棒的两阶段任务规划算法（DADR-TR 算法），该算法能够将原始的随机优化问题转化为一个确定性的锥规划问题（后者的求解复杂度相对较低）。最后，本章通过仿真实验验证了 DADR-TR 算法与现有算法相比更具有鲁棒性，能更好地应对两阶段随机到达的动态突发任务数据。

第 7 章　面向动态突发任务需求的多维资源联合调度

近年来，小卫星网络引起了广泛的研究兴趣，被认为是适应日益增长的空间数据回传需求的一种新型卫星体系结构。然而，有限的星载收发信机数限制了可以并发建立的、协同传输的通信链路数量。此外，有限的电池容量、存储空间及动态突发任务数据到达进一步为高效的任务数据调度策略设计带来了挑战。因此，本章扩展了传统的动态规划算法，针对动态突发任务数据到达的小卫星网络场景，联合考虑链路连接规划、电池管理和存储资源管理，以及当前决策对未来的影响，提出了有限—嵌—无限的两层动态规划架构，用于解决面向网络长期性能最佳的多维资源联合调度问题。本章进一步把该动态突发任务数据调度优化问题建模为一个时间无限的离散 MDP，提出了一种前向逆向联合归纳算法（Joint Forword and Backward Induction，JFBI）框架来求解该时间无限的最优资源调度问题。通过仿真实验，本章验证了 JFBI 算法在任务数据回传量方面的显著增益，并评估了多个网络典型参数对算法性能的影响。

7.1　引言

世界范围内对空间探索和研究的需求日益增长，为在低地球轨道（又称近地轨道）部署遥感卫星（Remote Sensing Satellite，RSS）创造了新的机遇。遥感卫星已是时兴，并正催生新的应用和商业模式[1]。遥感卫星作为传感器网络部署在近地轨道上，就能进一步组成小卫星网络[2]。小卫星网络在近实时处理动态突发任务方面具有优势，这是因为它在与地面站建立连接（有机会通过通信链路发送数据）之前，可以通过星间链路进行协同观测和数据卸载[3-4]。因此，基于小卫星网络的星间链路在下载海量星载数据方面极具前景，其在环境监测、情报侦察和目标监察方面也非常流行[5-6]。

小卫星网络以匹配网络资源和数据到达需求为目标，将遥感卫星从感兴趣的区域内收集到的数据传送至地面站。由于以下两方面的原因，针对小卫星网络设计有效的数据调度策略仍然具有技术上的挑战性。

（1）数据到达的随机性和突发性。在实际应用中，小卫星网络的数据到达通常是不可预测的，这意味着无法获得准确的数据到达信息。因此，需要动态的数据调度策略来适应随机突发数据到达，这增加了设计有效数据调度策略的难度。

（2）网络资源的有限性和动态性。一方面，固有的高度动态的网络拓扑不可避免地会导致用于数据传输的星间链路和卫星下行链路传输窗的间歇性。另一方面，为了减小卫星有效载荷的尺寸并降低其成本，每颗卫星的星载资源是有限的。具体来说，每颗卫星都配备了数量有限的收发信机，用于同时与相邻卫星进行通信[7]。再者，每颗卫星内嵌的星载存储设备容量有限，用于在等待数据传输时机时暂存数据[8]。此外，卫星上安装的电池容量有限，主要为建立数据发送和接收的通信链路供能[9]。卫星有获取太阳能并将能量存储在可充电电池中的能力，用于支持即将到来的通信[10]。然而，当卫星处于地球背阴面时，无法获得太阳能量，因此太阳能收集板可能不会持续为卫星供能[11]。

为支持星地融合系统[12-13]和物联网（Internet of Things，IoT）等新型应用[14]，人们对小卫星的研究兴趣不断增加。由于星间连接和星地连接的间断性，小卫星网络中的数据传输采用时延容忍网络中的存储—携带—转发机制[15]，并假设每个单独的节点都可以为其他节点转发数据。然而，由于自私甚至恶意节点的存在，用于数据传输的期望链路可能无法正常建立[16]。因此，一些文献进一步提出了相应的对策，用于解决这类潜在的安全攻击问题[16-18]。在数据传输的存储—携带—转发机制基础上，现有研究致力于设计数据调度策略以有效利用有限的网络资源，相关算法主要可分为两大类：第一类算法是针对可预测数据到达的数据调度策略[19-21]，这些算法都属于静态优化，无法直接应用于随机到达的数据调度设计；第二类算法针对动态突发任务数据到达设计了数据调度策略[22-23]。然而，截至本书成稿之日，现有算法都是基于有限时间段的数据调度，这导致它们不能直接应用于解决小卫星网络中的时间无限随机数据调度问题。MDP 和半马尔可夫决策过程（Semi-Markov Decision Process，SMDP）等动态规划算法被广泛应用于陆地通信环境中的资源调度问题，在解决时间无限随机数据调度问题方面极具前景[24-27]。然而，利用动态规划架构优化设计小卫星网络中的时间无限随机数据调度方案仍有待研究。

本章对传统的动态规划架构进行了扩展，联合考虑链路连接规划、电池管理、存储资源管理，将小卫星网络中的随机数据调度优化问题建模为一个时间无限的离散 MDP，提出有限—嵌—无限的两层动态规划架构，并设计了 JFBI 算法框架和基于逆向归纳法的循环收益（Backward Induction based Cycle Reward，BICR）算法。在 JFBI 算法框架的基础上，本章又提出了基于值的 JFBI（Value Based JFBI，VB-JFBI）算法和基于策略的 JFBI（Policy Based JFBI，PB-JFBI）算法，最后利用卫星工具包（Satellite Tool Kit，STK）得到一个小卫星网络的实际动态网络拓扑轨迹，并在该小卫星网络中对提出的两种 JFBI 算法进行了仿真。仿真结果验证了上述算法的有效性，并证明了上述算法较现有算法的性能增益。

7.2 系统模型

本节主要介绍小卫星网络模型、动态突发任务数据到达模型、星间链路信道模型和动态能量模型，用于动态突发任务的资源调度问题建模。

7.2.1 小卫星网络模型

小卫星网络由以下两部分组成。

（1）在近地轨道上运行的 U 个遥感卫星的集合 $S=\{s_1,\cdots,s_U\}$。这些遥感卫星首先通过星载成像设备或传感器收集空间数据，然后将空间数据回传至地面站。

（2）G 个地面站的集合 $\mathrm{GS}=\{\mathrm{gs}_1,\cdots,\mathrm{gs}_G\}$，它们是空间数据的目的地。由于卫星运转的周期性，网络拓扑会周期性重复。

网络拓扑的周期性变化称为周期，每一个周期的持续时间表示为 $\mathcal{T}$，$\mathcal{T}$ 是地球自转周期和卫星公转周期的最小公倍数。将 $\mathcal{T}$ 划分为 T 个具有恒定时长 τ 的时隙，并假设网络拓扑在每个时隙内固定（不失一般性）[28]。进一步地，利用 $z_{l,t}$ 来表示系统第 l 个周期内的第 t 个时隙（TS）。

图 7-1 所示为一个有 4 颗遥感卫星和两个地面站的小卫星网络实例。定义 $G=(V,\varepsilon(z_{l,t}))$ 为时隙的可预测网络拓扑图，其中 V 表示网络节点集合，$\varepsilon(z_{l,t})$ 表示可用通信链路集合，它包括时隙 $z_{l,t}$ 的星间链路集合 $\varepsilon_{\mathrm{ss}}(z_{l,t})$ 和星地链路集合 $\varepsilon_{\mathrm{sg}}(z_{l,t})$，即 $\varepsilon(z_{l,t})=\varepsilon_{\mathrm{ss}}(z_{l,t})\cup\varepsilon_{\mathrm{sg}}(z_{l,t})$。此外，$e_{ij}(z_{l,t})$ 是时隙 $z_{l,t}$ 中从节点 v_i 到 v_j 的通信链路。由于网络拓扑在每个周期重复，所以在任意周期 l 内，$\varepsilon(z_{l,t})$、$\varepsilon_{\mathrm{ss}}(z_{l,t})$、$\varepsilon_{\mathrm{sg}}(z_{l,t})$ 和 $e_{ij}(z_{l,t})$ 保持不变。简洁起见，分别使用 ε_t、$\varepsilon_{\mathrm{ss}}^t$、$\varepsilon_{\mathrm{sg}}^t$ 和 e_{ij}^t 代替 $\varepsilon(z_{l,t})$、$\varepsilon_{\mathrm{ss}}(z_{l,t})$、$\varepsilon_{\mathrm{sg}}(z_{l,t})$ 和 $e_{ij}(z_{l,t})$。

7.2.2 动态突发任务数据到达模型

由于感兴趣目标区域的随机分布性和差异性，每颗卫星都会收集到动态突发数据。令 $\boldsymbol{r}(z_{l,t})=\{r_i(z_{l,t})\tau\,|\,v_i\in S\}$ 表示时隙 $z_{l,t}$ 结束时刻卫星收集的随机到达数据量（单位为 bit）。假设 $r_i(z_{l,t})$ 独立同分布（IID）[23]，对于卫星 s_i，其分布为 $\mathrm{P_r}[r_i]$。此外，$r_i(z_{l,t})$ 关于 i 独立。如图 7-1 所示，将 r_i 的函数 $\mathbb{E}[r_i]=\lambda_i$ 量化到 H+1 个电平上，表示为 $\mathcal{R}=\{0,\beta_1,\beta_2,\cdots,\beta_H\}$，0 表示无数据到达。在时隙 $z_{l,t}$ 中，每颗卫星 s_i 以概率 p_n 接收到数据到达速率 $r_i(z_{l,t})=\beta_n$ 的数据。准确的数据到达分布 $\mathrm{P_r}[r_i]$ 可以通过数据管理中心获得 [29]。在实际应用中，数据管理中心可以长期监控数据到达信息，并根据获得数据的统计特征得到数据到达分布 $\mathrm{P_r}[r_i]$。

如图 7-1 所示，数据通过小卫星网络的存储—携带—转发机制进行传输 [15]，包括两类：第一类是存储—传输，遥感卫星可以先暂存随机到达的数据，直到下一次传输机会来临；第二类是存储—中继—传输，遥感卫星可以把存储的数据转发至其他遥感卫星，以便协助回传数据。

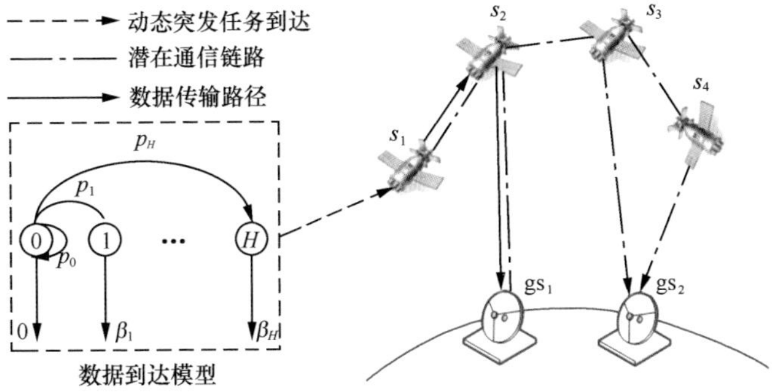

图 7-1　小卫星网络模型和数据到达模型

7.2.3　星间链路信道模型

由于卫星运转的周期性，星间链路连接也是动态变化的，主要体现在以下两个方面：星间链路动态存在；星间链路的可达数据速率（单位为 bit/s）是动态的。由于网络拓扑周期性重复，简洁起见，后文 $z_{l,t}$ 有时用 t 表示。

时隙 $z_{l,t}$ 内，从卫星 s_i 到卫星 s_j 的星间链路的可达数据速率（单位为 bit/s）可表示为 [30-31]

$$D_{s_{ij}}\left(z_{l,t}\right)=\frac{P_{\mathrm{ts}}G_{\mathrm{tr}i}G_{\mathrm{re}j}L_{\mathrm{f}ij}\left(z_{l,t}\right)}{kT_{\mathrm{s}}\left(E_{\mathrm{b}}/N_{\mathrm{o}}\right)_{\mathrm{req}}\Omega} \tag{7-1}$$

其中，自由空间损耗 $L_{\mathrm{f}ij}(z_{l,t})$ 为

$$L_{\mathrm{f}ij}\left(z_{l,t}\right)=\left(\frac{c}{4\pi S_{ij}\left(z_{l,t}\right)f}\right)^2 \tag{7-2}$$

其中，P_{ts} 是卫星在星间链路上的传输功率（单位为 W），$G_{\mathrm{tr}i}$ 和 $G_{\mathrm{re}j}$ 分别是链路 e_{ij}^t 两端的发送天线增益和接收天线增益，k 和 T_{s} 分别表示玻尔兹曼常数（单位为 J/K）和系统总噪声温度（单位为 K），$(E_{\mathrm{b}}/N_{\mathrm{o}})_{\mathrm{req}}$ 和 Ω 分别是 SNR 和链路裕量，$S_{ij}(z_{l,t})$ 是时隙 $z_{l,t}$ 内的距离（单位为 km），c 和 f 分别为光速（单位为 km/s）和星间链路的通信中心频率（单位为 Hz）。

由于网络拓扑周期性重复，$S_{ij}(z_{l,t})$ 在不同周期 l 的相同时隙 t 内是相同的，因而 $D_{s_{ij}}(z_{l,t})$ 在不同周期 l 的相同时隙 t 内也是相同的。因此，简洁起见，用 $D_{s_{ij}}(t)$ 来代替 $D_{s_{ij}}(z_{l,t})$。

7.2.4 动态能量模型

本小节建立遥感卫星的动态能量模型[32]。为了建模卫星的能耗，首先定义 $x_l(e_{ij}^t, s_k)$ 为在时隙 $z_{l,t}$ 内通过链路 e_{ij}^t 的源自卫星 s_k 的数据量。进一步地，记星间链路 e_{ij}^t 的链路容量为 $C(e_{ij}^t)$，它表示相应链路能传输的最大数据量，可表示为 $C(e_{ij}^t) = D_{s_{ij}}(t)\tau,\ \forall e_{ij}^t \in \varepsilon_{ss}^t$。相似地，星地链路 $e_{ij}^t \in \varepsilon_{sg}^t$ 的链路容量 $C(e_{ij}^t) = D_{s_{ij}}\tau,\ \forall e_{ij}^t \in \varepsilon_{sg}^t$，其中 $D_{s_{ij}}$ 表示星地链路 $e_{ij}^t \in \varepsilon_{sg}^t$ 的恒定数据速率。下面详细描述遥感卫星的具体能量消耗和能量收集模型。

卫星 s_i 在时隙 $z_{l,t}$ 内用于传输数据的能耗 $E_{it}(z_{l,t})$ 可表示为

$$E_{it}\left(z_{l,t}\right) = \sum_{s_k \in S}\left(\sum_{j:\left(e_{ij}^t\right)\in\varepsilon_{ss}^t} P_{ss}\frac{x_l\left(e_{ij}^t, s_k\right)}{C\left(e_{ij}^t\right)} + \sum_{j:\left(e_{ij}^t\right)\in\varepsilon_{sg}^t} P_{sg}\frac{x_l\left(e_{ij}^t, s_k\right)}{C\left(e_{ij}^t\right)}\right)\tau \tag{7-3}$$

式（7-3）包含两部分，即星间链路的能耗和星地链路的能耗。P_{ss} 和 P_{sg} 分别表示星间链路和星地链路的传输功率。

记 $E_{ir}(z_{l,t})$ 为卫星 s_i 在时隙 $z_{l,t}$ 内以功率 P_r 接收数据的功耗：

$$E_{ir}\left(z_{l,t}\right) = \sum_{s_k \in S}\sum_{j:\left(e_{ji}^t\right)\in\varepsilon_{ss}^t} P_r\frac{x_l\left(e_{ji}^t, s_k\right)}{C\left(e_{ji}^t\right)}\tau \tag{7-4}$$

此外，用 $E_{io}(z_{l,t})$ 表示卫星 s_i 在时隙 $z_{l,t}$ 内的运行能耗：

$$E_{io}(z_{l,t}) = P_o\tau \tag{7-5}$$

其中，P_o 表示运行功耗。

卫星 s_i 在时隙 $z_{l,t}$ 内的总能耗 $E_{ic}(z_{l,t})$ 包括上述 3 项能耗：

$$E_{ic}(z_{l,t}) = E_{it}(z_{l,t}) + E_{ir}(z_{l,t}) + E_{io}(z_{l,t}) \tag{7-6}$$

用 $E_{ih}(z_{l,t})$ 表示卫星 s_i 在时隙 $z_{l,t}$ 内收集的太阳能，卫星的太阳相位状态可以基于动态轨道提前获得。由于 $E_{ih}(z_{l,t})$ 在不同周期 l 的相同时隙 t 内是相同的，即 $E_{ih}(z_{l',t'}) = E_{ih}(z_{l,t}), \forall l', t' = t$，用 E_{ih}^t 代替 $E_{ih}(z_{l,t})$。E_{ih}^t 可表示为[1]

$$E_{ih}^t = P_h \max\{0, \tau - d_i^t\} \tag{7-7}$$

其中，P_h 是能量获取速率。当卫星 s_i 处于地球向阳面时，$d_i^t = 0$，当卫星 s_i 处于地球背阴面时，d_i^t 表示从一个周期第 t 个时隙的开始时刻算起，卫星仍将处于背阴面的时间。由式（7-7）可知，当 d_i^t 小于 τ 时，$E_{ih}^t > 0$，否则 $E_{ih}^t = 0$。

7.3 基于 MDP 框架的问题建模

假设动态突发任务数据到达的先验信息已知，本节建立基于 MDP 框架[33]的有限—

1 假设发信机是因果的，即卫星在时隙 $z_{l,t}$ 存储的数据只有在该时隙采取了动作后才能获知。

嵌—无限两层动态规划架构，用来建模随机数据调度问题。特别地，本节首先阐述用于小卫星网络的 MDP 的技术定义，然后进一步将随机数据调度问题建模为一个时间无限 MDP。

7.3.1　小卫星网络的离散有限—嵌—无限两层动态规划架构

小卫星网络中的数据调度是一个序列决策问题，可转化为如下的时间无限 MDP。

1．状态

系统在时隙 $z_{l,t}$ 的状态 $\boldsymbol{s}(z_{l,t})$ 可表示为式（7-8）所示的二元组：

$$\boldsymbol{s}\left(z_{l,t}\right) \triangleq \left\langle \boldsymbol{B}\left(z_{l,t}\right), \mathbf{EB}\left(z_{l,t}\right)\right\rangle \tag{7-8}$$

其中，$\boldsymbol{B}(z_{l,t}) = \{B_{\boldsymbol{i}}(z_{l,t}) \mid s_i \in S\}$ 是系统的内存状态，$\mathbf{EB}(z_{l,t}) = \{\mathrm{EB}_{\boldsymbol{i}}(z_{l,t}) \mid s_i \in S\}$ 是系统的剩余能量状态。$B_i(z_{l,t})$ 和 $\mathrm{EB}_i(z_{l,t})$ 分别是卫星 s_i 在时隙 $z_{l,t}$ 开始时刻已存储的数据和剩余能量。分别把卫星的内存容量和电池容量划分为 M_1 个和 M_2 个等长间隔，即

$$[0, B_{\max}] = \left[0, \frac{B_{\max}}{M_1}\right) \cup \cdots \cup \left[\left(M_1 - 1\right)\frac{B_{\max}}{M_1}, B_{\max}\right]$$

和

$$[\mathrm{EB}_{\boldsymbol{l}}, \mathrm{EB}_{\max}] = \left[\mathrm{EB}_{\boldsymbol{l}}, \mathrm{EB}_{\boldsymbol{l}} + \frac{\mathrm{EB}_{\boldsymbol{a}}}{M_2}\right) \cup \cdots \cup \left[\mathrm{EB}_{\boldsymbol{l}} + \left(M_2 - 1\right)\frac{\mathrm{EB}_{\boldsymbol{a}}}{M_2}, \mathrm{EB}_{\max}\right]$$

其中，$B_{\max}$ 和 $\mathrm{EB}_{\max}$ 分别是内存容量和电池容量，$\mathrm{EB}_{\boldsymbol{l}} = (1-\zeta)\mathrm{EB}_{\max}$，$\mathrm{EB}_{\boldsymbol{a}} = \mathrm{EB}_{\max} - \mathrm{EB}_{\boldsymbol{l}}$，$\zeta$ 是电池的最大放电深度。

用中值表示卫星在每个间隔的内存状态和电池状态，即

$$B_{\boldsymbol{i}}\left(z_{l,t}\right) \in \left\{B_{\max}/(2M_1), \cdots, (2M_1 - 1)B_{\max}/(2M_1)\right\}$$

和

$$\mathrm{EB}_{\boldsymbol{i}}\left(z_{l,t}\right) \in \left\{\mathrm{EB}_{\boldsymbol{l}} + \mathrm{EB}_{\boldsymbol{a}}/(2M_2), \cdots, \mathrm{EB}_{\max} - \mathrm{EB}_{\boldsymbol{a}}/(2M_2)\right\}$$

2．动作

MDP 问题的动作是 $\boldsymbol{a}(z_{l,t})$，指网络在时隙 $z_{l,t}$ 内的可行链路连接规划。由于收发信机数受限，不是所有链路都能进行数据传输。引入布尔变量集 $y_l(e_{ij}^t) = \{0,1\}, \forall e_{ij}^t \in \varepsilon_{\mathrm{ss}}^t \cup \varepsilon_{\mathrm{sg}}^t$，用于建模时隙 $z_{l,t}$ 内受限的收发信机数引起的矛盾。其中，若链路 e_{ij}^t 在周期 l 存在，则 $y_l(e_{ij}^t) = 1$，否则，$y_l(e_{ij}^t) = 0$。假设一颗遥感卫星在每一个时隙只能同时建立一条星间链路和一条星地链路，即

$$\sum_{j: e_{ij}^t \in \varepsilon_{\mathrm{sg}}^t} y_l\left(e_{ij}^t\right) \leqslant 1, \forall s_i \in S, l, t \tag{7-9}$$

$$y_l\left(e_{ij}^t\right) = y_l\left(e_{ji}^t\right), \forall e_{ij}^t \in \varepsilon_{\mathrm{ss}}^t, l, t \tag{7-10}$$

和

$$\sum_{j:e_{ij}^t \in \varepsilon_{sg}^t} y_l\left(e_{ij}^t\right) \leqslant 1, \forall s_i \in S, l, t \tag{7-11}$$

式（7-10）限制了星间链路连接规划的双向性。此外，在每一个时隙内，一个地面站只能建立一条星地链路，即

$$\sum_{i:e_{ij}^t \in \varepsilon_{sg}^t} y_l\left(e_{ij}^t\right) \leqslant 1, \forall \mathrm{gs}_j \in \mathrm{GS}, l, t \tag{7-12}$$

动作空间是网络的所有可行链路连接组合。由于任意周期内的可行空间不变，因此用 A_t 表示任意周期内第 t 个时隙的可行动作集合，该集合可以通过搜寻可行的星间链路和星地链路连接获得。为了高效利用通信资源，寻找最大的可行星间链路和星地链路连接关系。首先根据网络拓扑分别为星间链路和星地链路连接构建冲突图，然后使用 Bron-Kerbosch（BK）算法[34]之类的高效算法来搜索冲突图的最大独立集（Maximum Independent Set，MIS），以获得相应的可行星间链路和星地链路连接。注意到，在提出的 MIS 问题中，为了获得所有可能的最大可行链路连接组合，上述冲突图中的弧权重设置为 1，这意味着产生的可行星间链路和星地链路连接可能不是唯一的。图 7-2 展示了一个示例，其中图 7-2（a）所示为图 7-1 中小卫星网络的网络图，图 7-2（b）和图 7-2（c）分别展示了相应的可行星间链路和星地链路连接。

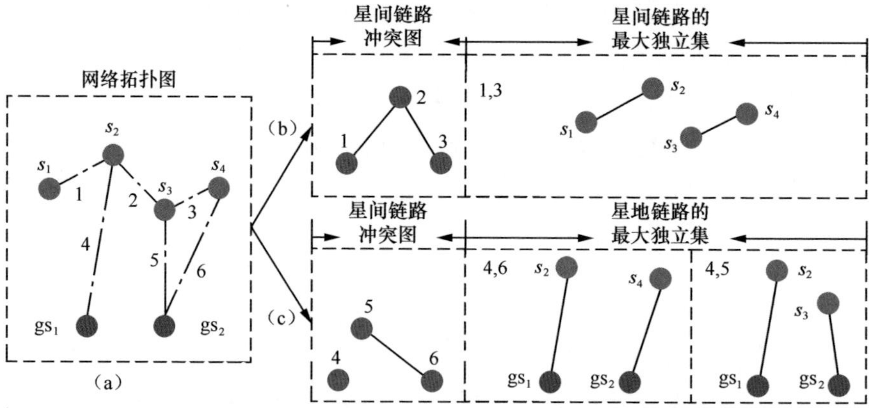

图 7-2　最大可行星间链路和星地链路连接选择示意

3. 收益

$\boldsymbol{R}(\boldsymbol{s}(z_{l,t}),\boldsymbol{a}(z_{l,t}))$ 表示时隙 $z_{l,t}$ 时，在状态 $\boldsymbol{s}(z_{l,t})$ 下采取动作 $\boldsymbol{a}(z_{l,t})$ 所能获得的即时收益。传统的 MDP 把收益定义为状态和动作的函数，并可直接通过计算得到。不同于此，在 MDP 模型中，$\boldsymbol{R}(\boldsymbol{s}(z_{l,t}),\boldsymbol{a}(z_{l,t}))$ 需要通过求解一个 LP 问题获得。

每一个时隙的数据传输过程都要满足任务数据流守恒约束。任务数据流守恒约束

平衡了一个节点的内存占用变化和每一个时隙的传入数据。为了建模流量守恒，定义 $p_i(s_k,z_{l,t})$（单位为 Mbit）为源自卫星 s_k 并在时隙 $z_{l,t}$ 结束时存入卫星 s_i 缓存内的数据量，因此有式（7-13）至式（7-15）：

$$\sum_{j:e_{ij}^t\in\varepsilon_t} x_l\left(e_{ij}^t,s_k\right)+p_i\left(s_k,z_{l,t}\right)=B_k\left(z_{l,t}\right),\forall s_k\in S,s_i=s_k \tag{7-13}$$

$$\sum_{j:e_{ji}^t\in\varepsilon_t} x_l\left(e_{ji}^t,s_k\right)=\sum_{j:e_{ij}^t\in\varepsilon_t} x_l\left(e_{ij}^t,s_k\right)+p_i\left(s_k,z_{l,t}\right),\forall s_k\in S,s_i\neq s_k \tag{7-14}$$

$$\sum_{j:e_{ji}^t\in\varepsilon_{\text{sg}}^t} x_l\left(e_{ji}^t,s_k\right)=p_i\left(s_k,z_{l,t}\right),\forall s_k\in S,\text{gs}_j\in \text{GS} \tag{7-15}$$

为确保通过某一条存在链路的传输数据量不超过链路容量，有

$$\sum_{s_k\in S} x_l\left(e_{ij}^t,s_k\right)\leqslant C\left(e_{ij}^t\right)y_l\left(e_{ij}^t\right),\forall e_{ij}^t\in\varepsilon_t \tag{7-16}$$

类似地，卫星存储的数据量不应超过其存储容量的上限，即

$$B_i'\left(z_{l,t}\right)=\sum_{s_k\in S} p_i\left(s_k,z_{l,t}\right)\leqslant B_{\max} \tag{7-17}$$

其中，$B_i'(z_{l,t})$ 是在时隙 $z_{l,t}$ 结束时缓存入卫星 s_i 且将被回传的数据量，不包括时隙 $z_{l,t}$ 内新到达的数据。此外，时隙 $z_{l,t}$ 中的能耗不能超过卫星能量的上限。由于只有在时隙 $z_{l,t}$ 之前获得的能量才能被用于当前时隙，所以 $\text{EB}_i'(z_{l,t})$ 存在因果限制，需要满足

$$\text{EB}_i'\left(z_{l,t}\right)=\text{EB}_i\left(z_{l,t}\right)-E_{\text{ic}}\left(z_{l,t}\right)\geqslant \text{EB}_{\max}\left(1-\eta\right) \tag{7-18}$$

其中，$\text{EB}_i'(z_{l,t})$ 表示时隙 $z_{l,t}$ 结束时卫星 s_i 的剩余能量，不包括时隙 $z_{l,t}$ 内获取的能量。此外，定义 $\boldsymbol{B}'(z_{l,t})=\{B_i'(z_{l,t})\mid s_i\in S\}$ 及 $\mathbf{EB}'(z_{l,t})=\{\text{EB}_i'(z_{l,t})\mid s_i\in S\}$。

给定时隙 $z_{l,t}$ 内的状态 $\boldsymbol{s}(z_{l,t})$（$\boldsymbol{B}(z_{l,t})$、$\mathbf{EB}(z_{l,t})$）和动作 $\boldsymbol{a}(z_{l,t})$（$y_l(e_{ij}^t),\ \forall e_{ij}^t\in\varepsilon_t$），就可以通过求解下面的 LP 问题得到对应的收益 $\boldsymbol{R}(\boldsymbol{s}(z_{l,t}),\boldsymbol{a}(z_{l,t}))$：

$$\begin{aligned}\textbf{LP:}\quad &\max_{\boldsymbol{x}(z_{l,t}),\boldsymbol{B}'(z_{l,t}),\mathbf{EB}'(z_{l,t})} D(z_{l,t})-\omega C(z_{l,t})\\ &\text{s.t. 式（7-13）}\sim\text{（7-18）}\end{aligned} \tag{7-19}$$

其中，

$$D\left(z_{l,t}\right)=\sum_{e_{ij}^t\in\varepsilon_{\text{sg}}^t}\sum_{k=1}^{k=U} x_l\left(e_{ij}^t,s_k\right)$$

$D\left(z_{l,t}\right)$ 表示时隙 $z_{l,t}$ 内回传至地面站的总数据量，且有

$$C\left(z_{l,t}\right)=\sum_{i=1}^{k=U} b_i'\left(z_{l,t}\right)$$

$C\left(z_{l,t}\right)$ 表示卫星存储的总数据量。ω 是权重因子，可视为惩罚因子，模拟软延迟

约束。通过查找数据传输变量 $\boldsymbol{x}(z_{l,t})=\{x_l(e_{il}^t,s_k)\mid e_{il}^t\in\varepsilon_t,s_k\in S\}$ 、 $\boldsymbol{B}'(z_{l,t})$ 和 $\mathbf{EB}'(z_{l,t})$ 来求解 LP 问题，可以获得下一个时隙的系统转移状态。

4．状态转移概率

相同周期内的状态转移概率表示为 $\boldsymbol{p}(\boldsymbol{s}(z_{l,t+1})\mid\boldsymbol{s}(z_{l,t}),\boldsymbol{a}(z_{l,t}))$ 。它指的是系统在周期 l 的第 t 个时隙基于状态 $\boldsymbol{s}(z_{l,t})$ 采取动作 $\boldsymbol{a}(z_{l,t})$ ，并在第 t+1 个时隙状态为 $\boldsymbol{s}(z_{l,t+1})$ 的概率。卫星 s_i 的缓存和能量根据 $B_i(z_{l,t+1})=Q_1(B_i'(z_{l,t})+r_i(z_{l,t}))$ 和 $\mathrm{EB}_i(z_{l,t+1})=Q_2(\mathrm{EB}_i'(z_{l,t})+E_{i\mathrm{h}}^t)$ 计算得到， $E_{i\mathrm{h}}^t$ 为卫星 s_i 在第 t 个时隙获取的能量，其中

$$Q_1(\varrho_1)=\left(2\min\left\{\left\lfloor\frac{M_1\min\{\varrho_1,B_{\max}\}}{B_{\max}}\right\rfloor+1,M_1\right\}-1\right)\frac{B_{\max}}{2M_1} \tag{7-20}$$

和

$$Q_2(\varrho_2)=\mathrm{EB}_l+\left(2\min\left\{\left\lfloor\frac{M_2\min\{\varrho_2-\mathrm{EB}_l,\mathrm{EB}_{\boldsymbol{a}}\}}{\mathrm{EB}_{\boldsymbol{a}}}\right\rfloor+1,M_2\right\}-1\right)\frac{EB_{\boldsymbol{a}}}{2M_2} \tag{7-21}$$

其中， $\lfloor x\rfloor$ 是下取整函数； $Q_1(\varrho_1)$ 是将 $B_i(z_{l,t})$ 映射至缓存状态的量化函数， $Q_2(\varrho_2)$ 是将 $\mathrm{EB}_i(z_{l,t})$ 映射至电池能量状态的量化函数，它们分别是关于 ϱ_1 和 ϱ_2 的非增函数。相似地，两个不同周期之间的状态转移概率记为 $\boldsymbol{p}(\boldsymbol{s}(z_{l+1,1})\mid\boldsymbol{s}(z_{l,T}),\boldsymbol{a}(z_{l,T}))$ ，表示从周期 l 的第 T 个时隙至周期 l+1 的第一个时隙的状态转移。

定义 $\boldsymbol{E}_\mathrm{h}(t)=\{E_{i\mathrm{h}}^t\mid s_i\in S\}$ ，有

$$Q_2(\varrho_2)=\mathrm{EB}_l+\left(2\min\left\{\frac{M_2\min\{\varrho_2-\mathrm{EB}_l,\mathrm{EB}_{\boldsymbol{a}}\}}{\mathrm{EB}_{\boldsymbol{a}}}+1,M_2\right\}-1\right)\frac{\mathrm{EB}_{\boldsymbol{a}}}{2M_2} \tag{7-22a}$$

$$\begin{aligned}
&\boldsymbol{p}\left(\boldsymbol{s}\left(z_{l,t+1}\right)\mid\boldsymbol{s}\left(z_{l,t}\right),\boldsymbol{a}\left(z_{l,t}\right)\right)\\
=\;&\boldsymbol{p}\left(\left(\boldsymbol{B}\left(z_{l,t+1}\right),\mathbf{EB}\left(z_{l,t+1}\right)\right)\mid\boldsymbol{s}\left(z_{l,t}\right),\boldsymbol{a}\left(z_{l,t}\right)\right)\\
=\;&\boldsymbol{p}\left(\left(\boldsymbol{B}'\left(z_{l,t}\right)+\boldsymbol{r}\left(z_{l,t}\right),\mathbf{EB}'\left(z_{l,t}\right)+\boldsymbol{E}_\mathrm{h}\left(t\right)\right)\mid\boldsymbol{s}\left(z_{l,t}\right),\boldsymbol{a}\left(z_{l,t}\right)\right)\\
=\;&\boldsymbol{p}\left(\boldsymbol{r}\left(z_{l,t}\right)\right)\\
=\;&\prod_{i=1}^{i=U}\boldsymbol{p}\left(r_i\left(z_{l,t}\right)\right)
\end{aligned} \tag{7-22b}$$

其中， $\boldsymbol{r}(z_{l,t})=\{r_i(z_{l,t})\tau\mid s_i\in S\}$ 表示时隙 $z_{l,t}$ 内的数据到达向量。注意到，能量收集过程是一个确定性过程。此外， $\boldsymbol{B}'(z_{l,t})$ 和 $\mathbf{EB}'(z_{l,t})$ 可以通过求解确定性 LP 问题得到。因此，系统在下一个时隙的状态仅取决于数据到达向量 $\boldsymbol{r}(z_{l,t})$ 。同理可得 $\boldsymbol{p}(\boldsymbol{s}(z_{l+1,1})\mid\boldsymbol{s}(z_{l,T}),\boldsymbol{a}(z_{l,T}))$ 。如果一个随机过程未来状态的条件概率分布仅取决于当前状态而与过去状态无关，即对于相同的周期 l，给定状态 $\boldsymbol{s}(z_{l,t})$ 和 $\boldsymbol{a}(z_{l,t})$ 下的状态转移概率，时隙 $z_{l,t+1}$ 的状态只取决于当前的 $\boldsymbol{B}'(z_{l,t})$ 、 $\boldsymbol{r}(z_{l,t})$ 、 $\mathbf{EB}'(z_{l,t})$ 和 $\boldsymbol{E}_\mathrm{h}(t)$ ，则该过程

具有马尔可夫性[35]。因此，上述状态转移过程是一个马尔可夫过程。

7.3.2　问题建模

在小卫星网络的有限—嵌—无限两层动态规划架构中，决策指的是从一个状态到一个动作的映射，即 $\mathcal{K}_t:\boldsymbol{s}(z_{l,t})\to\boldsymbol{a}(z_{l,t})$。策略 $\boldsymbol{\vartheta}_l$ 指的是周期 l 中每一个时隙的决策序列，即 $\{\mathcal{K}_1^{\boldsymbol{\vartheta}_l}(\boldsymbol{s}(z_{l,1})),\cdots,\mathcal{K}_T^{\boldsymbol{\vartheta}_l}(\boldsymbol{s}(z_{l,T}))\}$。网络在一个周期内的所有可行链路连接规划集表示为 $\varPi$。$\varPi$ 是网络在每一个周期的每一个时隙的可行链路连接规划组合，并由于网络拓扑的周期性，在任意周期内保持不变。给定周期 l 在第一个时隙的初始状态 $\boldsymbol{s}(z_{l,1})$，周期内总收益的期望值表示周期 l 内在状态 $\boldsymbol{s}(z_{l,1})$ 下根据策略 $\boldsymbol{\vartheta}_l$ 演进至下一个周期状态 $\boldsymbol{s}'(z_{l+1,1})$ 的时隙收益和。具体来说，用 $\boldsymbol{\Phi}_\Sigma^{\boldsymbol{\vartheta}_l}(\boldsymbol{s}'(z_{l+1,1}),\boldsymbol{\vartheta}_l,\boldsymbol{s}(z_{l,1}))$ 表示周期 l 的总收益期望：

$$\boldsymbol{\Phi}_\Sigma^{\boldsymbol{\vartheta}_l}\left(\boldsymbol{s}'\left(z_{l+1,1}\right),\boldsymbol{\vartheta}_l,\boldsymbol{s}\left(z_{l,1}\right)\right)=\mathbb{E}_{\boldsymbol{\vartheta}_l,\boldsymbol{s}_l}\left[\sum_{t=1}^{T}\boldsymbol{R}\left(\boldsymbol{s}\left(z_{l,t}\right),k_t^{\boldsymbol{\vartheta}_l}\left(\boldsymbol{s}\left(z_{l,t}\right)\right)\right)\right] \tag{7-23}$$

其中，$\mathbb{E}[\cdot]$ 是期望函数，且期望是周期 l 内在策略 $\boldsymbol{\vartheta}_l$ 指导下的所有可能状态序列 $\boldsymbol{s}_l=\{\boldsymbol{s}(z_{l,1}),\cdots,\boldsymbol{s}(z_{l,T})\}$。因此，在给定策略 $\boldsymbol{\Theta}$ 和初始状态 $\boldsymbol{s}(z_{1,1})$（周期 1 的第一个时隙）下，时间无限的折扣总收益为

$$\boldsymbol{J}^{\boldsymbol{\Theta}}\left(\boldsymbol{s}\left(z_{1,1}\right)\right)=\mathbb{E}\left[\sum_{i=1}^{\infty}\alpha^{l-1}\boldsymbol{\Phi}_\Sigma^{\boldsymbol{\vartheta}_l}\left(\boldsymbol{s}'\left(z_{l+1,1}\right),\boldsymbol{\vartheta}_l^{\boldsymbol{\Theta}},\boldsymbol{s}\left(z_{l,1}\right)\right)\mid\boldsymbol{s}\left(z_{1,1}\right)\right] \tag{7-24}$$

其中，$\boldsymbol{s}(z_{l,1})$ 和 $\boldsymbol{\vartheta}_l^{\boldsymbol{\Theta}}$分别表示周期 l 内时隙 $z_{l,1}$ 的状态和状态 $\boldsymbol{s}(z_{l,1})$ 下，根据策略 $\boldsymbol{\Theta}$ 采取的决策，α（$0<\alpha<1$）是权衡当前占优还是未来占优的折扣因子。注意到，初始状态对时间无限的折扣总收益的影响，即 $\boldsymbol{J}^{\boldsymbol{\Theta}}(\boldsymbol{s}(z_{1,1}))$ 随着时间而降低。

时间无限 MDP 的目标是基于状态 $\boldsymbol{s}$ 在一个周期的每一个时隙找到最优可行网络链路连接，即 $\boldsymbol{\Theta}(\boldsymbol{s})$ 的目标是最大化时间无限的折扣总收益 $\boldsymbol{J}^{\boldsymbol{\Theta}}(\boldsymbol{s}(z_{1,1}))$，表示如式（7-25）所示：

$$\boldsymbol{V}\left(\boldsymbol{s}\left(z_{1,1}\right)\right)=\max_{\boldsymbol{\Theta}\in\varPi}\boldsymbol{J}^{\boldsymbol{\Theta}}\left(\boldsymbol{s}\left(z_{1,1}\right)\right) \tag{7-25}$$

时间无限的最优数据调度就是要找到最大化价值函数的最优策略。

| 7.4　基于动态规划的多维资源联合调度算法 |

本节首先介绍 JFBI 算法的架构，它包括两层，用于解决考虑小卫星网络具体特征（周期特性）的时间无限 MDP 问题。具体来说，位于外层的前向归纳算法用来解决时间无限 MDP 问题。前向归纳算法每轮迭代的价值（包括 T 个时隙内每一个周期的网络收益）计算可看作一个时间无限 MDP 问题。随后，本节进一步介绍位于内层的逆

向归纳算法（用于获得上述值），最后分析 JFBI 算法架构的复杂度。

7.4.1 算法设计

基于 JFBI 算法的结构，本小节首先提出基于值的 JFBI 算法，用于获得最优链路调度策略，它迭代至前向归纳的值的变化小于一个预先确定的门限（$\epsilon > 0$）才停止。然后，本小节进一步提出基于策略的 JFBI 算法，用来获得一个周期内最优且稳定的链路调度策略，它迭代至两个连续周期获得的策略相同才停止。

定义 7.1 时间无限的贝尔曼最优方程：定义 $\boldsymbol{\phi}_1^*(\boldsymbol{s}(z_{l,1}))$ 为周期内基于状态 $\boldsymbol{s}(z_{l,1})$ 的最大可达网络收益。可以发现，通过求解如下的贝尔曼最优方程[36]可以递归地获得处于每一个状态的 $\boldsymbol{\phi}_1^*(\boldsymbol{s}(z_{l,1}))$：

$$\begin{aligned}\boldsymbol{\phi}_l^*\left(\boldsymbol{s}\left(z_{l,1}\right)\right) &= \boldsymbol{\Phi}_{\Sigma}^{\boldsymbol{\vartheta}_l}\left(\boldsymbol{s}'\left(z_{l+1,1}\right),\boldsymbol{\vartheta}_l,\boldsymbol{s}\left(z_{l,1}\right)\right)\\ &\quad+\alpha\sum_{\boldsymbol{s}'\left(z_{l+1,1}\right)}\boldsymbol{p}\left(\boldsymbol{s}'\left(z_{l+1,1}\right)\mid\boldsymbol{s}\left(z_{l,1}\right),\boldsymbol{\vartheta}_l\right)\boldsymbol{\phi}_{l+1}^*\left(\boldsymbol{s}'\left(z_{l+1,1}\right)\right)\end{aligned} \tag{7-26}$$

基于式（7-26）设计前向归纳方法，它是一种值迭代方法，用于解决时间无限 MDP 问题，即获得 $\boldsymbol{V}(\boldsymbol{s}(z_{1,1}))$。其思想是基于剩余步数将优化问题拆分。特别地，首先给定一个剩余（l–1）时间步长的最优策略，对剩余步计算 Q 值。然后基于式（7-27）和式（7-28）即可获得最优策略 $\boldsymbol{\Theta}^*$：

$$\begin{aligned}Q_l\left(\boldsymbol{s}\left(z_{l,1}\right),\boldsymbol{\vartheta}_l\right) &= \boldsymbol{\Phi}_{\Sigma}^{\boldsymbol{\vartheta}_l}\left(\boldsymbol{s}'\left(z_{l-1,1}\right),\boldsymbol{\vartheta}_l,\boldsymbol{s}\left(z_{l,1}\right)\right)\\ &\quad+\alpha\sum_{\boldsymbol{s}'\left(z_{l-1,1}\right)}\boldsymbol{p}\left(\boldsymbol{s}'\left(z_{l-1,1}\right)\mid\boldsymbol{s}\left(z_{l,1}\right),\boldsymbol{\vartheta}_l\right)\boldsymbol{\phi}_{l-1}^*\left(\boldsymbol{s}'\left(z_{l-1,1}\right)\right)\end{aligned} \tag{7-27}$$

$$\begin{cases}\boldsymbol{\phi}_l^*\left(\boldsymbol{s}\left(z_{l,1}\right)\right)=Q_l^*\left(\boldsymbol{s}\left(z_{l,1}\right),\boldsymbol{\vartheta}_l\right)=\max\limits_{\boldsymbol{\vartheta}_l\in\Pi}Q_l\left(\boldsymbol{s}\left(z_{l,1}\right),\boldsymbol{\vartheta}_l\right)\\ \boldsymbol{\Theta}_l^*\left(\boldsymbol{s}\left(z_{l,1}\right)\right)=\arg\max\limits_{\boldsymbol{\vartheta}_l\in\Pi}Q_l^*\left(\boldsymbol{s}\left(z_{l,1}\right),\boldsymbol{\vartheta}_l\right)\end{cases} \tag{7-28}$$

其中，$\boldsymbol{\Theta}_l(\boldsymbol{s}(z_{l,1}))$ 是状态 $\boldsymbol{s}(z_{l,1})$ 的价值，$Q_l(\boldsymbol{s}(z_{l,1}),\boldsymbol{\vartheta}_l)$ 是在状态 $\boldsymbol{s}(z_{l,1})$ 采取策略 $\boldsymbol{\vartheta}_l$ 的价值。该 MDP 问题的最佳策略 $\boldsymbol{\Theta}^*$ 可通过递归求解式（7-27）获得。其中，在每一个周期的第一个时隙对所有可能的状态评估 Q 值。由于周期边界无限，前向归纳的迭代过程直到达到收敛条件（$\|\boldsymbol{\phi}_l^*(\boldsymbol{s}(z_{l,1}))-\boldsymbol{\phi}_{l-1}^*(\boldsymbol{s}(z_{l-1,1}))\|<\epsilon$）才停止[36]。

根据式（7-27），从周期的第一个时隙至第 T 个时隙需要决策。换句话说，周期中 $Q_l^*(\boldsymbol{s}(z_{l,1}),\boldsymbol{\vartheta}_l)$ 的计算可视为一个时间无限 MDP 问题。因此，BICR 算法通过从前一个周期的第一个时隙到当前周期的第一个时隙逆向递归获得的最优动作来计算 $Q_l^*(\boldsymbol{s}(z_{l,1}),\boldsymbol{\vartheta}_l)$。在每个周期的每一个时隙，最优动作通过选择合适的网络链路连接拓扑来平衡即时收益和未来收益。

周期 l 内第 t 个时隙的累积收益函数定义为周期 l 内从第 t 个时隙到第 T 个时隙的总期望收益，如式（7-29）所示。

定义 7.2　一个周期的有限时隙贝尔曼最优方程：周期 l 内网络可行链路调度策略，即 $\boldsymbol{\vartheta}_l$ 当且仅当使得周期 l 内的总期望收益值达到最大时才是最优的。换句话说，周期 l 的最优累积收益函数应该满足式（7-30）所示的贝尔曼最优方程[36]。

$$\boldsymbol{\psi}_t^{\boldsymbol{\vartheta}_l}\left(\boldsymbol{s}\left(z_{l,t}\right)\right)=\boldsymbol{R}\left(\boldsymbol{s}\left(z_{l,t}\right),k_t^{\boldsymbol{\vartheta}_l}\left(\boldsymbol{s}\left(z_{l,t}\right)\right)\right)+\begin{cases}\sum\limits_{s'\left(z_{l,t+1}\right)}\boldsymbol{p}\left(\boldsymbol{s}'\left(z_{l,t+1}\right)\mid\boldsymbol{s}\left(z_{l,t}\right),k_T^{\boldsymbol{\vartheta}_l}\left(\boldsymbol{s}\left(z_{l,t}\right)\right)\right)\psi_{t+1}^{\boldsymbol{\vartheta}_l}\left(\boldsymbol{s}'\left(z_{l,t+1}\right)\right), & t<T\\ \alpha\sum\limits_{s'\left(z_{l-1,1}\right)}\boldsymbol{p}\left(\boldsymbol{s}'\left(z_{l-1,1}\right)\mid\boldsymbol{s}\left(z_{l,T}\right),k_T^{\boldsymbol{\vartheta}}\left(\boldsymbol{s}\left(z_{l,T}\right)\right)\right)\boldsymbol{\phi}_{l-1}^*\left(\boldsymbol{s}'\left(z_{l-1,1}\right)\right), & t=T,l>1\\ 0, & t=T,l=1\end{cases} \tag{7-29}$$

$$\boldsymbol{\psi}_t^*\left(\boldsymbol{s}\left(z_{l,t}\right)\right)=\max_{\boldsymbol{a}_t\in A_t}\left\{\begin{aligned}&\boldsymbol{R}\left(\boldsymbol{s}\left(z_{l,t}\right),\boldsymbol{a}\left(z_{l,t}\right)\right)\\&+\begin{cases}\sum\limits_{s'\left(z_{l,t+1}\right)}\boldsymbol{p}\left(\boldsymbol{s}'\left(z_{l,t+1}\right)\mid\boldsymbol{s}\left(z_{l,t}\right),\boldsymbol{a}\left(z_{l,t}\right)\right)\boldsymbol{\psi}_{t+1}^*\left(\boldsymbol{s}'\left(z_{l,t+1}\right)\right), & t<T\\ \alpha\sum\limits_{s'\left(z_{l-1,1}\right)}\boldsymbol{p}\left(\boldsymbol{s}'\left(z_{l-1,1}\right)\mid\boldsymbol{s}\left(z_{l,T}\right),\boldsymbol{a}\left(z_{l,T}\right)\right)\boldsymbol{\phi}_{l-1}^*\left(\boldsymbol{s}'\left(z_{l-1,1}\right)\right), & t=T,l>1\\ 0, & t=T,l=1\end{cases}\end{aligned}\right\} \tag{7-30}$$

其中，$\boldsymbol{\psi}$ 是周期 l 在第 t 个时隙内的累积收益函数，$\boldsymbol{\psi}^*$ 是周期 l 的最优累积收益函数。

综上，首先介绍 VB-JFBI 算法的详细过程，如算法 7.1 所示，其中迭代的终止条件为前向归纳的值的变化小于一个任意小的值（$\epsilon>0$）。具体来说，即时收益矩阵和状态转移概率矩阵可以通过求解式（7-19）的一系列 LP 问题获得。然后，时间无限 MDP 问题的最优策略 $\boldsymbol{\Theta}^*$ 可以利用前向归纳方法通过递归求解式（7-27）获得。值得注意的是，前向归纳中每轮迭代的最优值 $\boldsymbol{\phi}_l^*(\boldsymbol{s}(z_{l,1}))$ 可以通过利用算法 7.2（BICR 算法）计算，其中累积收益函数对一个周期中每一个时隙的所有状态都要进行评估。由于卫星的周期轨道运转，即时收益矩阵和状态转移概率矩阵在不同周期内保持不变。前向归纳的迭代直到 $\boldsymbol{\phi}_l^*(\boldsymbol{s}(z_{l,1}))$ 和 $\boldsymbol{\phi}_{l-1}^*(\boldsymbol{s}(z_{l-1,1}))$ 之差低于给定门限时才停止。

算法 7.1　VB-JFBI 算法

1：输入：$\mathcal{T}$，$G(V,\varepsilon_t),\forall t\in\mathcal{T}$，数据到达过程（$\mathcal{R}$ 和对应的概率）。

2：输出：最优策略矩阵 $\boldsymbol{\Theta}^*$ 和最优价值矩阵 $\boldsymbol{V}_{\text{opt}}$。

3：初始化：l=1，初始即时收益矩阵 $\boldsymbol{R}(|S|\times|A|)=0$，状态转移概率矩阵 $\boldsymbol{P}(|S|\times|S|\times|A|)=0$，$\boldsymbol{\phi}_{l-1}^*(s(z_{l-1,1}))(|S|\times 1)=0$，$\boldsymbol{V}_{\text{opt}}(|S|\times|T|)=0$，$\boldsymbol{\Theta}^*(|S|\times|T|)=0$。

4：根据式（7-20）和式（7-21）定义状态集。

5：利用 BK 算法，根据 $G(V,\varepsilon_t),\forall t\in\mathcal{T}$ 找到每一个决策时刻的动作集合 $A=\{A_t,\forall t\in\mathcal{T}\}$。

6: for t=1 to T do

7: 针对每一个 $\boldsymbol{s}(z_{l,t})$ 和 $\boldsymbol{a}(z_{l,t})$ 求解式（7-19）的 LP 问题，得到 $\boldsymbol{R}(\boldsymbol{s}(z_{l,t}),\boldsymbol{a}(z_{l,t}))$、 $\boldsymbol{B}'(z_{l,t})$ 和 $\mathbf{EB}'(z_{l,t})$。把 $\boldsymbol{R}(\boldsymbol{s}(z_{l,t}),\boldsymbol{a}(z_{l,t}))$ 放入 $\boldsymbol{R}$ 中的对应位置。

8: 根据 $\boldsymbol{B}'(z_{l,t})$、 $\mathbf{EB}'(z_{l,t})$、 $\boldsymbol{r}(z_{l,t})$ 和 $\boldsymbol{E}_{\mathrm{h}}(t)$，结合式（7-22）得到时隙 $z_{l,t+1}$（$t<T$）和时隙 $z_{l+1,1}$（$t=T$）的潜在状态及对应的相同周期内的状态转移概率矩阵 $\boldsymbol{p}(\boldsymbol{s}(z_{l,t+1})\,|\,\boldsymbol{s}(z_{l,t}),\boldsymbol{a}(z_{l,t}))$ 和不同周期间的 $\boldsymbol{p}(\boldsymbol{s}(z_{l+1,1})\,|\,\boldsymbol{s}(z_{l,T}),\boldsymbol{a}(z_{l,T}))$。把 $\boldsymbol{p}(\boldsymbol{s}(z_{l,t+1})\,|\,\boldsymbol{s}(z_{l,t}),\boldsymbol{a}(z_{l,t}))$ 和 $\boldsymbol{p}(\boldsymbol{s}(z_{l+1,1})\,|\,\boldsymbol{s}(z_{l,T}),\boldsymbol{a}(z_{l,T}))$ 放入 $\boldsymbol{P}$ 中对应的位置。

9: end for

10: repeat

11: 　利用算法 7.2 计算周期 l 的最优价值矩阵 $\boldsymbol{\psi}_l^*$。

12: 　$\boldsymbol{\phi}_l^*(\boldsymbol{s}(z_{l,1}))=\boldsymbol{\psi}_l^*(|S|,1)$（把周期 l 内的第一个时隙通过算法 7.2 获得的所有状态的累积网络收益分配给式（7-28）中的 $\boldsymbol{\phi}_l^*(s)$）。

13: 　l=l+1

14: until $\|\boldsymbol{\phi}_l^*(\boldsymbol{s}(z_{l,1}))-\boldsymbol{\phi}_{l-1}^*(\boldsymbol{s}(z_{l-1,1}))\|<\epsilon$

15: $\boldsymbol{\Theta}^*=\boldsymbol{\vartheta}_l^*$， $\boldsymbol{V}_{\mathrm{opt}}=\boldsymbol{\psi}_l^*$。

算法 7.2　BICR 算法

1: 输入：最优价值向量 $\boldsymbol{\phi}_{l-1}^*(s)$，动作集合 $A=\{A_t,\forall t\in\mathcal{T}\}$，状态集 $\mathcal{S}$，即时收益矩阵 $\boldsymbol{R}(|S|\times|A|)$，状态转移概率矩阵 $\boldsymbol{P}(|S|\times|S|\times|A|)$，数据到达过程（$\mathcal{R}$ 和对应的概率），周期 l。

2: 输出：最优策略矩阵 $\boldsymbol{\Theta}^*$ 和最优累积收益价值矩阵 $\boldsymbol{V}_{\mathrm{opt}}$。

3: 初始化：t=T，$\boldsymbol{\psi}_l^*(|S|\times|T|)=0$，$\boldsymbol{\vartheta}_l^*(|S|\times|T|)=0$。

4: while $t>0$ do

5: 　for 每一个系统状态 $\boldsymbol{s}(z_{l,t})\in\mathcal{S}$ do

6: 　找到状态 $\boldsymbol{s}(z_{l,t})$ 的最佳动作 $\boldsymbol{a}_{\mathrm{opt}}(z_{l,t})$，根据式（7-30）的贝尔曼最优方程计算求解 $\boldsymbol{\psi}_t^*(\boldsymbol{s}(z_{l,t}))$，并把它们放入 $\boldsymbol{\vartheta}_l^*$ 和 $\boldsymbol{\psi}_l^*$ 中的对应位置。

7: 　end for

8: $t=t-1$

9: end while

基于 VB-JFBI 算法架构，下面进一步介绍 PB-JFBI 算法来获得稳定的链路调度策略。PB-JFBI 算法和 VB-JFBI 算法的唯一区别是算法 7.1 中步骤 14 的终止条件。为了实现稳定的链路调度策略，用 $\boldsymbol{\vartheta}_l^*=\boldsymbol{\vartheta}_{l-1}^*$ 代替算法 7.1 中步骤 14 的终止条件。简洁起见，本节省略了 PB-JFBI 算法的细节。

值得注意的是，一旦获得了 $\boldsymbol{\Theta}^*$，它就可以作为一个查找表。在数据调度期间，基于系统状态，网络最优链路调度就能通过参考该表中的关联项立刻获得。每一个时隙通过 JFBI 算法架构获得的对应最优链路调度动作就能为小卫星网络的随机数据调度设计提供网络收益的上限。

在实际应用中，数据到达通常会在一段相当长的时间内保持稳定（如几十天）[29]。因此，可以根据不同的资源状态（内存和电池）利用 VB-JFBI 算法和 PB-JFBI 算法获得最优链路调度策略。数据到达的微弱扰动不会影响达到最优或接近最优网络收益的链路调度。如果数据管理中心检测到了数据到达分布的变化，可以重新执行 JFBI 算法来获得最优链路调度策略。

7.4.2 复杂度分析

本小节分析 JFBI 算法架构的复杂度。VB-JFBI 算法和 PB-JFBI 算法复杂度的区别仅在于外层迭代次数，即前向归纳部分的迭代（算法 7.1 的步骤 10 ～ 14）。因此，本小节仅分析 VB-JFBI 算法的复杂度。下面给出 VB-JFBI 算法中所有操作复杂度的具体分析。

首先，分析一个周期内每一个时隙的即时收益的计算复杂度，即构造矩阵 $\boldsymbol{R}(|S|\times|A|)$ 的复杂度。假设每一个时隙内网络可行链路连接组合数（动作数）为 γ。此外，考虑最坏的情况，每一个时隙中，每颗卫星和一颗卫星、一个地面站建立通信链路。因此，为了获得每一个时隙的即时收益，需要求解如式（7-19）所示的 $|S|\gamma T$ 个 LP 问题和每一个 LP 问题中的 $\zeta=U(U+G)U$ 个变量。因此，解决这些 LP 问题的复杂度 [37] 为 $\mathcal{C}_{\rm lp}=O\left(|S|\gamma T\zeta^{3.5}\right)=O\left(|S|\gamma TU^7\left(U+G\right)^{3.5}\right)$。

然后，给出周期内每一个外层迭代的复杂度分析，即前向归纳部分。利用算法 7.2 计算每一个周期的最优值。由于快速内存读取，BICR 算法中逆向归纳的复杂度为 $O(T)$ [38]。因此，前向归纳部分操作的复杂度为 $\mathcal{C}_{\rm fi}=\varpi O(T)$，其中 ϖ 为周期的外层迭代次数。

因此，可以得到最坏情况下 VB-JFBI 算法的复杂度为

$$\begin{aligned}\mathcal{C}_{\rm lp}+\mathcal{C}_{\rm fi}&=O\left(|S|\gamma TU^7\left(U+G\right)^{3.5}\right)+\varpi O\left(T\right)\\&=O\left(|S|\gamma TU^7\left(U+G\right)^{3.5}\right)\end{aligned}\tag{7-31}$$

可以看到，VB-JFBI 算法的复杂度是关于 T 的代数表达式。

从式（7-31）可以看到，VB-JFBI 算法的复杂度主要源自对收益矩阵 $\boldsymbol{R}(|S|\times|A|)$ 的计算，其中 $|S|$ 随着每颗卫星内存状态数和电池状态数（M_1 和 M_2）的变化快速增长。然而，值得注意的是，本章致力于根据不同资源状态（内存和电池）给出任何初始资源状态（内存和电池）下的最优链路调度策略。换句话说，一旦获得最优策略 $\boldsymbol{\Theta}^*$，它就可作为查找表，因此在线使用的复杂度很低。

| 7.5 仿真结果与分析 |

本节将进行大量实验并使用 STK 和 MATLAB 仿真获得的实际卫星参数来评估小卫星网络中 VB-JFBI 算法和 PB-JFBI 算法的性能。为了进行性能比较，采用如下两种算法参与对比。

（1）公平节点选择（Fair Contact Selection，FCS）：该算法公平建立链路连接，保证每颗卫星有公平的机会建立星间链路连接和星地链路连接。换句话说，此算法的可行链路调度忽略了电池状态、内存状态和时变的星间链路信道条件。

（2）Myopia 算法：对于每一个传输机会，该算法都以最大化每个时隙的即时收益为目标建立可行链路连接。因此，该算法的链路调度策略是在每个时隙回传尽可能多的数据至地面站，即该算法完全忽略了未来需求。

7.5.1 仿真配置

本次仿真场景为一个包括 6 颗小卫星和 3 个地面站的小卫星网络。具体地，3 颗小卫星分布在高度为 554.8km、倾角为 86.4°的太阳同步轨道上，另外 3 颗小卫星分布在高度为 554.8km、倾角为 93.6°的太阳同步轨道上，其中每颗卫星的轨道周期都是 1h。3 个地面站分别位于北京 (40°N, 116°E)、喀什 (39.5°N, 76°E) 和青岛 (36°N, 120°E)。小卫星网络场景中每个周期的时长 $\mathcal{T}$ =24h。此外，利用 STK 获得从 2018 年 8 月 14 日 4 时至 15 日 4 时的所有可能链路连接，可视为一个周期内的动作集合。在仿真中，设置 τ=300s、P_{ss}=20W、P_{sg}=20W、P_r=10W、P_o=5W、P_h=20W、η=80% [30]。此外，设置 M_1= M_2=8，式（7-19）中的惩罚因子 ω=0.02，算法 7.1 的步骤 14（终止条件）的参数ϵ=0.05。设置每个时隙的数据到达数为 ρ（单位为 Gbit)，每个时隙内，每颗卫星的数据到达以 0.7 的概率取 ρ，以 0.3 的概率取 0.3ρ。此外，设置星地链路容量为 30Mbit/s。根据式（7-1）[30]，星间链路容量分布为 [20, 50]（单位为 Mbit/s）。除非另有规定，折扣因子 α=0.8。

7.5.2 性能评估

本小节从两个方面分析仿真结果：首先考察时间无限折扣总收益 $\boldsymbol{V}(\boldsymbol{s}(z_{1,1}))$，以及 VB-JFBI 算法和 PB-JFBI 算法的收敛性，然后用这两种算法与参考算法进行性能对比，并考察不同网络参数对算法性能的影响。

图 7-3 展示了初始状态 $\boldsymbol{s}(z_{1,1})$（每颗卫星的初始内存状态和电池容量分别为 10Gbit 和 10kJ）下，VB-JFBI 算法和 PB-JFBI 算法的时间无限折扣总收益 $\boldsymbol{V}(\boldsymbol{s}(z_{1,1}))$。具体地，

考察电池容量在不同折扣因子下对性能的影响。与期望一致，随着折扣因子的增加，时间无限折扣总收益的性能增益增加。此外，可以在表 7-1 中观察到，VB-JFBI 算法的 $\boldsymbol{V}(\boldsymbol{s}(z_{1,1}))$ 非常接近 PB-JFBI 算法。

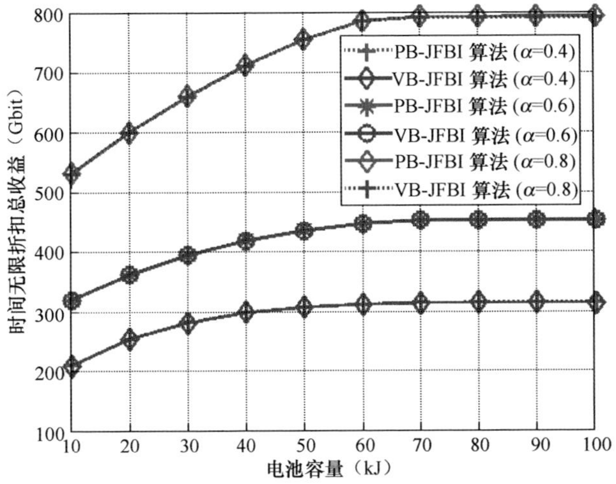

图 7-3　不同折扣因子 α 下的性能评估（B_{max}= 30Gbit）

表 7-1　两种算法在不同折扣因子下的收敛性（B_{max}= 30Gbit，EB_{max}= 60kJ）

算法（折扣因子）	迭代次数	$\boldsymbol{V}(\boldsymbol{s}(z_{1,1}))$（Gbit）
VB-JFBI（α=0.4）	8	311.8
PB-JFBI（α=0.4）	41	311.9
VB-JFBI（α=0.6）	12	445.9
PB-JFBI（α=0.6）	63	446.3
VB-JFBI（α=0.8）	23	784.4
PB-JFBI（α=0.8）	80	785.1
VB-JFBI（α=0.99）	86	2839.5
PB-JFBI（α=0.99）	334	2841.4

表 7-1 中呈现了这两种算法在不同折扣因子下的收敛性。可以观察到，折扣因子越大，两种算法的迭代次数越大。表 7-1 也清楚地展示出，在相同的折扣因子 α 下，VB-JFBI 算法的性能接近 PB-JFBI 算法，与期望一致。具体地，在相同的折扣因子 α 下，PB-JFBI 算法的 $\boldsymbol{V}(\boldsymbol{s}(z_{1,1}))$ 稍大于 VB-JFBI 算法，图 7-3 进一步展示了这个微弱的性能差异。这是由于 VB-JFBI 算法的迭代次数大于 PB-JFBI 算法。

接下来，详细阐述 PB-JFBI 算法和 VB-JFBI 算法与参考算法的性能对比。由于 FCS 算法仅根据一个周期内每个时隙的拓扑信息决定链路调度策略，忽略了每个时隙的电池和内存状态，导致可行链路调度策略在不同周期保持不变。相似地，Myopia 算法的链路调度策略使当前时隙内尽可能多地回传数据，忽略了对未来的影响。换句话说，一个周期内的可行链路调度策略在不同周期保持不变。公平起见，采用 VB-JFBI 算法的迭代数来计算 FCS 算法和 Myopia 算法的时间无限折扣总收益 $\boldsymbol{V}(\boldsymbol{s}(z_{1,1}))$ 。

图 7-4 展示了不同算法在不同电池容量 $\mathrm{EB}_{\max}$ 下的时间无限折扣总收益 $\boldsymbol{V}(\boldsymbol{s}(z_{1,1}))$ 。各种算法的时间无限折扣总收益 $\boldsymbol{V}(\boldsymbol{s}(z_{1,1}))$ 的价值函数以 $\boldsymbol{s}(z_{1,1})$ 为初始状态（每颗卫星的初始内存状态和电池容量分别为 10Gbit 和 10kJ）计算。随着星载电池容量 $\mathrm{EB}_{\max}$ 的增加，时间无限折扣总收益 $\boldsymbol{V}(\boldsymbol{s}(z_{1,1}))$ 也增加，这种增加直到网络内存和通信资源对所有数据调度算法来说达到瓶颈才停止。这是由于，随着 $\mathrm{EB}_{\max}$ 的增加，当有太阳能到达时，星载电池可以完全吸收并存储太阳能，用于即将到来的通信。此外，可以观察到，VB-JFBI 算法和 PB-JFBI 算法在 $\boldsymbol{V}(\boldsymbol{s}(z_{1,1}))$ 方面优于 Myopia 算法和 FCS 算法。这是由于 Myopia 算法和 FCS 算法在进行当前时隙的链路调度时忽略了对未来的影响，而 VB-JFBI 算法和 PB-JFBI 算法可以在动态链路连接和网络状态中做出平衡，增加了网络资源利用率，并为未来增益避免了能量短缺。

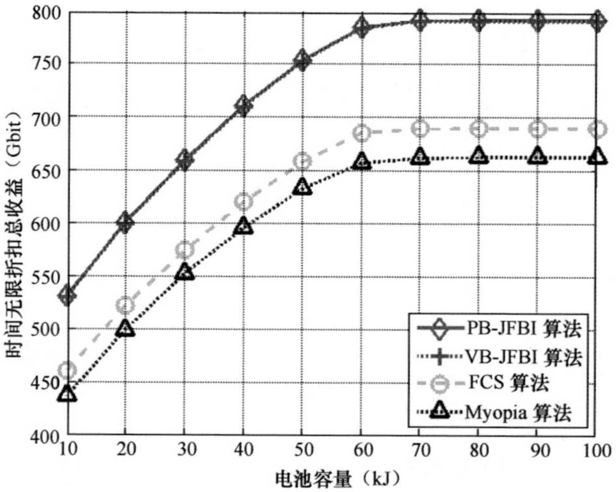

图 7-4　不同算法在不同电池容量下的时间无限折扣总收益（$B_{\max}$= 30Gbit）

图 7-5 展示了不同链路调度策略的时间无限折扣总收益 $\boldsymbol{V}(\boldsymbol{s}(z_{1,1}))$ 。各种算法的时间无限折扣总收益 $\boldsymbol{V}(\boldsymbol{s}(z_{1,1}))$ 的价值函数以 $\boldsymbol{s}(z_{1,1})$ 为初始状态（每颗卫星的初始内存状态和电池容量分别为 10Gbit 和 10kJ）计算。可以看到，随着数据到达 ρ 的增加，4 种

算法的时间无限折扣总收益 $V(s(z_{1,1}))$ 先增加后减少。这是由于，随着数据到达 ρ 的增加，网络的内存容量、电池状态和通信资源会成为瓶颈，导致更多的数据无法存入卫星。根据式（7-19）中每个时隙即时收益的计算，卫星存储的数据越多，算法可达的 $V(s(z_{1,1}))$ 就越小。此外，VB-JFBI 算法、PB-JFBI 算法和两种参考算法的性能差距不断增加。这是由于，网络资源对于较小的 ρ 来说是足够的，即使非最优链路调度也能回传存储的数据。通过比较，当 ρ 很大时，有效的链路调度策略在平衡动态网络链路连接和数据需求以最大化 $V(s(z_{1,1}))$ 的过程中扮演着更关键的角色。VB-JFBI 算法和 PB-JFBI 算法的 $V(s(z_{1,1}))$ 比 Myopia 算法和 FCS 算法更高就可以印证这一点。总之，VB-JFBI 算法和 PB-JFBI 算法可以根据包括内存容量和电池状态在内的动态网络状态，有效利用链路连接的机会达到更优的网络性能。

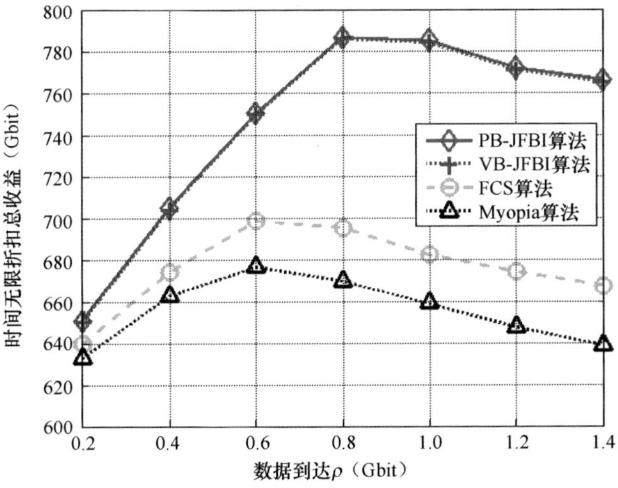

图 7-5 不同链路调度策略的时间无限折扣总收益（B_{max}= 30Gbit，EB_{max}= 60kJ）

图 7-6 展示了 B_{max} 对系统性能的影响。各种算法的时间无限折扣总收益 $V(s(z_{1,1}))$ 的价值函数以 $s(z_{1,1})$ 为初始状态（每颗卫星的初始内存状态和电池容量分别为 10Gbit 和 10kJ）计算。存储容量越大，意味着可以延迟部分数据的传输，从而能够为未来传输存储更多的数据。因此，随着存储容量的增加，各种算法的 $V(s(z_{1,1}))$ 均逐渐增加。此外，可以观察到，系统性能存在饱和态，即在该情况下所有策略的 $V(s(z_{1,1}))$ 由于网络中的电池状态和通信资源达到瓶颈而逐渐趋于饱和。并且，由于多维资源（通信资源、存储资源、能量资源）联合调度，VB-JFBI 算法和 PB-JFBI 算法可以实现与 FCS 算法和 Myopia 算法相比更好的网络性能。

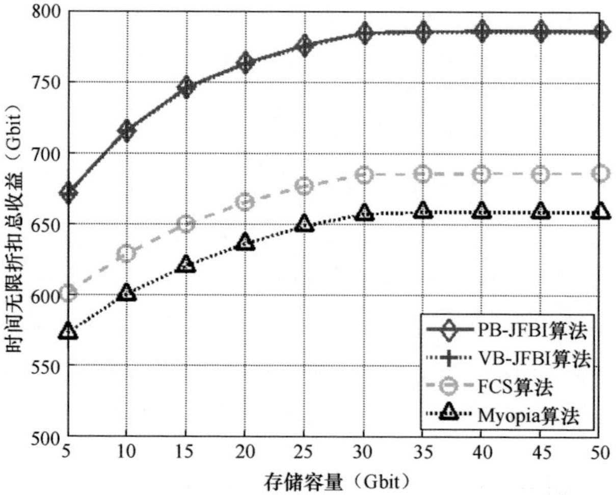

图 7-6　存储容量 B_{max} 对系统性能的影响（EB_{max}= 60kJ）

7.6　本章小结

本章首先研究了面向动态突发任务数据到达的小卫星网络中，联合考虑链路调度、电池管理和存储资源管理的动态数据调度优化问题，提出了有限—嵌—无限两层动态规划架构，并进一步将随机数据调度问题建模为一个时间无限的 MDP 问题，以最大化网络长期性能。接着，本章介绍了一种有效求解时间无限 MDP 问题的 JFBI 算法框架，并设计了一种 BICR 算法来计算正向归纳部分每轮迭代的数值。在 JFBI 算法框架的基础上，本章进一步提出了 VB-JFBI 和 PB-JFBI 这两种具体的算法来求解一个周期内的最优链路调度策略。最后，本章通过大量的仿真研究了电池容量、存储容量等不同因素对网络性能的影响，进一步验证了 VB-JFBI 算法和 PB-JFBI 算法在提升网络长期性能方面的有效性。因此，本章提出的 MDP 框架在未来的卫星系统动态数据调度技术方面存在广泛的应用前景。

参考文献

[1] SWEETING M. Modern small satellites-changing the economics of space[J]. Proceedings of the IEEE, 2018, 106(3): 343-361.

[2] ALVAREZ J, WALLS B. Constellations, clusters, and communication technology: Expanding small satellite access to space[C]//2016 IEEE Aerospace Conference. NJ: IEEE, 2016: 1-11.

[3] DU J, JIANG C, GUO Q, et al. Cooperative earth observation through complex space information networks[J]. IEEE Wireless Communications, 2016, 23(2): 136-144.

[4] AMANOR D, EDMONSON W, AFGHAH F. Intersatellite communication system based on visible light[J]. IEEE Transactions on Aerospace and Electronic Systems, 2018, 54(6): 2888-2899.

[5] AULI-LINAS F, MARCELLIN M W, SANCHEZ V, et al. Dual link image coding for earth observation satellites[J]. IEEE Transactions on Geoscience and Remote Sensing, 2018, 56(9): 5083-5096.

[6] PALERMO G, GOLKAR A, GAUDENZI P. Earth orbiting support systems for commercial low earth orbit data relay: Assessing architectures through tradespace exploration[J]. Acta Astronautica, 2015, 111: 48-60.

[7] FRAIRE J, FINOCHIETTO J. Design challenges in contact plans for disruption-tolerant satellite networks[J]. IEEE Communications Magazine, 2015, 53(5): 163-169.

[8] KANEKO K, KAWAMOTO Y, NISHIYAMA H, et al. An efficient utilization of intermittent surface-satellite optical links by using mass storage device embedded in satellites[J]. Performance Evaluation, 2015, 87: 37-46.

[9] CHIN K, BRANDON E, BUGGA R, et al. Energy storage technologies for small satellite applications[J]. Proceedings of the IEEE, 2018, 106(3): 419-428.

[10] LIU R, SHENG M, LUI K, et al. An analytical framework for resource-limited small satellite networks[J]. IEEE Communications Letters, 2016, 20(2): 388-391.

[11] BENSON C. Design options for small satellite communications[C]//2017 IEEE Aerospace Conference. NJ: IEEE, 2017: 1-7.

[12] ARANITI G, BISIO I, SANCTIS M, et al. Multimedia content delivery for emerging 5G-satellite networks[J]. IEEE Transactions on Broadcasting, 2016, 62(1): 10-23.

[13] SIII Y, LIU J, FADLULLAH Z, et al. Cross-layer data delivery in satellite-aerial-terrestrial communication[J]. IEEE Wireless Communications, 2018, 25(3): 138-143.

[14] SANCTIS M, CIANCA E, ARANITI G, et al. Satellite communications supporting Internet of remote things[J]. IEEE Internet Things Journal, 2016, 3(1): 113-123.

[15] ARANITI G, BEZIRGIANNIDIS N, BIRRANE E, et al. Contact graph routing in DTN space networks: Overview, enhancements and performance[J]. IEEE Communications Magazine, 2015, 53(3): 38-46.

[16] ZHU H, LIN X, LU R, et al. SMART: A secure multilayer credit-based incentive scheme for delay-tolerant networks[J]. IEEE Transactions on Vehicular Technology, 2009, 58(8): 4628-4639.

[17] ZHU H, FANG C, LIU Y, et al. You can jam but you cannot hide: Defending against jamming attacks for Geo-location database driven spectrum sharing[J]. IEEE Journal on Selected Areas in Communications, 2016, 34(10): 2723-2737.

[18] ZHU H, LIN X, LU R, et al. An opportunistic batch bundle authentication scheme for energy constrained DTNs[J]. 2010 Proceedings IEEE INFOCOM, 2010: 1-9.

[19] ZHOU D, SHENG M, WANG X, et al. Mission aware contact plan design in resource-limited small satellite networks[J]. IEEE Transactions on Communications, 2017, 65(6): 2451-2466.

[20] JIA X, LV T, HE F, et al. Collaborative data downloading by using inter-satellite links in LEO satellite networks[J]. IEEE Transactions on Wireless Communications, 2017, 16(3): 1523-1532.

[21] SHENG M, WANG Y, LI J, et al. Toward a flexible and reconfigurable broadband satellite network: Resource management architecture and strategies[J]. IEEE Wireless Communications, 2017, 24(4): 127-133.

[22] DU J, JIANG C, QIAN T, et al. Resource allocation with video traffic prediction in cloud-based space systems[J]. IEEE Transactions on Multimedia, 2016, 18(5): 820-830.

[23] WANG Y, SHENG M, LI J, et al. Dynamic contact plan design in broadband satellite networks with varying contact capacity[J]. IEEE Communications Letters, 2016, 20(12): 2410-2413.

[24] ABU ALSHEIKH M, HOANG D, NIYATO D, et al. Markov decision processes with applications in wireless sensor networks: A survey[J]. IEEE Communications Surveys & Tutorials, 2015, 17(3): 1239-1267.

[25] SHIFRIN M, COHEN A, WEISMAN O, et al. Coded retransmission in wireless networks via abstract MDPs: Theory and algorithms[J]. IEEE Transactions on Wireless Communications, 2016, 15(6): 4292-4306.

[26] LI M, ZHAO L, LIANG H. An SMDP-based prioritized channel allocation scheme in cognitive enabled vehicular ad hoc networks[J]. IEEE Transactions on Vehicular Technology, 2017, 66(9): 7925-7933.

[27] LI Q, ZHAO L, GAO J, et al. SMDP-based coordinated virtual machine allocations in cloud-fog computing systems[J]. IEEE Internet of Things, 2018, 5(3): 1977-1988.

[28] DU J, JIANG C, WANG J, et al. Resource allocation in space multiaccess systems[J]. IEEE Transactions on Aerospace and Electronic Systems, 2017, 53(2): 598-618.

[29] JAMILKOWSKI M, GRANT K, MILLER S. Support to multiple missions in the joint polar satellite system (JPSS) common ground system (CGS)[C]//AIAA SPACE 2015 Conference Exposition. [s.l.]: [s.n.], 2015: 1-5.

[30] GOLKAR A, IGNASI L. The Federated Satellite Systems paradigm: Concept and business case

evaluation[J]. Acta Astronautica, 111: 230-248.

[31] ZHOU D, SHENG S, LIU R, et al. Channel-aware mission scheduling in broadband data relay satellite networks[J]. IEEE Journal on Selected Areas in Communications, 2018, 36(5): 1052-1064.

[32] YANG Y, XU M, WANG D, et al. Towards energy-efficient routing in satellite networks[J]. IEEE Journal on Selected Areas in Communications, 2016, 34(12): 3869-3886.

[33] BERTSEKAS D. Dynamic programming optima control[M]. 3rd ed. Belmont: Athena Scientific, 2011.

[34] BRON C, KERBOSCH J. Algorithm 457: Finding all cliques of an undirected graph[J]. Communications of the ACM, 1973, 16(9): 575-577.

[35] GARDINER C. Stochastic methods: A handbook for the natural and social science [M]. 4th ed. Berlin: Springer, 2009.

[36] BELLMAN R. Dynamic programming[M]. Mineola: Dover, 2013.

[37] LIU Y, DAI Y, LUO Z. Joint power and admission control via linear programming deflation[J]. IEEE Transactions on Signal Processing, 2013, 61(6): 1327-1338.

[38] VARAN B, YENER A. Delay constrained energy harvesting networks with limited energy and data storage[J]. IEEE Journal on Selected Areas in Communications, 2016, 34(5): 1550-1564.

第 8 章　基于动态突发任务到达模糊信息的两阶段任务规划方法

本章主要研究基于分布式星群星间协作传输的任务规划方法。在实际的应用中，除了确定性的任务，网络中还存在动态突发任务，即在进行任务规划时，并不能预测到规划时间段内所有的确切任务数据到达信息。因此，确定性到达的任务与随机到达的任务之间存在资源竞争问题。基于此，本章首先介绍了一种基于动态突发任务到达模糊信息的两阶段任务规划方法，引入模糊集的概念来刻画不确定性分布的网络动态突发任务数据到达，然后研究动态突发任务到达分布对链路容量分配、存储器容量分配及能量分配之间耦合关系的作用机理，最后设计了一种数据到达分布鲁棒的两阶段任务规划算法，从而保障网络的整体收益。

8.1　引言

近年来，卫星网络在导航、地球观测、遥感、灾害救援，以及民用和军事科学研究中具有广泛的应用[1-3]，这些应用所产生的大量的空间数据需要被回传到地面[4]。例如，根据 NASA 的对地观测数据信息系统统计，2020 年空间任务数据量达到了 114TB/ 天[5]。为了适应日益增长的数据需求，基于分布式星群的空间信息网络应运而生[6-10]，其可以通过卫星之间的协作传输有效提升资源利用率，从而实现空间信息数据的快速回传。

基于分布式星群的空间信息网络资源具有特有的有限性与动态性。具体来说，由于一些实际的工程约束（如卫星的质量和体积），卫星的星载电池容量、存储器容量及通信链路容量均是有限的。值得注意的是，由于卫星按照自身轨道运转，其周期性地出现在地球的向阳面和背阴面。当一个卫星处于地球向阳面时，其具有吸收并存储太阳能以备后续通信使用的能力[11]。因此需要合理使用卫星的动态可用能量，使卫星处于地球背阴面时其电池能量不被过度使用。此外，由于网络拓扑随时间而变化，节点间的通信链路是断续连通的，只有当两颗卫星（或一颗卫星与一个地面站）在彼此的通信范围内时，才可以建立通信链路。卫星之间动态的距离、噪声及干扰将导致时变的星间链路容量[12]。同时，由于无线电波在大气中传播受天气的影响，特别是在 Ku

频段、Ka 频段和 V 频段工作的卫星通信系统，星地链路容量也是时变的[13-14]。上述网络资源特征表明，需要考虑不同资源的时变属性，进行有效的多维资源联合调度，以实现最佳的数据传输性能。

文献 [15-18] 已经设计了一些资源调度算法以实现高效的数据传输性能。然而，截至本书成稿之日，现有工作主要关注当前规划周期内网络的资源调度、任务规划设计，忽略了对下一个规划周期的影响。换句话说，当前规划周期结束时，网络的资源状态（如能量状态及存储器状态）可能是相对比较糟糕的，以至于不能应对下一个规划周期的数据到达。尤其是对于在当前规划周期结束时处于地球背阴面的卫星，如果其能量资源剩余比较少，则为了保障该卫星的寿命，在未来一段时间内，不可通过该卫星进行协作数据传输。这就导致在下一个规划周期到达的任务数据因为不能被网络服务而不得不被丢弃。此外，现有算法在进行任务规划时，均假设数据到达分布完全已知，这将导致其不能直接应用于部分可知数据到达分布信息的应用场景中。

为基于分布式星群的空间信息网络设计高效的基于资源联合调度的任务规划算法仍然存在一些技术挑战，主要有以下两方面。

（1）多维网络资源相互关系表征。由于完成数据传输的资源组合（如通信资源结合存储资源）的方式是复杂的[19-20]，这将为网络拓扑动态情况下的多维资源关系表征带来技术难度。

（2）长时间段的数据到达分布信息是部分可知的。由于在实际的应用中并不能获得未来比较长时间的、确切的数据到达信息，因此，在进行任务规划时，实现动态的网络资源与数据传输需求的合理匹配非常困难。一方面，由于数据到达信息的不确定性，所求解的随机优化问题的等价静态优化问题的规模随着随机参量数的增加呈指数级增长。另一方面，计算长时间段的网络收益需要随机参量的精确分布信息，这在实际应用中是做不到的。

因此，如何构建一个具有整体资源管理策略的、数据到达分布鲁棒的任务规划架构，是基于分布式星群的空间信息网络的一个基本问题。

本章主要介绍一种数据到达分布鲁棒的两阶段任务规划算法，同时考虑动态的网络资源，以及第二阶段只有部分数据到达分布信息可知。首先，利用时间扩展图来刻画在整个两阶段规划时间范围内网络中多维资源的相互关系。基于该时间扩展图，本章会介绍一种分布式鲁棒的两阶段随机优化架构，该架构联合考虑了能量管理、存储器管理和通信链路容量分配。进一步地，本章提出一个以最大化网络两阶段收益为目标的、数据到达分布鲁棒的、基于资源联合管理的任务规划问题，并将该问题建模为一个两阶段的随机流优化（Two-Stage Stochastic Flow Optimization，TS-SFO）问题。由于不能获得第二阶段的数据到达分布的精确信息，直接求解该随机优化问题是非常复杂的，尤其对于稍大规模的问题几乎是不可解的。为此，本章引入模糊集的概念，即利用动态突发任务数据到达的统计信息来刻画第二阶段的不确定性的数据到达分布。进一步地，介绍一种数据到达分布鲁棒的两阶段任务规划（Data Arrival Distribution Robust Two-stage Recourse，DADR-TR）算法，将原始的 TS-SFO 问题转换为一个确定性的锥规划问题，该问题的求解复杂度低。仿真验证了 DADR-TR 算法的有效性，同时证实了该算法可以在不知道第二阶段数据到达分布精确信息的情况下，做出合理的任务规划策略，从而提升网络性能。

本章其余部分的安排如下：第 8.2 节详细描述基于分布式星群的空间信息网络的系统模型；第 8.3 节展示 TS-SFO 问题建模；第 8.4 节引入模糊集的概念，刻画第二阶段部分随机的数据到达分布，进而介绍 DADR-TR 算法，以高效地求解 TS-SFO 问题；第 8.5 节通过仿真实验验证 DADR-TR 算法的有效性；第 8.6 节对本章进行总结。

| 8.2 系统模型 |

本章考虑一个两阶段的基于分布式星群的空间信息网络模型，其中第一阶段（短时间范围内）的数据到达信息是可预测的，即可以精确地获得具体什么时间到达多少数据量的数据，而第二阶段（长时间尺度）的精确数据到达在实际应用中通常是未知的。考虑一个时隙化的系统，时隙 t 检索为 $t\in\mathcal{T}=\{1,\cdots,T_1,\cdots,T_2\}$[21]，每个时隙的长度记作 $\Delta\tau$，其中 T_1 是第一阶段结束时的时隙数，T_2 是第二阶段结束时的时隙数。本章考虑的基于分布式星群的空间信息网络主要包含以下 3 个部分。

（1）低轨遥感卫星集合 $S=\{s_1,\cdots,s_S\}$，其主要通过感知目标区域获取感兴趣的数据，以及帮助其他遥感卫星回传数据到地面站。

（2）地面站集合 $\mathrm{GS}=\{\mathrm{gs}_1,\cdots,\mathrm{gs}_R\}$，其作为空间感知数据的接收点，用于收集卫星所感知的空间数据。

（3）数据处理中心，用于直接从地面站获得空间的感知数据，从而进行进一步的数据分析，如气象预测、科学实验等。

一个基于分布式星群的空间信息网络范例如图 8-1 所示，其中有 4 颗低轨遥感卫星、2 个地面站和一个数据处理中心。低轨遥感卫星首先利用其星载传感器（如多频谱扫描仪和侧视雷达），对感兴趣的区域进行数据获取。随后，按照如下两种方式，采用存储—携带—转发的方法[22]回传数据到数据处理中心。

（1）低轨遥感卫星首先感知目标区域并获取感兴趣的数据，当其进入地面站范围时，直接将其获取的空间数据回传到地面站。地面站将得到的数据进一步传输到数据处理中心。

（2）低轨遥感卫星通过其他卫星的协助将其存储的空间数据传输到地面站，进而由地面站将该空间数据传输到数据处理中心。

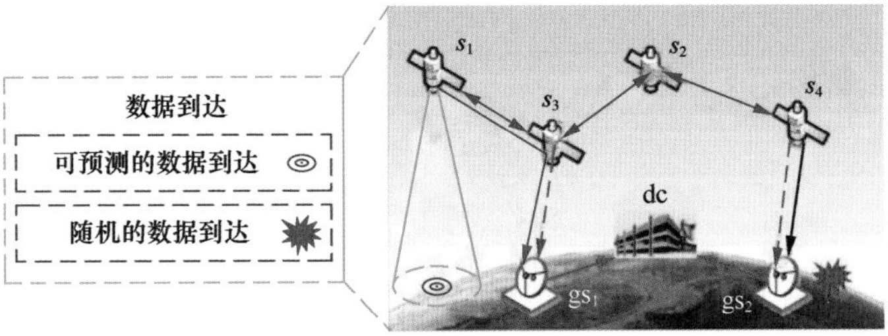

图 8-1　基于分布式星群的空间信息网络范例

不失一般性，低轨遥感卫星通过星载传感器获取的空间数据的到达分布在整个规划周期 $\mathcal{T}$ 内。利用一个三元组来刻画一个到达的任务数据 $d=\{s(d),\mathrm{ts}(d),r_d\}$，其中 $s(d)$、$\mathrm{ts}(d)$（$1\leqslant \mathrm{ts}(d)\leqslant T_2$）和 r_d（单位为 bit）分别表示获取空间数据 d 的卫星编号、数据 d 产生的时间及数据 d 的数据量。为了刻画更加实际的数据到达，将规划周期 $\mathcal{T}$ 分为两个阶段：在第一阶段中，即 $1\leqslant t\leqslant T_1$ 时，网络的数据到达过程是可预测的，即可以精确获得数据到达的时间及数据量，将第一阶段的数据到达的数据集合记为 $\mathcal{D}_1=\{d_{11},\cdots,d_{1D_1}|0\leqslant \mathrm{ts}(d)\leqslant T_1\}$，其中 D_1 为数据到达数。集合 $\mathcal{D}_1$ 可以通过数据管理中心统计获得[23]。由于长时间的精确数据到达信息在实际中很难获得，因此，第二阶段（$T_1\leqslant t\leqslant T_2$）的数据到达具有随机性。将第二阶段不确定的数据到达集合记为 $\mathcal{D}_2=\{d_{21},\cdots,d_{2m}|T_1\leqslant \mathrm{ts}(d)\leqslant T_2\}$，其表示由于不确定的观测区域导致的 m 个随机的数据到达。由于在实际系统中，随机到达数据的确切数据量 r_d（$d\in\mathcal{D}_2$）几乎不能获得，定义 $\tilde{\boldsymbol{r}}=\{\tilde{r}_d|d\in\mathcal{D}_2\}$ 是属于 $\boldsymbol{\Theta}\in\mathbb{R}^m$ 的随机向量。此外，定义 $\mathcal{D}=\mathcal{D}_1\cup\mathcal{D}_2$ 为整个规划周期的数据需求集合。

8.2.1　信道模型

动态的星间链路和星地链路具有如下两层含义：

（1）链路的存在性是时变且动态的；

（2）链路的可达数据速率（单位为 bit/s）是时变的。

根据文献 [12]，从卫星 s_i 到卫星 s_j 的星间链路在第 t 个时隙的可达链路速率为

$$\mathrm{IS}_{ij}^t=\frac{P_{\mathrm{s}ij}G_{\mathrm{tr}i}G_{\mathrm{re}j}L_{\mathrm{f}ij}^t}{kT_{\mathrm{s}}\left(\dfrac{E_{\mathrm{b}}}{N_{\mathrm{o}}}\right)_{\mathrm{req}}\Omega}\tag{8-1}$$

其中，P_{sij} 是从卫星 s_i 到卫星 s_j 的星间链路的传输功率（单位为 W），G_{tri} 和 G_{rej} 分别为星间链路两端的传输功率增益和接收功率增益，k 和 T_s 分别为玻尔兹曼常数（单位为 J/K）和系统总噪声温度（单位为 K），$\left(\frac{E_b}{N_o}\right)_{req}$ 和 Ω 分别为所需的 SNR 和链路裕量，L_{fij}^t 为自由空间损耗，其表达式为

$$L_{fij}^t=\left(\frac{c}{4\pi S_{ij}(t)f}\right)^2 \tag{8-2}$$

其中，$S_{ij}(t)$ 是时隙 t 的星间链路斜距（单位为 km），c 和 f 分别是光速（单位为 km/s）和星间链路的中心频率（单位为 Hz）。

此外，由于大气导致的损耗（如降雨、云层、下雾等），在第 t 个时隙从卫星 s_i 到地面站 g_j 的可达星地链路速率是时变的，记作 SG_{ij}^t。星地链路的可达速率是可预测的 [24]，即在每个时隙的初始时刻，通过气象卫星或直接的信道测量，可以获得该时隙的星地链路信道状态。根据文献 [25]，假设星地链路的信道状态在一个时间段内保持不变，且该文献中提到，30min 是一个考虑技术限制的相对合理的时间段。

8.2.2 时间扩展图

利用时间扩展图 ETEG[26-27] $G(V, A)$ 来刻画多维的网络资源在整个规划周期 $\mathcal{T}$ 内在时域和空域上的关系，其中 V 和 A 分别指图 G 的顶点集合和弧的集合。图 G 包含 T_2 层，其中每一层都刻画了网络在某个时隙的资源状态及拓扑连接状态。网络拓扑在每个时隙内是稳定的，随时隙切换而变化。对应图 8-1 的网络的时间扩展图如图 8-2 所示。接下来，本章主要关注图 G 的两个主要组成部分。

顶点集合 V：图 G 中的顶点表示的是卫星、地面站和数据处理中心在每个时隙的复制节点。这样的顶点集合记作 $V=V_S\cup V_{GS}\cup V_{DC}$，其中 $V_S=\{s_i^t|s_i\in S,1\leqslant t\leqslant T_2\}$、$V_{GS}=\{gs_i^t|gs_i\in GS,1\leqslant t\leqslant T_2\}$、$V_{DC}=\{dc^t|1\leqslant t\leqslant T_2\}$。

弧集合 A：图 G 中包含 3 种弧，即动态的通信链路弧 A_c（包括星间链路弧集合 A_{ISL} 和星地链路弧集合 A_{SGL}）、存储弧集合 A_b、固定的地面站到数据处理中心的链路弧集合 A_f。定义 (v_i^t,v_j^t) 为在第 t 个时隙内节点 v_i 到节点 v_j 的通信链路。因此，如果链路 (v_i^t,v_j^t) 存在，则 $(v_i^t,v_j^t)\in A_c$，其中 $A_c=A_{ISL}\cup A_{SGL}$。此外，(v_i^t,v_i^{t+1}) 指的是存储弧，刻画了节点 v_i 将数据从第 t 个时隙携带到第 t+1 个时隙的能力。(v_i^t,dc^t) 指的是地面站 gs_i 到数据处理中心在第 t 个时隙的固定链路。通信链路 $(v_i^t,v_j^t)\in A_c$ 的容量被表示为

$$C(v_i^t,v_j^t)=\begin{cases}IS_{ij}^t\Delta\tau,\forall(v_i^t,v_j^t)\in A_{ISL}\\SG_{ij}^t\Delta\tau,\forall(v_i^t,v_j^t)\in A_{SGL}\end{cases} \tag{8-3}$$

此外，与空中的卫星相比，地面站和数据处理中心都装载有超大容量存储器。因此，本章主要关注有限的星载存储器约束。定义存储弧 $(v_i^t, v_i^{t+1}) \in A_b$ ($v_i^t \in V_S$) 的容量为卫星 s_i 的存储器容量，即 $B_{i\max}$。此外，定义 $x(v_i^t, v_j^t, d)$ 和 $x(v_i^t, v_i^{t+1}, d)$ 分别为弧 $x(v_i^t, v_j^t) \in A_c$ 和弧 $x(v_i^t, v_i^{t+1}) \in A_b$ 上承载的数据流 d 的数据量。

基于上述所表征的图上的顶点和弧，定义图上的一条路径为图 G 上一系列按照顺序排列的顶点的集合。可以观察到，路径始于节点 $v_i^t \in V_S$，其表征卫星 s_i 在时隙 t 收集感知的数据，终止于数据处理中心节点。一条路径中的弧刻画了多维资源组合使用顺序，包括对通信资源及存储器资源的使用。图 8-2 展示了一个路径范例 $\{s_1^1, s_2^1, s_2^2, s_2^3, gs_2^3, dc^3\}$，该路径表示卫星 s_1 在第一个时隙获取感知数据并在当前时隙传输该数据到卫星 s_2。随后，卫星 s_2 将该数据存储下来并携带到第三个时隙，在第三个时隙，卫星 s_2 将该数据传输到地面站 gs_2，最后，地面站 gs_2 将该数据在第三个时隙传输到数据处理中心。

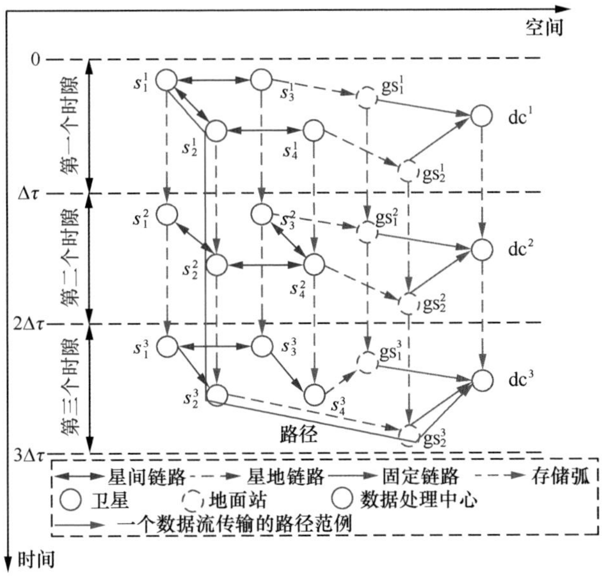

图 8-2　图 8-1 所示的网络对应的 3 个时隙的图模型

由于 A_f 中的链路是被高速光纤链路连接的，因此，假设该链路的数据速率与星间链路速率及星地链路速率相比是无限大的。换句话说，传输到地面站的数据会被立即传输到数据处理中心。因此，数据传输到地面站等价于传输到数据处理中心。为了进一步简化本章提出的图模型，同时降低图 G 的复杂度，本章将删除图 G 中数据处理中心相关的节点及弧（V_{DC} 和 A_f）。

8.2.3 能量相关模型

本小节介绍卫星的能量消耗及吸收模型。具体来说，定义 E_{it1}^{t} 和 E_{it2}^{t} 分别为卫星 s_i 在第一阶段和第二阶段的能量消耗模型，其具体表达式分别为

$$E_{it1}^{t}=\sum_{d\in\mathcal{D}_1}\left(\sum_{v_j^t:(v_i^t,v_j^t)\in A_{\mathrm{ISL}}}P_{\mathrm{is}}\frac{x(v_i^t,v_j^t,d)}{C(v_i^t,v_j^t)}+\sum_{v_j^t:(v_i^t,v_j^t)\in A_{\mathrm{SGL}}}P_{\mathrm{sg}}\frac{x(v_i^t,v_j^t,d)}{C(v_i^t,v_j^t)}\right)\Delta\tau,1\leqslant t\leqslant T_1 \tag{8-4}$$

和

$$E_{it2}^{t}=\sum_{d\in\mathcal{D}_2}\left(\sum_{v_j^t:(v_i^t,v_j^t)\in A_{\mathrm{ISL}}}P_{\mathrm{is}}\frac{x(v_i^t,v_j^t,d)}{C(v_i^t,v_j^t)}+\sum_{v_j^t:(v_i^t,v_j^t)\in A_{\mathrm{SGL}}}P_{\mathrm{sg}}\frac{x(v_i^t,v_j^t,d)}{C(v_i^t,v_j^t)}\right)\Delta\tau,T_1\leqslant t\leqslant T_2 \tag{8-5}$$

上述能量消耗包括两部分，即用于星间链路数据传输的能量消耗，以及用于星地链路数据传输的能量消耗。P_{is} 和 P_{sg} 分别为对应的星间链路和星地链路的传输功率。

给定接收功率 P_{r}，卫星 s_i 在第一阶段和第二阶段接收数据所消耗的能量表达分别为

$$E_{it1}^{t}=\sum_{d\in\mathcal{D}_1}\sum_{v_j^t:(v_j^t,v_i^t)\in A_{\mathrm{ISL}}}P_{\mathrm{r}}\frac{x(v_j^t,v_i^t,d)}{C(v_j^t,v_i^t)}\Delta\tau,1\leqslant t\leqslant T_1 \tag{8-6}$$

和

$$E_{it2}^{t}=\sum_{d\in\mathcal{D}_2}\sum_{v_j^t:(v_j^t,v_i^t)\in A_{\mathrm{ISL}}}P_{\mathrm{r}}\frac{x(v_j^t,v_i^t,d)}{C(v_j^t,v_i^t)}\Delta\tau,T_1\leqslant t\leqslant T_2 \tag{8-7}$$

此外，两个阶段卫星 s_i 在第 t 个时隙的常规操作需要消耗的静态能量 E_{io}^{t} 为

$$E_{io}^{t}=P_{\mathrm{o}}\Delta\tau,t\in\mathcal{T} \tag{8-8}$$

其中，P_{o} 为静态功耗。

因此，通过叠加上述 3 种能量消耗，可以推导出卫星 s_i 在两个阶段的总能耗 E_{ic}^{t} 为

$$E_{ic}^{t}=E_{it}^{t}+E_{ir}^{t}+E_{io}^{t},t\in\mathcal{T} \tag{8-9}$$

| 8.3 问题建模 |

8.3.1 基本约束

1. 任务数据流守恒约束

基于简化的图 G，每颗卫星需满足任务数据流守恒约束以平衡卫星在每个时隙的存储器占用与流入的数据。对于第一阶段，有

$$\sum_{v_j^t:(v_i^t,v_j^t)\in A_c} x(v_i^t,v_j^t,d)+x(v_i^t,v_i^{t+1},d)=x_d,v_i^t=s(d),\forall v_i^t\in V_S,d\in\mathcal{D}_1 \tag{8-10}$$

和

$$\sum_{v_j^t:(v_i^t,v_j^t)\in A_c} x(v_i^t,v_j^t,d)+x(v_i^t,v_i^{t+1},d)=\sum_{v_j^t:(v_j^t,v_i^t)\in A_c} x(v_j^t,v_i^t,d),v_i^t+x(v_i^{t-1},v_i^t,d), \\ v_i^t\neq s(d),\forall v_i^t\in V_S,d\in\mathcal{D}_1 \tag{8-11}$$

其中，$x(v_i^0,v_i^1,d)$ 指的是卫星 s_i 存储器中最初时刻存储的数据流 d 的数据量，设置 $x(v_i^0,v_i^1,d)=0,\forall d\in\mathcal{D}_1$。

对于第二阶段，即 $T_1<t\leqslant T_2$，有

$$\sum_{v_j^t:(v_i^t,v_j^t)\in A_c} x(v_i^t,v_j^t,d)+x(v_i^t,v_i^{t+1},d)=x_d,v_i^t=s(d),\forall v_i^t\in V_S,d\in\mathcal{D}_2 \tag{8-12}$$

和

$$\sum_{v_j^t:(v_i^t,v_j^t)\in A_c} x(v_i^t,v_j^t,d)+x(v_i^t,v_i^{t+1},d)=\sum_{v_j^t:(v_j^t,v_i^t)\in A_c} x(v_j^t,v_i^t,d),v_i^t+x(v_i^{t-1},v_i^t,d), \\ v_i^t\neq s(d),\forall v_i^t\in V_S,d\in\mathcal{D}_2 \tag{8-13}$$

其中，$x(v_i^{T_2},v_i^{T_2+1},d)$ 指的是卫星 s_i 在时隙 T_2 结束时刻其存储器中存储的数据流 d 的数据量。

此外，受卫星存储器的限制，关于第一阶段和第二阶段的数据获取，分别有如式（8-14）和式（8-15）所示的约束：

$$0\leqslant x_d\leqslant r_d,\forall d\in\mathcal{D}_1 \tag{8-14}$$

和

$$0\leqslant x_d\leqslant \tilde{r}_d,\forall d\in\mathcal{D}_2 \tag{8-15}$$

此外，定义 $\boldsymbol{x}_1=\{x(v_i^t,v_j^t,d)\big|\forall(v_i^t,v_j^t)\in A_c,d\in\mathcal{D}_1,1\leqslant t\leqslant T_1\}$、$\boldsymbol{x}_2=\{x_d\big|\forall d\in\mathcal{D}_1\}$ 和 $\boldsymbol{b}_1=\{x(v_i^t,v_i^{t+1},d)\big|\forall v_i^t\in V_S,d\in\mathcal{D}_1,1\leqslant t\leqslant T_1\}$ 分别为第一阶段（前 T_1 个时隙）的数据传输向量、实际数据获取向量及存储状态向量。相似地，定义 $\boldsymbol{x}_3=\{x(v_i^t,v_j^t,d)\big|\forall(v_i^t,v_j^t)\in A_c,d\in\mathcal{D}_2,T_1\leqslant t\leqslant T_2\}$、$\boldsymbol{x}_4=\{x_d\big|\forall d\in\mathcal{D}_2\}$ 和 $\boldsymbol{b}_2=\{x(v_i^t,v_i^{t+1},d)\big|\forall v_i^t\in V_S,d\in\mathcal{D}_2,T_1\leqslant t\leqslant T_2\}$ 分别为第二阶段（最后 T_2-T_1 个时隙）的数据传输向量、实际数据获取向量及存储状态向量。

2. 容量约束

自然地，图 G 上的任意一条弧上承载的数据量不应该超过该弧的容量。因此，第一阶段（$1\leqslant t\leqslant T_1$），有如式（8-16）所示的约束：

$$C(v_i^t,v_j^t)\geqslant\begin{cases}\sum_{d\in\mathcal{D}_1} x(v_i^t,v_j^t,d), & \forall(v_i^t,v_j^t)\in A_c\\ \sum_{d\in\mathcal{D}_1} x(v_i^t,v_i^{t+1},d), & \forall(v_i^t,v_i^{t+1})\in A_b\end{cases} \tag{8-16}$$

相似地，第二阶段（$T_1 < t \leqslant T_2$），有

$$C(v_i^t, v_j^t) \geqslant \begin{cases} \sum_{d \in \mathcal{D}_2} x(v_i^t, v_j^t, d), & \forall (v_i^t, v_j^t) \in A_c \\ \sum_{d \in \mathcal{D}_2} x(v_i^t, v_i^{t+1}, d), & \forall (v_i^t, v_i^{t+1}) \in A_b \end{cases} \tag{8-17}$$

3. 能量相关约束

由于卫星的轨道运动，其星载太阳能收集板可以周期性地吸收并存储能量以备后续使用。卫星 s_i 在时隙 t（$t \in \mathcal{T}$）吸收的能量 E_{ih}^t 可以按照式（8-18）进行计算：

$$E_{ih}^t \leqslant P_h \max\{0, \Delta\tau - q_i^t\} \tag{8-18}$$

其中，P_h 和 q_i^t 分别为能量吸收速率，以及卫星 s_i 在第 t 个时隙（$t \in \mathcal{T}$）的初始时刻还需要处于地球背阴面中的时间。当卫星 s_i 处于地球向阳面时，定义 $q_i^t = 0$。

从式（8-18）可以看出，当 $q_i^t < \Delta\tau$ 时，$E_{ih}^t > 0$，否则，$E_{ih}^t = 0$。

根据上述能量消耗和吸收过程模型，卫星 s_i 在第 t 个时隙（$t \in \mathcal{T}$）结束时刻电池中剩余的能量可以表示为

$$\mathrm{EB}_i^t = \mathrm{EB}_i^{t-1} - E_{ic}^t + E_{ih}^t \tag{8-19}$$

其中，E_{ic}^t 指的是卫星 s_i 在第 t 个时隙消耗的电池能量，EB_i^{t-1} 指的是卫星 s_i 在前一个时隙结束时的电池剩余能量。

由于星载电池容量的限制，有如式（8-20）所示的约束：

$$\mathrm{EB}_{i\max}(1-\zeta) \leqslant \mathrm{EB}_{i\max}, \forall i \in V_S, t \in \mathcal{T} \tag{8-20}$$

其中，$\mathrm{EB}_{i\max}$ 指的是卫星 s_i 的电池容量，ζ 指的是电池的最大放电深度。

此外，定义 $\mathbf{EB}_1 = \{\mathrm{EB}_i^t | \forall i \in V_S, 1 \leqslant t \leqslant T_1\}$ 和 $\mathbf{EB}_2 = \{\mathrm{EB}_i^t | \forall i \in V_S, T_1 \leqslant t \leqslant T_2\}$ 分别为第一阶段和第二阶段的能量状态向量。相似地，定义 $\boldsymbol{E}_{1h} = \{E_{ih}^t | \forall i \in V_S, 1 \leqslant t \leqslant T_1\}$ 和 $\boldsymbol{E}_{2h} = \{E_{ih}^t | \forall i \in V_S, T_1 \leqslant t \leqslant T_2\}$ 分别为第一阶段和第二阶段的能量吸收向量。

8.3.2 优化问题建模

定义 $\boldsymbol{y}_1 = \{\boldsymbol{x}_1, \boldsymbol{x}_2, \boldsymbol{b}_1, \mathbf{EB}_1, \boldsymbol{E}_{1h}\}$ 和 $\boldsymbol{y}_2 = \{\boldsymbol{x}_3, \boldsymbol{x}_4, \boldsymbol{b}_2, \mathbf{EB}_2, \boldsymbol{E}_{2h}\}$ 分别为第一阶段和第二阶段需要决策的向量。至此，基于随机数据到达模糊信息的两阶段任务规划问题可以被建模为如下的 TS-SFO 问题：

$$\mathbf{P1}: \min_{\boldsymbol{y}_1} \{R_1(\boldsymbol{y}_1) + \mathbb{E}_{\mathcal{P}_0}[Q(\boldsymbol{y}_1, \tilde{\boldsymbol{r}})]\}$$

s.t. 任务数据流守恒约束，见式（8-10）~（8-15）

容量约束，见式（8-16）~（8-17）

能量约束，见式（8-18）和式（8-20）

其中，$\mathbb{E}$ 表示的是期望，$Q(\boldsymbol{y}_1, \tilde{\boldsymbol{r}})$ 指的是最优的两阶段负-网络收益，其依赖第一阶段

的决策向量 $\boldsymbol{y}_1$ 和第二阶段的随机数据到达向量 $\tilde{\boldsymbol{r}}$ 。$\mathcal{P}_0$ 是一个已知的 $\tilde{\boldsymbol{r}}$ 的概率分布。本章目标函数中的第一项是第一阶段的负-网络收益，其指的是第一阶段数据回传量的加权值，具体表达式为

$$\begin{aligned} R_1(\boldsymbol{y}_1) &= -\sum_{t=1}^{T}\sum_{d\in\mathcal{D}_1}\sum_{(v_i^t,v_j^t)\in A_{\mathrm{SGL}}}\frac{x(v_i^t,v_j^t,d)}{t+1-\mathrm{ts}(d)} \\ &= \boldsymbol{c}^{\mathrm{T}}\boldsymbol{y}_1 \end{aligned} \tag{8-21}$$

可以观察到，上述网络收益的定义主要衡量两个典型的网络性能指标，即任务完成所消耗的时间及任务的回传量。换句话说，网络收益是一个综合的网络性能指标，主要表现为如下两个方面。

（1）任务的回传量越大，即 $x(v_i^t,v_j^t,d)$ 越大，其对应的网络收益越大。

（2）任务回传得越快，即 $(t+1-\mathrm{ts}(d))$ 越小，其对应的网络收益越大。

此外，由于第二阶段的决策向量 $\boldsymbol{y}_2$ 依赖第二阶段随机的数据到达向量 $\tilde{\boldsymbol{r}}$ ，第二阶段的决策向量 $\boldsymbol{y}_2$ 是随机的，用 $\boldsymbol{y}_2(\tilde{\boldsymbol{r}})$ 来代替。因此，可以进一步建模两阶段问题 $Q(\boldsymbol{y}_1,\tilde{\boldsymbol{r}})$ 为

P2: $\min\limits_{\boldsymbol{y}_2(\tilde{\boldsymbol{r}})} \boldsymbol{z}^{\mathrm{T}}\boldsymbol{y}_2(\tilde{\boldsymbol{r}})$

s.t. 任务数据流守恒约束，见式（8-12），式（8-13），式（8-15）

容量约束，见式（8-17）

能量约束，见式（8-18）和式（8-20）

其中，$\boldsymbol{z}^{\mathrm{T}}\boldsymbol{y}_2(\tilde{\boldsymbol{r}})$ 是具有随机数据到达分布的两阶段负-网络收益：

$$\boldsymbol{z}^{\mathrm{T}}\boldsymbol{y}_2(\tilde{\boldsymbol{r}}) = -\sum_{t=T_1+1}^{T_2}\sum_{d\in\mathcal{D}}\sum_{(v_i^t,v_j^t)\in A_{\mathrm{SGL}}}\frac{x(v_i^t,v_j^t,d)}{t+1-\mathrm{ts}(d)} \tag{8-22}$$

求解原始问题 **P1** 的难度主要表现为如下两个方面：一个是计算 $\mathbb{E}_{\mathbb{P}_0}[Q(\boldsymbol{y}_1,\tilde{\boldsymbol{r}})]$，它是一个多维积分，随着 $\tilde{\boldsymbol{r}}$ 维度的增加，即 m 的增加，其计算复杂度是呈指数级增加的；另一个是，即使维度 m 不算太大，在给定 $\boldsymbol{y}_1$ 的情况下，计算两阶段的期望也需要 $\tilde{\boldsymbol{r}}$ 的确切的分布信息，而该信息在实际中往往是不可精确获知的。

| 8.4　数据到达分布鲁棒的两阶段算法 |

数据管理中心可以通过经验数据捕获两阶段随机数据到达的统计信息，如数据量大小的均值和方差。因此，可以将随机的数据到达 $\tilde{\boldsymbol{r}}$ 的统计信息定义为 $\tilde{\boldsymbol{r}}$ 的确切的分布 $\mathbb{P}_0$。定义一个模糊集 $\mathcal{P}$，该模糊集包含了所有 $\tilde{\boldsymbol{r}}$ 可能的分布，模糊集的具体定义见第 8.4.1 小节。进一步采用鲁棒优化中的工具估计一个 $\mathbb{E}_{\mathbb{P}_0}[Q(\boldsymbol{y}_1,\tilde{\boldsymbol{r}})]$ 的上界。对应地，可以通过计算 $\sup_{\mathbb{P}\in\mathcal{P}}[Q(\boldsymbol{y}_1,\tilde{\boldsymbol{r}})]$ 来代替直接计算 $\mathbb{E}_{\mathbb{P}_0}[Q(\boldsymbol{y}_1,\tilde{\boldsymbol{r}})]$ 作为两阶段的负-网络收益。换

句话说，采用 Π 中最差的数据到达分布来计算一个目标函数最差的负-网络收益[28-29]。因此，问题 **P1** 的目标函数可以转化为

$$\min_{\boldsymbol{y}_1}\left\{\boldsymbol{c}^{\mathrm{T}}\boldsymbol{y}_1+\sup\nolimits_{\mathbb{P}\in\mathcal{P}}\mathbb{E}_{\mathbb{P}}[Q(\boldsymbol{y}_1,\tilde{\boldsymbol{r}})]\right\} \tag{8-23}$$

其中，$\mathbb{P}$ 是属于模糊集 $\mathcal{P}$ 的一个分布。

虽然由于式（8-23）是上确界函数，看起来比较复杂，但实际上它更容易求解[30]。本章用求解优化问题代替直接求解期望，与求解期望相比，其在实际工程中是更容易处理的。

为了将问题 **P1** 建模为一个如文献 [31] 中所示的标准的鲁棒优化问题，本章引入 l 个松弛变量 $\omega=\{\omega_i|1\leqslant i\leqslant l\}$，同时进一步将任务数据流守恒约束中的数据获取约束［式（8-15）］、容量约束［式（8-17）］和第二阶段的能量约束［式（8-20）］修改为等式约束。本章进一步定义向量 $\boldsymbol{y}_3(\tilde{\boldsymbol{r}})=\{\boldsymbol{y}_2(\tilde{\boldsymbol{r}}),\omega\}\in\mathbb{R}^{n_{22}}$，其中 $\boldsymbol{y}_3(\tilde{\boldsymbol{r}})\geqslant 0$。因此，两阶段优化问题 $Q(\boldsymbol{y}_1,\tilde{\boldsymbol{r}})$ 可以被建模为

$$\begin{aligned}&\textbf{P2-1:}\ \min_{\boldsymbol{y}_3(\tilde{\boldsymbol{r}})}\boldsymbol{z}^{\mathrm{T}}\boldsymbol{y}_3(\tilde{\boldsymbol{r}})\\&\text{s.t. } B_1\boldsymbol{y}_3(\tilde{\boldsymbol{r}})=\tilde{\boldsymbol{r}},\\&\quad\ \boldsymbol{A}_1\boldsymbol{y}_1+\boldsymbol{B}_2\boldsymbol{y}_3(\tilde{\boldsymbol{r}})=\boldsymbol{0},\\&\quad\ \boldsymbol{B}_3\boldsymbol{y}_3(\tilde{\boldsymbol{r}})=\boldsymbol{C}\end{aligned} \tag{8-24}$$

其中，**0** 和 $\boldsymbol{C}$ 分别为全 0 向量和常数向量。此外，问题 **P2-1** 中的第一个约束是任务数据流守恒约束［式（8-15）］的向量表达；第二个约束是任务数据流守恒约束［式（8-13）］和能量约束［式（8-20）］在第 T_1+1 个时隙的向量表达；第三个约束是第二阶段的任务数据流守恒约束［式（8-13）］、能量约束［式（8-18）和式（8-20）］，以及容量约束［式（8-17）］的剩余部分的向量表达。为了简化表达，本章将两阶段优化问题 $Q(\boldsymbol{y}_1,\tilde{\boldsymbol{r}})$ 表示为

$$\begin{aligned}&\textbf{P2-2:}\ \min_{\boldsymbol{y}_3}\boldsymbol{z}^{\mathrm{T}}\boldsymbol{y}_3(\tilde{\boldsymbol{r}})\\&\text{s.t.}\quad \boldsymbol{A}\boldsymbol{y}_1+\boldsymbol{B}\boldsymbol{y}_3(\tilde{\boldsymbol{r}})=\boldsymbol{n}(\tilde{\boldsymbol{r}})\end{aligned} \tag{8-25}$$

其中，$\boldsymbol{A}=[\boldsymbol{0};\boldsymbol{A}_1;\boldsymbol{0}]\in\mathbb{R}^{k_2\times n_1}$、$\boldsymbol{B}=[\boldsymbol{B}_1;\boldsymbol{B}_2;\boldsymbol{B}_3]\in\mathbb{R}^{k_2\times n_2}$、$\boldsymbol{n}(\tilde{\boldsymbol{r}})=[\tilde{\boldsymbol{r}};\boldsymbol{0};\boldsymbol{C}]\in\mathbb{R}^{k_2}$。因此，最初的问题 **P1** 可以被转化为

$$\begin{aligned}&\textbf{P3:}\ \min_{\boldsymbol{y}_1}\{\boldsymbol{c}^{\mathrm{T}}\boldsymbol{y}_1+\sup_{\mathbb{P}\in\mathcal{P}}\mathbb{E}_{\mathbb{P}}[Q(\boldsymbol{y}_1,\tilde{\boldsymbol{r}})]\}\\&\text{s.t. 式（8-25）}\\&\quad\ \boldsymbol{A}_1'\boldsymbol{y}_1=\boldsymbol{C}_1,\ \boldsymbol{A}_2'\boldsymbol{y}_1\leqslant\boldsymbol{C}_2\end{aligned} \tag{8-26}$$

其中，$\boldsymbol{A}_1'\in\mathbb{R}^{k_1\times n_1}$、$\boldsymbol{C}_1\in\mathbb{R}^{k_1}$、$\boldsymbol{A}_2'\in\mathbb{R}^{k_1'\times n_1}$、$\boldsymbol{C}_2\in\mathbb{R}^{k_1'}$。问题 **P3**［式（8-26）］中的约束是第一阶段（前 T_1 个时隙）的任务数据流守恒约束［式（8-10）、式（8-11）、式（8-14）］、容量约束［式（8-16）］，以及能量约束［式（8-18）和式（8-20）］的向量表达。

8.4.1　两阶段随机数据到达分布的模糊集

定义随机变量 $\tilde{r}_i$ 的期望和方差分别为 $\mathbb{E}[\tilde{r}_i]=\gamma_i(1\leqslant i\leqslant m)$ 和 $\mathbb{E}[\tilde{r}_i^2]=\sigma_i(1\leqslant i\leqslant m)$。此外，定义 $\boldsymbol{\gamma}=[\gamma_1,\cdots,\gamma_m]^{\mathrm{T}}$ 和 $\boldsymbol{\sigma}=[\sigma_1,\cdots,\sigma_m]^{\mathrm{T}}$。假设两阶段随机数据到达分布属于一个由统计信息构建的、包含所有分布的模糊集。基于随机变量的统计信息，可以为不确定的两阶段随机数据到达分布定义如下模糊集：

$$\mathcal{P}'=\left\{\mathbb{P}':\begin{matrix}\mathbb{P}'[\boldsymbol{\Theta}']=1,\boldsymbol{\Theta}'=\{\boldsymbol{r}:\boldsymbol{a}_1\leqslant\boldsymbol{r}\leqslant\boldsymbol{a}_2\}\\ \mathbb{E}_{\mathbb{P}'}[\tilde{\boldsymbol{r}}]=\boldsymbol{\gamma},\mathbb{E}_{\mathbb{P}'}[\tilde{\boldsymbol{r}}^2]\leqslant\boldsymbol{\sigma}\end{matrix}\right\}\tag{8-27}$$

其中，$\tilde{\boldsymbol{r}}^2=[\tilde{\boldsymbol{r}}_1^2,\cdots,\tilde{\boldsymbol{r}}_m^2]^{\mathrm{T}}$，$\boldsymbol{a}_1$ 和 $\boldsymbol{a}_2$ 分别为随机数据到达向量 $\boldsymbol{r}$ 的下界和上界。

从实际角度出发，利用锥约束刻画模糊集 $\boldsymbol{\Theta}$ 是比较灵活、实用的。因此，本章引入 WKS-格式的模糊集（见定义 8.1）[31]。

定义 8.1　WKS-格式的模糊集[31]。通过引入一个虚拟随机向量 $\tilde{\boldsymbol{o}}\in\mathbb{R}^u$，随机向量 $\tilde{\boldsymbol{r}}$ 分布的模糊集可以被定义为

$$\mathcal{P}=\left\{\mathbb{P}\in\mathcal{P}_{\mathrm{a}}(\mathbb{R}^m\times\mathbb{R}^u):\begin{matrix}\mathbb{E}_{\mathbb{P}}[\boldsymbol{W}\tilde{\boldsymbol{r}}+\boldsymbol{E}\tilde{\boldsymbol{o}}]=\boldsymbol{v}\\ \mathbb{P}[(\tilde{\boldsymbol{r}},\tilde{\boldsymbol{o}})\in\boldsymbol{\Theta}]=1\end{matrix}\right\}\tag{8-28}$$

其中，$\boldsymbol{W}\in\mathbb{R}^{p\times m}$, $\boldsymbol{E}\in\mathbb{R}^{p\times u}$, $\boldsymbol{v}\in\mathbb{R}^{p\times u}$；$\boldsymbol{\Theta}$ 是全秩紧凑的，可以用如下锥不等式表示：

$$\boldsymbol{\Theta}=\{(\boldsymbol{r},\boldsymbol{o}):\boldsymbol{F}\boldsymbol{r}+\boldsymbol{H}\boldsymbol{o}\geqslant_{\Phi}\boldsymbol{h}\}\tag{8-29}$$

其中，$\boldsymbol{F}\in\mathbb{R}^{q\times m}$, $\boldsymbol{H}\in\mathbb{R}^{q\times u}$, $\boldsymbol{h}\in\mathbb{R}^q$。

注意到：如果式（8-29）中的锥 Φ 是非负的，则集合 $\boldsymbol{\Theta}$ 是一个多面体。一般来说，如果 Φ 是一个标准锥（如一个半正定锥），则称 $\boldsymbol{\Theta}$ 为一个 Φ-圆锥表示集。

基于定义 8.1，可以将 $\mathcal{P}'$ 转换为一个如推论 8.1 所示的 WKS-格式的模糊集。

推论 8.1　为式（8-28）考虑一个辅助随机矩阵 $\tilde{\boldsymbol{o}}\in\mathbb{R}^m$ 的范例，式（8-27）中的 $\mathcal{P}'$ 的模糊集可以被转换为如下的 WKS-格式的模糊集 $\mathcal{P}$。

$$\mathcal{P}=\left\{\mathbb{P}\in\mathcal{P}_{\mathrm{a}}(\mathbb{R}^m\times\mathbb{R}^m):\begin{matrix}\mathbb{E}_{\mathbb{F}}[\boldsymbol{W}\tilde{\boldsymbol{r}}+\boldsymbol{E}\tilde{\boldsymbol{o}}]=\boldsymbol{v},\mathbb{P}[\boldsymbol{\Theta}]=1\\ \boldsymbol{\Theta}=\{(\boldsymbol{r},\boldsymbol{o}):\boldsymbol{F}_j\boldsymbol{r}+\boldsymbol{H}_j\boldsymbol{o}\geqslant_{\Phi j}\boldsymbol{h}_j\},0\leqslant j\leqslant m\end{matrix}\right\}$$

其中，

$$\boldsymbol{W}=\begin{bmatrix}\boldsymbol{I}_m\\ \boldsymbol{0}\end{bmatrix},\ \boldsymbol{E}=\begin{bmatrix}\boldsymbol{0}\\ \boldsymbol{I}_m\end{bmatrix},\ \boldsymbol{F}_0=\begin{bmatrix}\boldsymbol{I}_m\\ -\boldsymbol{I}_m\end{bmatrix},\ \boldsymbol{v}=\begin{bmatrix}\boldsymbol{\gamma}\\ \boldsymbol{\sigma}\end{bmatrix},\ \boldsymbol{h}_0=\begin{bmatrix}\boldsymbol{a}_1\\ -\boldsymbol{a}_2\end{bmatrix},\ \boldsymbol{h}_j=\begin{bmatrix}0\\ 1/2\\ -1/2\end{bmatrix},$$

$$\boldsymbol{F}_j=\begin{bmatrix}0&\cdots&0&\overset{\text{第}j\text{列}}{\overbrace{1}}&0&\cdots&0\\ 0&\cdots&0&0&0&\cdots&0\\ 0&\cdots&0&0&0&\cdots&0\end{bmatrix},\ \boldsymbol{H}_0=\boldsymbol{0},\ \boldsymbol{H}_j=\begin{bmatrix}0&\cdots&0&\overset{\text{第}j\text{列}}{\overbrace{0}}&0&\cdots&0\\ 0&\cdots&0&1/2&0&\cdots&0\\ 0&\cdots&0&1/2&0&\cdots&0\end{bmatrix}$$

$\boldsymbol{I}_m$ 是一个 $m \times m$ 的单位矩阵，$\Phi_0 \in \mathbb{R}_+^{2m}$，$\Phi_j \in \mathbb{L}^3, 1 \leqslant j \leqslant m$（洛伦兹锥）。随后，$\mathcal{P}' = \prod_{\tilde{\boldsymbol{r}}} \mathcal{P}$ 指的是 $\tilde{\boldsymbol{r}}$ 在 $\mathcal{P}$ 下的边界分布。

证明： 根据式（8-27）中对 $\boldsymbol{\Theta}'$ 的定义，有 $\boldsymbol{r} \geqslant \boldsymbol{a}_1$ 和 $-\boldsymbol{r} \geqslant -\boldsymbol{a}_2$，其可以被写成如下的矩阵表达：

$$[\boldsymbol{I}_m, -\boldsymbol{I}_m]^{\mathrm{T}} \boldsymbol{r} \geqslant [\boldsymbol{a}_1, -\boldsymbol{a}_2]^{\mathrm{T}} \tag{8-30}$$

根据推论 8.1 中对 $\boldsymbol{F}_0$、$\boldsymbol{h}_0$ 的定义及式（8-30），可以得到 $\boldsymbol{F}_0 \boldsymbol{r} \geqslant_{\Phi_0} \boldsymbol{h}_0$。因此，$\boldsymbol{\Theta}' = \{\boldsymbol{r} : \boldsymbol{F}_0 \boldsymbol{r} \geqslant_{\Phi_0} \boldsymbol{h}_0\}$。基于式（8-27），进一步有如下的模糊集：

$$\mathcal{P} = \left\{ \mathbb{P} \in \mathcal{P}_a(\mathbb{R}^m \times \mathbb{R}^m) : \begin{array}{c} \mathbb{E}_{\mathbb{P}}[\tilde{\boldsymbol{r}}] = \boldsymbol{\gamma}, \mathbb{E}_{\mathbb{P}}[\tilde{\boldsymbol{o}}] = \boldsymbol{\sigma}, \mathbb{P}[\boldsymbol{\Theta}] = 1 \\ \boldsymbol{\Theta} = \{\boldsymbol{r} : \boldsymbol{F}_0 \boldsymbol{r} \geqslant_{\Phi_0} \boldsymbol{h}_0, \boldsymbol{r}^2 \leqslant \boldsymbol{o}\} \end{array} \right\}$$

$$\mathcal{P}' = \prod_{\tilde{\boldsymbol{r}}} \mathcal{P}$$

通过观察可以发现，对于每一个 $j = 1, \cdots, m$，有

$$\boldsymbol{o}_j = \left[\frac{(\boldsymbol{o}_j + 1)}{2}\right]^2 - \left[\frac{(\boldsymbol{o}_j - 1)}{2}\right]^2 \tag{8-31}$$

因此，根据对 $\boldsymbol{\Theta}$（$\boldsymbol{r}^2 \leqslant \boldsymbol{o}$）的定义，有 $r_j^2 \leqslant o_j$。进一步地，基于式（8-31），可以得到

$$\boldsymbol{r}_j^2 + \left[\frac{(\boldsymbol{o}_j - 1)}{2}\right]^2 \leqslant \left[\frac{(\boldsymbol{o}_j + 1)}{2}\right]^2 \tag{8-32}$$

式（8-32）可以进一步被写为

$$\left\| \begin{bmatrix} \boldsymbol{r}_j \\ (\boldsymbol{o}_j - 1)/2 \end{bmatrix} \right\|_2 \leqslant \frac{\boldsymbol{o}_j + 1}{2}$$

即

$$\left[\boldsymbol{r}_j, \frac{(\boldsymbol{o}_j - 1)}{2}, \frac{(\boldsymbol{o}_j + 1)}{2}\right]^{\mathrm{T}} \in \mathbb{L}^3 \tag{8-33}$$

式（8-33）可以进一步被写成如下的矩阵表达：

$$\begin{bmatrix} \boldsymbol{r}_j \\ (\boldsymbol{o}_j - 1)/2 \\ (\boldsymbol{o}_j + 1)/2 \end{bmatrix} = \begin{bmatrix} 0 & \cdots & 0 & \overset{\text{第}j\text{列}}{1} & 0 & \cdots & 0 \\ 0 & \cdots & 0 & 0 & 0 & \cdots & 0 \\ 0 & \cdots & 0 & 0 & 0 & \cdots & 0 \end{bmatrix} \boldsymbol{r} + \begin{bmatrix} 0 & \cdots & 0 & \overset{\text{第}j\text{列}}{1} & 0 & \cdots & 0 \\ 0 & \cdots & 0 & 1/2 & 0 & \cdots & 0 \\ 0 & \cdots & 0 & 1/2 & 0 & \cdots & 0 \end{bmatrix} \boldsymbol{o} - \begin{bmatrix} 0 \\ 1/2 \\ -1/2 \end{bmatrix} \tag{8-34}$$

式（8-34）意味着，根据对 $\boldsymbol{F}_j$、$\boldsymbol{H}_j$、$\boldsymbol{h}_j$ 以及 Φ_j 的定义，式（8-33）可以被表述为

$$\boldsymbol{F}_j\boldsymbol{r}+\boldsymbol{H}_j\boldsymbol{o}\geqslant_{\Phi_j}\boldsymbol{h}_j$$

显然，结合 $\boldsymbol{W}$、$\boldsymbol{E}$、$\boldsymbol{v}$ 的定义，以及 $\mathbb{E}_{\mathbb{P}}[\tilde{\boldsymbol{r}}]=\boldsymbol{\gamma}$ 和 $\mathbb{E}_{\mathbb{P}}[\tilde{\boldsymbol{o}}]=\boldsymbol{\sigma}$，可以得到 $\mathbb{E}_{\mathbb{P}}[\boldsymbol{W}\tilde{\boldsymbol{r}}+\boldsymbol{E}\tilde{\boldsymbol{o}}]=\boldsymbol{v}$。至此，推论 8.1 得证。

推论 8.1 是一个将带有 $\mathcal{P}'$ 格式的模糊集的问题转换为一个具有 WKS-格式的模糊集的问题的有用的结论。

8.4.2 DADR-TR 算法设计

本章利用具有鲁棒优化 [32] 中的线性决策法则来处理数据到达的不确定性。基于第 8.4.1 小节为两阶段不确定数据到达分布设计的 WKS-格式的模糊集，一个原始的鲁棒优化问题可以被转化为一个确定性的锥规划问题。

定义 8.2　线性决策法则，其经常被应用于处理鲁棒优化模型中的不确定性。本章假设不确定性的数据 $\boldsymbol{y}_3(\tilde{\boldsymbol{r}})$ 和 $\boldsymbol{n}(\tilde{\boldsymbol{r}})$ 是仿射的，其依赖随机向量 $\tilde{\boldsymbol{r}}$。因此，本章有

$$\boldsymbol{y}_3(\tilde{\boldsymbol{r}})=\boldsymbol{y}_3^0+\sum_{i=1}^{m}\tilde{r}_i\boldsymbol{y}_3^i \tag{8-35}$$

和

$$\boldsymbol{n}(\tilde{\boldsymbol{r}})=\boldsymbol{n}^0+\sum_{i=1}^{m}r_i\boldsymbol{n}^i \tag{8-36}$$

其中，$\boldsymbol{n}^i=\begin{bmatrix}0, & \cdots, & \overset{\text{第}j\text{列}}{\overbrace{1,}} & \cdots, & 0\end{bmatrix}^{\mathrm{T}}\in\mathbb{R}^{k_2}\ (1\leqslant i\leqslant m)$、$\boldsymbol{n}^0=\boldsymbol{0}\in\mathbb{R}^{k_2}$，这两个向量是提前确定的。

此外，$\boldsymbol{y}_3^i\in\mathbb{R}^{n_2}\ (0\leqslant i\leqslant m)$ 是一个决策向量。由于每个 $\boldsymbol{y}_3^i$ 都是一个 n_2 维的向量，本章定义 $n_2\times(m+1)$ 维的矩阵 $\boldsymbol{Y}$ 为 $\boldsymbol{Y}=[\boldsymbol{y}_3^0,\boldsymbol{y}_3^1,\cdots,\boldsymbol{y}_3^m]=[\boldsymbol{y}_3^0,\boldsymbol{Y}_3^{\bar{0}}]\in\mathbb{R}^{n_2}\times\mathbb{R}^{n_2\times m}$，同时定义向量 $\boldsymbol{Y}_3^{\bar{0}}$ 的第 e 行为 $\boldsymbol{y}_{3,e}$，即 $\boldsymbol{y}_{3,e}=[y_{3,e}^1,\cdots,y_{3,e}^m]^{\mathrm{T}}\in\mathbb{R}^{n_2}$。

定义 $\boldsymbol{\Theta}$ 为随机向量 $\tilde{\boldsymbol{r}}$ 所在的集合。显然，如果 $\boldsymbol{\Theta}$ 是全秩的，本章可以将式（8-25），即 $\boldsymbol{A}\boldsymbol{y}_1+\boldsymbol{B}\boldsymbol{y}_3(\tilde{\boldsymbol{r}})=\boldsymbol{n}(\tilde{\boldsymbol{r}}),\forall\tilde{\boldsymbol{r}}\in\boldsymbol{\Theta}$ 重新转化为

$$\boldsymbol{A}_i\boldsymbol{y}_1+\boldsymbol{B}\boldsymbol{y}_3^i=\boldsymbol{n}^i,0\leqslant i\leqslant m \tag{8-37}$$

其中，$\boldsymbol{A}_0=\boldsymbol{A}$、$\boldsymbol{A}_i=\boldsymbol{0}\in\forall^{k_2\times n_1},\forall 1\leqslant i\leqslant m$。

命题 8.1　结合定义 8.2 中的线性决策法则和推论 8.1 中的 WKS-格式模糊集，可将本章中的 $\mathbb{E}_{\mathbb{P}}[Q(\boldsymbol{y}_1,\tilde{\boldsymbol{r}})]$ 转化为式（8-38）至式（8-41）：

$$\mathbb{E}[Q(\boldsymbol{y}_1,\tilde{\boldsymbol{r}})]=\mathbb{E}_{\mathbb{P}}[\min_{\boldsymbol{Y},\mu} z^{\mathrm{T}}\boldsymbol{y}_3^0+\sum_{i=1}^{m} z^{\mathrm{T}}\boldsymbol{y}_3^i\tilde{r}_i]$$

$$\text{s.t.}\quad \text{式（8-37)}, \tag{8-38}$$

$$y_{3,e}^0+\sum_{i=1}^{m}\boldsymbol{h}_i^{\mathrm{T}}\mu_i^e\geqslant 0,\forall 1\leqslant e\leqslant n_2$$

$$\sum_{i=1}^{m}\boldsymbol{F}_i^{\mathrm{T}}\mu_i^e=\boldsymbol{y}_{3,e},\forall 1\leqslant e\leqslant n_2 \tag{8-39}$$

$$\sum_{i=1}^{m}\boldsymbol{H}_i^{\mathrm{T}}\mu_i^e=\boldsymbol{0},\forall 1\leqslant e\leqslant n_2 \tag{8-40}$$

$$\mu_0^e\in\mathbb{R}_+^{2m},\mu_i^e\in\mathbb{L}^3,1\leqslant i\leqslant m,\forall 1\leqslant e\leqslant n_2 \tag{8-41}$$

其中，$\boldsymbol{\mu}=\{\mu_i^e\big|\mu_i^e\in\Phi^*,0\leqslant i\leqslant m,1\leqslant e\leqslant n_2\}$ 是一个对偶锥。

证明：根据式（8-35）及 $\boldsymbol{y}_3(\tilde{\boldsymbol{r}})\geqslant 0(\forall \boldsymbol{r}\in\boldsymbol{\Theta})$，可以为任意 $e=1,2,\cdots,n_2$ 推导出

$$\min\{y_{3,e}^0+\sum_{i=1}^{m}\boldsymbol{r}_i y_{3,e}^i\boldsymbol{F}_j\boldsymbol{r}+\boldsymbol{H}_j\boldsymbol{o}\geqslant_{\Phi_j}h_j,0\leqslant j\leqslant m\}\geqslant 0 \tag{8-42}$$

此外，由于 $\boldsymbol{\Theta}$ 是全秩的，式（8-42）满足斯莱特条件，这就意味着，锥规划问题的强对偶定理是满足的[33]。通过引入对偶锥 $\mu_i^e\in\Phi^*$、$\mu_0^e\in\mathbb{R}_+^{2m}$、$\mu_i^e\in\mathbb{L}^3$，$1\leqslant i\leqslant m$，$\forall 1\leqslant e\leqslant n_2$，有

$$\begin{aligned}&\min\{y_{3,e}^0+\sum_{i=1}^{m}r_i y_{3,e}^i\boldsymbol{F}_j\boldsymbol{r}+\boldsymbol{H}_j\boldsymbol{o}\geqslant_{\Phi_j}h_j,0\leqslant j\leqslant m\}\\&=\max\left[y_{3,e}^0+\sum_{i=1}^{m}\boldsymbol{h}_i^{\mathrm{T}}\mu_i^e:\begin{matrix}\sum_{i=1}^{m}\boldsymbol{F}_i^{\mathrm{T}}\mu_i^e=\boldsymbol{y}_{3,e}\\\sum_{i=1}^{m}\boldsymbol{H}_i^{\mathrm{T}}\mu_i^e=\boldsymbol{0}\end{matrix}\right],\forall 1\leqslant e\leqslant n_2\end{aligned} \tag{8-43}$$

因此，

$$\max\left[y_{3,e}^0+\sum_{i=1}^{m}\boldsymbol{h}_i^{\mathrm{T}}\mu_i^e:\begin{matrix}\sum_{i=1}^{m}\boldsymbol{F}_i^{\mathrm{T}}\mu_i^e=\boldsymbol{y}_{3,e},\\\sum_{i=1}^{m}\boldsymbol{H}_i^{\mathrm{T}}\mu_i^e=\boldsymbol{0},\end{matrix}\quad\forall 1\leqslant e\leqslant n_2\right]\geqslant 0$$

意味着式（8-38）至式（8-41）成立。至此，命题 8.1 得证。

利用命题 8.1，求解式（8-23）中的两阶段收益，即 $\sup_{\mathbb{P}\in\mathcal{P}}\mathbb{E}_{\mathbb{P}}[Q(\boldsymbol{y}_1,\tilde{\boldsymbol{r}})]$，则等价于求解如下问题的最优值：

$$\begin{aligned}&\textbf{P4:}\ \max_{\mathbb{P}}\mathbb{E}_{\mathbb{P}}[\min_{\boldsymbol{Y},\boldsymbol{\mu}}\boldsymbol{z}^{\mathrm{T}}\boldsymbol{y}_3^0+\sum_{i=1}^{m}\boldsymbol{z}^{\mathrm{T}}\boldsymbol{y}_3^i\tilde{\boldsymbol{r}}_i]\\&\text{s.t. 式（8-37)}\sim\text{(8-41)},\\&\quad\mathbb{E}_{\mathbb{P}}(\boldsymbol{W}\tilde{\boldsymbol{r}}+\boldsymbol{E}\tilde{\boldsymbol{o}})=\boldsymbol{v}\end{aligned} \tag{8-44}$$

$$\mathbb{P}[\tilde{\boldsymbol{r}} \in \boldsymbol{\Theta}] = 1 \tag{8-45}$$

可以观察到，问题 **P4** 是一个关于集合 $\boldsymbol{\Theta}$ 上的概率 $\mathbb{P} \in \mathcal{P}_{\mathrm{a}}(\mathbb{R}^m \times \mathbb{R}^m)$ 优化问题。本章假设 $\forall \boldsymbol{y}_1 \in \boldsymbol{Y}_1, \exists \mathbb{P} \in \mathcal{P}$，从而使得 $\mathbb{E}_{\mathbb{P}}[Q(\boldsymbol{y}_1, \tilde{\boldsymbol{r}})] < +\infty$，即问题 **P4** 是可行的。对于绝对连续的 $\tilde{\boldsymbol{r}}$，问题 **P4** 可以被等价转换为

$$\begin{aligned}
\textbf{P5:}\ & \max_{\mathbb{P}\boldsymbol{\Theta}} \int [\min_{\boldsymbol{Y},\boldsymbol{\mu}} \boldsymbol{z}^{\mathrm{T}} \boldsymbol{y}_3^0 + \sum_{i=1}^{m} \boldsymbol{z}^{\mathrm{T}} \boldsymbol{y}_3^i \tilde{\boldsymbol{r}}_i] \mathrm{d}_{\mathbb{P}} \\
& \text{s.t. 式 (8-37)} \sim \text{(8-41)}, \\
& \int_{\boldsymbol{\Theta}} (\boldsymbol{W}\tilde{\boldsymbol{r}} + \boldsymbol{E}\tilde{\boldsymbol{o}}) \mathrm{d}_{\mathbb{P}} = \boldsymbol{v}
\end{aligned} \tag{8-46}$$

$$\int_{\boldsymbol{\Theta}} \mathbf{1}_{[(\boldsymbol{r},\boldsymbol{o}) \in \boldsymbol{\Theta}]} \mathrm{d}_{\mathbb{P}} = 1 \tag{8-47}$$

通过引入对偶变量 $\boldsymbol{\alpha}$ 和 $\boldsymbol{\rho}$，本章可以进一步获得问题 **P5** 的对偶问题，它是如下所示的一个半无限优化问题：

$$\begin{aligned}
\textbf{P6:}\ & \min_{\boldsymbol{Y},\boldsymbol{\mu},\boldsymbol{\alpha},\boldsymbol{\rho}} \boldsymbol{v}^{\mathrm{T}} \boldsymbol{\alpha} + \boldsymbol{\rho} \\
& \text{s.t. 式 (8-37)} \sim \text{(8-40)}, \\
& (\boldsymbol{W}\boldsymbol{r} + \boldsymbol{E}\boldsymbol{o})^{\mathrm{T}} \boldsymbol{\alpha} + \boldsymbol{\rho} \geqslant \min_{\boldsymbol{Y},\boldsymbol{\mu}} (\boldsymbol{z}^{\mathrm{T}} \boldsymbol{y}_3^0 + \sum_{i=1}^{m} \boldsymbol{z}^{\mathrm{T}} \boldsymbol{y}_3^i \boldsymbol{r}_i), \forall (\boldsymbol{r}, \boldsymbol{o}) \in \boldsymbol{\Theta}
\end{aligned} \tag{8-48}$$

$$\boldsymbol{\alpha} \in \mathbb{R}^{2m}, \boldsymbol{\rho} \in \mathbb{R}, \mu_0^e \in \mathbb{R}_+^{2m}, \mu_i^e \in \mathbb{L}^3, 1 \leqslant i \leqslant m, \forall 1 \leqslant e \leqslant n_2 \tag{8-49}$$

引理 8.1　将第一阶段的约束［式（8-26）］和目标函数［式（8-21）］代入问题 **P6** 中，可以获得问题 **P7**，其最优值等价于问题 **P3** 的最优值。

$$\begin{aligned}
\textbf{P7:}\ & \min_{\boldsymbol{y}_1,\boldsymbol{Y},\boldsymbol{\mu},\boldsymbol{\alpha},\boldsymbol{\rho}} \boldsymbol{c}^{\mathrm{T}} \boldsymbol{y}_1 + \boldsymbol{v}^{\mathrm{T}} \boldsymbol{\alpha} + \boldsymbol{\rho} \\
& \text{s.t. 式 (8-26)，式 (8-37)} \sim \text{(8-40)，式 (8-48)} \sim \text{(8-49)}
\end{aligned}$$

进一步，问题 **P6** 中的 min 符号可以被移除，其已经在文献 [34] 中得以证明。为了简化，这里省略了详细的证明过程。因此，问题 **P7** 可以被转化为

$$\begin{aligned}
\textbf{P8:}\ & \min_{\boldsymbol{y}_1,\boldsymbol{Y},\boldsymbol{\mu},\boldsymbol{\alpha},\boldsymbol{\rho}} \boldsymbol{c}^{\mathrm{T}} \boldsymbol{y}_1 + \boldsymbol{v}^{\mathrm{T}} \boldsymbol{\alpha} + \boldsymbol{\rho} \\
& \text{s.t. 式 (8-26)，式 (8-37)} \sim \text{(8-40)，式 (8-49)} \\
& (\boldsymbol{W}\boldsymbol{r} + \boldsymbol{E}\boldsymbol{o})^{\mathrm{T}} \cdot \boldsymbol{\alpha} + \boldsymbol{\rho} \geqslant \boldsymbol{z}^{\mathrm{T}} \boldsymbol{y}_3^0 + \sum_{i=1}^{m} \boldsymbol{z}^{\mathrm{T}} \boldsymbol{y}_3^i \boldsymbol{r}_i, \forall (\boldsymbol{r}, \boldsymbol{o}) \in \boldsymbol{\Theta}
\end{aligned} \tag{8-50}$$

至此，问题 **P3** 可以被等价转化为一个如定理 8.1 所示的二阶锥（Second-Order Cone，SOC）规划问题。

定理 8.1　基于引理 8.1，问题 **P8** 的可行集是圆锥形的 [35]。因此，问题 **P3** 可以被等价转化为如下的二阶锥规划问题：

$$\mathbf{P9}: \min_{\boldsymbol{y}_1, \boldsymbol{Y}, \boldsymbol{\mu}, \boldsymbol{\alpha}, \boldsymbol{\rho}, \boldsymbol{\varphi}} \boldsymbol{c}^{\mathrm{T}} \boldsymbol{y}_1 + \boldsymbol{v}^{\mathrm{T}} \boldsymbol{\alpha} + \boldsymbol{\rho}$$

s.t. 式（8-26），式（8-37）~（8-40），

$$\sum_{i=1}^{m} \boldsymbol{h}_i \boldsymbol{\varphi}_i - \boldsymbol{z}^{\mathrm{T}} \boldsymbol{y}_3^0 + \boldsymbol{\rho} \geqslant 0 \tag{8-51}$$

$$\sum_{i=1}^{m} \boldsymbol{F}_i \boldsymbol{\varphi}_i = \boldsymbol{W}^{\mathrm{T}} \boldsymbol{\alpha} - \boldsymbol{Y}_3^{\bar{0}} \boldsymbol{z} \tag{8-52}$$

$$\sum_{i=1}^{m} \boldsymbol{H}_i \boldsymbol{\varphi}_i = \boldsymbol{E}^{\mathrm{T}} \boldsymbol{\alpha} \tag{8-53}$$

$$\boldsymbol{\alpha} \in \mathbb{R}^{2m}, \boldsymbol{\rho} \in \mathbb{R}, \varphi_0^e \in \mathbb{R}_+^{2m}, \mu_0^e \in \mathbb{R}_+^{2m}, \varphi_i^e \in \mathbb{L}^3, \mu_i^e \in \mathbb{L}^3, \forall 1 \leqslant i \leqslant m, 1 \leqslant e \leqslant n_2 \tag{8-54}$$

证明：将问题 **P8** 中的约束［式（8-50）］等价转换为

$$\min_{(\boldsymbol{r},\boldsymbol{o}) \in \boldsymbol{\Theta}} [(\boldsymbol{\alpha}^{\mathrm{T}} \boldsymbol{W} - \boldsymbol{z}^{\mathrm{T}} \cdot \boldsymbol{Y}_3^{\bar{0}}) \boldsymbol{r} + \boldsymbol{\alpha}^{\mathrm{T}} \boldsymbol{E} \boldsymbol{o} - \boldsymbol{z}^{\mathrm{T}} \boldsymbol{y}_3^0 + \boldsymbol{\rho}] \geqslant 0 \tag{8-55}$$

可以看到，给定 $\boldsymbol{Y}$、$\boldsymbol{\alpha}$ 和 $\boldsymbol{\rho}$，式（8-55）的左边是一个关于 $(\boldsymbol{r},\boldsymbol{o}) \in \boldsymbol{\Theta}$ 的凸优化问题。根据本章对 $\boldsymbol{\Theta}$ 的假设，凸优化问题的可行集是有界的，其保证了一个严格内点存在且最优值是有限的。基于有限维锥优化问题的强对偶定理[33]，可以得到该凸优化问题的对偶问题。通过研究对偶问题可以进一步发现，求解式（8-55）等价于式（8-55）的对偶最优值是非负的，其反过来就等价于 $\boldsymbol{\varphi} \in \boldsymbol{\Phi}^*$，式（8-51）至式（8-53）成立。通过将式（8-51）至式（8-53）代入问题 **P8** 中，定理 8.1 得证。

通过总结上述求解过程，具体的 DADR-TR 算法步骤见算法 8.1。首先，根据规划周期 $\mathcal{T}$ 内网络在每个时隙的网络拓扑构建时间扩展图 $G(V, A)$ 来表征网络的多维资源关系。随后，根据数据管理中心获得的第二阶段随机数据到达的统计信息，构建一个模糊集 $\mathcal{P}$ 来刻画不确定的两阶段数据到达分布。最后，利用定义 8.2 中的线性决策法则和模糊集 $\mathcal{P}$，将随机优化问题 **P3** 转化为一个二阶锥规划问题 **P9**。问题 **P9** 可以直接通过标准的软件包 CVX 进行求解。

算法 8.1　DADR-TR 算法
1：通过 STK 卫星模拟软件获得规划周期 $\mathcal{T}$ 内网络在每个时隙的网络拓扑。
2：根据所获得的网络拓扑构建时间扩展图 $G(V, A)$。
3：通过数据管理中心获得规划周期内实际的第一阶段具体数据到达信息集合 $\mathcal{D}_1$ 以及第二阶段数据到达的统计信息，即 $\boldsymbol{\gamma}$、$\boldsymbol{\sigma}$、$\boldsymbol{a}_1$、$\boldsymbol{a}_2$ 及数据到达信息集合 $\mathcal{D}_2$。
4：根据获得的 $\boldsymbol{\gamma}$、$\boldsymbol{\sigma}$、$\boldsymbol{a}_1$、$\boldsymbol{a}_2$ 来为不确定性的第二阶段数据到达构造数据到达分布模糊集 $\mathcal{P}$。
5：利用定义 8.2 中的线性决策法则和模糊集 $\mathcal{P}$ 来重新构造两阶段优化问题 $\mathbb{E}_{\mathbb{P}}[Q(\boldsymbol{y}_1, \tilde{\boldsymbol{r}})]$，进一步将随机优化问题 **P3** 转化为一个二阶锥规划问题 **P9**。
6：求解所转化的二阶锥规划问题 **P9**，进而获得确切的第一阶段数据传输策略以及两阶段的总收益。

8.4.3 复杂度分析

本小节分析 DADR-TR 算法的复杂度，并在给定第二阶段数据到达确切信息的情况下直接求解原始的 TS-SFO 问题（见问题 **P1**）的复杂度，这里将直接求解的方法记作 DS-TS-SFO 方法。本小节考虑最差的情况，其中每颗卫星在每个时隙均有数据到达，同时所有星间链路和星地链路在每个时隙均存在。

在最坏的情况下，对于 DADR-TR 算法而言，第一阶段需要优化的变量数是 $|\boldsymbol{y}_1| = \left[\frac{T_1(T_1+1)}{2}\right](S^3 + S^2R) + 3T_1S$；第二阶段需要优化的变量数是 $\mathrm{re}_2 = 2m + |\boldsymbol{y}_3|\,(2m+1)$，其中 $m = \chi S$，即第二阶段的随机数据到达参量数，$\chi = T_2 - T_1$，即第二阶段的时隙数，$|\boldsymbol{y}_3| = \left[\frac{\chi(T_1+T_2+1)}{2}\right](S^3 + S^2R) + \chi(3S + S^2 + SR)$。因此，问题 **P9** 有 $N_1 = |\boldsymbol{y}_1| + \mathrm{re}_2$ 个优化变量和 $N_2 = m\,(|\boldsymbol{y}_3| + 1)$ 个二阶锥约束，其中每个锥都是三维的，即包含 3 个需要求解的变量。参考文献[35-37]，二阶锥规划问题求解时的迭代次数上限为 $O\left(\sqrt{N_1+N_2}\right) = O\left(XS\sqrt{1.5T_2(S^2+SR)}\right)$。与此同时，每一次迭代的复杂度为 $O\left(N_1^3(N_2+1)\right) = O\left(0.5m^8S^4T_2^4 (S+R^4)\right)$。因此，DADR-TR 算法的总计算复杂度为

$$O\left(\sqrt{N_1+N_2}N_1^3(N_2+1)\right) = O\left(0.5m^8S^4T_2^4(S+R^4)\sqrt{1.5T_2(S^2+SR)}\right) = O(Q_1m^9) \tag{8-56}$$

其中，$Q_1 = 0.5S^4T_2^4(S+R^4)\sqrt{1.5T_2(S^2+SR)}$。

关于直接求解的 DS-TS-SFO 方法，在给定第二阶段随机参量分布的情况下，实际所求解的原始 TS-SFO 问题是一个大型线性规划问题，假设每个第二阶段的随机数据到达的可能取值有 ϑ 种情况，且每种可能性的概率相同，则第二阶段的 m 个随机数据到达的组合数有 ϑ^m 种。此外，直接求解该大型线性规划问题的优化变量数为 $e = |\boldsymbol{y}_1| + \vartheta^m|\boldsymbol{y}_2|$，其中 $|\boldsymbol{y}_2| = \left[\frac{\chi(T_1+T_2+1)}{2}\right](S^3+S^2R)$，因此直接求解原始 TS-SFO 问题的 DS-TS-SFO 方法的求解复杂度为

$$O(\tilde{n}^{3.5}) = O(0.5^7S^{3.5}(S+R)^{3.5}T_2^{3.5}m^{3.5}\vartheta^{3.5m}) = O(Z_2m^{3.5}\vartheta^{3.5m}) \tag{8-57}$$

其中，$Z_2 = 0.5^7S^{3.5}(S+R)^{3.5}T_2^{3.5}$ [38]。

从表 8-1 中可以看到，DADR-TR 算法的复杂度与 DS-TS-SFO 方法相比更低。具体来说，DADR-TR 算法的复杂度是一个关于随机参量数 m 的代数表达式，而 DS-TS-SFO 方法的复杂度则是一个关于随机参量数 m 的指数表达式。

表 8-1　DADR-TR 算法和 DS-TS-SFO 方法的复杂度

算法	复杂度
DADR-TR	$O(Z_1 m^9)$
DS-TS-SFO	$O(Z_2 m^{3.5} \vartheta^{3.5m})$

8.5　仿真结果与分析

本节通过卫星工具包 STK 获得实际的卫星运行轨迹与网络拓扑，联合 MATLAB 仿真软件来进行仿真，以验证 DADR-TR 算法的有效性。首先，本章通过蒙特卡洛法采样获得满足第二阶段数据到达数据量均值和方差的采样点，进而通过第 8.4 节中的 DS-TS-SFO 方法求解 TS-SFO 问题（问题 **P1**）。然后，将该蒙特卡洛法与 DADR-TR 算法从两个方面进行性能比较，即 CPU 时间消耗和平均网络收益。最后，本章研究了网络不同参数对 DADR-TR 算法的性能影响。

8.5.1　仿真配置

本节采用一个基于分布式星群的空间信息网络验证 DADR-TR 算法的性能，该仿真网络主要由 6 颗低轨卫星和 4 个地面站组成，其中 6 颗低轨卫星分别位于轨道高度为 619.6km、倾角为 97.86°的 2 个太阳同步轨道上，4 个地面站分别位于北京 (40°N, 116°E)、喀什 (39.5°N, 76°E)、青岛 (36°N, 120°E) 和三亚 (18°N, 109°E)。每个时隙的网络拓扑是通过 STK 软件获得的，时间是从 2018 年 6 月 15 日 5 时 30 分至 12 时 30 分。在仿真中，本章设置$\Delta\tau$ =300s、P_{is} =20W、P_{sg} =20W、P_{r} = 10W、P_{o} = 5W、P_{h} = 35W、ε = 80% [23]。此外，考虑每颗卫星在每个时隙均有数据到达，根据式（8-1）[23]，对于所考虑的仿真网络场景，当星间链路存在时，星间链路速率 IS_{ij}^t 的取值分布在 [15, 50]（单位为 Mbit/s）中。此外，星地链路容量取值分布在 [40, 100]（单位为 Mbit/s）中，且 30min 内保持不变 [24]。

8.5.2　性能评估

在蒙特卡洛法采样中考虑每个随机参量 r_d（$d \in \mathcal{D}_2$）具有两种情况，进而采用 DS-TS-SFO 方法求解 TS-SFO 问题，其可以被当作知道第二阶段确切数据到达信息的一种最优对比算法。本节进一步比较了采用蒙特卡洛法与 DADR-TR 算法对应的 CPU 时间消耗及平均网络收益，并将结果展示在表 8-2 和表 8-3 中。$\mathcal{T}_1$ 和 $\mathcal{T}_2$ 分别指第一阶段和第二阶段的时间长度。$|\mathcal{D}_1|$ 和 $|\mathcal{D}_2|$ 分别指第一阶段和第二阶段到达的数据需求

数。本章为 $d\in\mathcal{D}_1$ 的数据到达设置 r_d = 1Gbit。此外，采用蒙特卡洛法随机产生满足 r_d（$d\in\mathcal{D}_2$）$\in[0.5,1.5]$（单位为 Gbit）的数据需求。随后，本章通过上述蒙特卡洛法产生的第二阶段随机数据到达的统计信息，包括均值 γ、方差 σ 及随机参量 r_d（$d\in\mathcal{D}_2$）的下界 $\boldsymbol{a}_1$ 和上界 $\boldsymbol{a}_2$，测试了 DADR-TR 算法的性能。

正如所期望的，随着整个规划周期 $\mathcal{T}$（$\mathcal{T}=\mathcal{T}_1+\mathcal{T}_2$）的增长，CPU 时间消耗及平均网络收益均增加。此外，从表 8-2 中可以看到，蒙特卡洛法中不同 $|\mathcal{D}_2|$ 之间的 CPU 时间消耗的差距比 DADR-TR 算法要大。主要原因在于 DADR-TR 算法的时间复杂度是随机参量数 $m(m=|\mathcal{D}_2|)$ 的代数表达式，而蒙特卡洛法的时间复杂度是随机参量数 m 的指数表达式，这在第 8.4 节中有证明。表 8-3 展示了蒙特卡洛法和 DADR-TR 算法的平均网络收益。由于 DADR-TR 算法计算了第二阶段数据到达分布集合中最差的数据到达分布的情况对应的两阶段网络收益，因此 DADR-TR 算法的平均网络收益性能比蒙特卡洛法要差。

表 8-2　蒙特卡洛法和 DADR-TR 算法的 CPU 时间消耗对比（单位：s）

$\mathcal{T}_1/\mathcal{T}_2/\lvert\mathcal{D}_1\rvert/\lvert\mathcal{D}_2\rvert$	蒙特卡洛法	DADR-TR 算法
30/5/36/6	260.5	24.6
30/10/36/12	2736.7	50.3
30/15/36/18	10 393.8	129.7

表 8-3　蒙特卡洛法和 DADR-TR 算法的平均网络收益对比（单位：Gbit）

$\mathcal{T}_1/\mathcal{T}_2/\lvert\mathcal{D}_1\rvert/\lvert\mathcal{D}_2\rvert$	蒙特卡洛法	DADR-TR 算法
30/5/36/6	12.1	10.9
30/10/36/12	15.8	14.3
30/15/36/18	18.9	17.6

为了验证 DADR-TR 算法，本节还将其与两种当前的参考算法进行了对比。第一种是贪婪（Greedy）算法，第二种是为应对后期的不确定性数据到达的资源预留（Resource Reservation For the Randomness，RRFR）策略。在贪婪算法中，第二阶段的动态突发任务数据到达被忽略，每个时隙均以最大化网络收益为目标进行数据传输决策，而不考虑当前时隙结束后网络的资源状态及对后续数据到达的影响。相较而言，RRFR 策略则是为了应对第二阶段的随机数据到达，在进行数据传输决策时，保障第一阶段结束时刻网络的能量资源不少于电池容量的一半，即 $0.5\mathrm{EB}_{\max}$。在本仿真中，设置 $\mathcal{T}_1$ = 90min。本节通过比较两个网络性能参数来衡量算法的有效性：一个是两阶段总网络收益（Total Network Reward，TNR），另一个是为了衡量不同算法的鲁棒性而提出的第二阶段网络收益（Second-Stage Network Reward，SSNR）。虽然 DADR-TR 算法求解了最差的期望收益，但仍可以获得精确的第一阶段的任务规划策略，以及第一

阶段结束时刻网络的资源状态（包括存储器状态和电池状态）。为了公平地进行对比，本节选择满足第二阶段均值与方差的具体数据到达，并根据第一阶段结束时刻网络的资源状态来计算 3 种算法的第二阶段网络收益。

图 8-3 和图 8-4 展示了 3 种算法的 TNR 随着第一阶段数据到达需求（First-Stage Data Demand，FSDD）变化的情况。从图 8-3 可以看到，随着 FSDD 的增加，3 种算法的 TNR 均呈增长趋势，该增长趋势随着 FSDD 增长到某一个值后停止，这是由于在这种情况下，网络的资源状态（可用能量和存储器容量）成为瓶颈。由于 DADR-TR 算法联合优化了两阶段的数据传输性能，因此具有最佳的性能。然而，从图 8-4 可以看到，DADR-TR 算法和贪婪算法的 SSNR 随着 FSDD 的增加呈下降趋势，这主要是由于随着 FSDD 的增加，为了最大化 TNR，网络在第一阶段结束时刻的可用能量资源会下降。因此，对于 DADR-TR 算法和贪婪算法来说，其对应的 SSNR 性能会在某种程度上有所降低。相较而言，由于 RRFR 算法在第一阶段结束时刻电池的状态有所保障，即不能小于其电池容量的一半，因此，随着 FSDD 的增加，RRFR 策略的 SSNR 几乎没有变化。

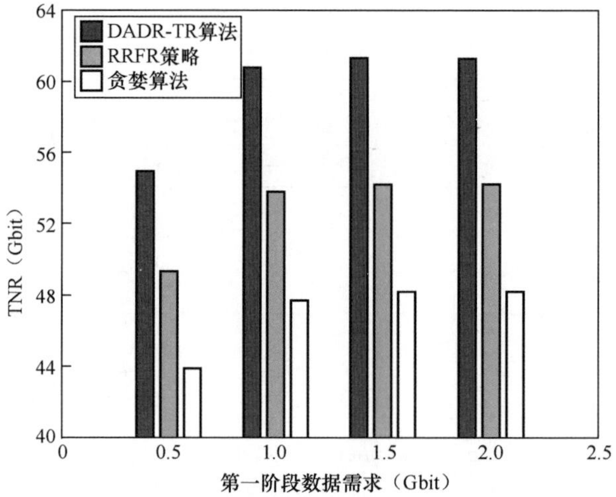

图 8-3　第一阶段数据需求对 TNR 的影响

为了衡量 DADR-TR 算法的鲁棒性，本节进一步研究了第二阶段数据需求的均值对 3 种算法网络性能的影响。图 8-5 展示了 TNR 随第二阶段数据需求均值变化的情况，可以看到，随着 MSSDD（Mean of Second Stage Data Demand，第二阶段数据需求均值）的增加，3 种算法的 TNR 均增加。由于联合考虑了可预测的第一阶段数据到达和第二阶段不确定的数据到达，DADR-TR 算法可以有效利用两阶段的网络资源，从而使得网络的 TNR 优于其他两种算法。还可以观察到，随着 MSSDD 的增加，DADR-TR

算法和贪婪算法的 SSNR 比 RRFR 策略增长得多，这是因为 RRFR 策略采用一种固定资源预留策略来应对第二阶段的不确定数据需求。此外，图 8-6 展示了 SSNR 随着第二阶段数据需求均值变化的情况，可以看到，RRFR 策略和贪婪算法的 SSNR 随着 MSSDD 的增加越来越接近，这是由于 RRFR 策略采用的固定资源预留策略导致网络资源没有被充分利用。

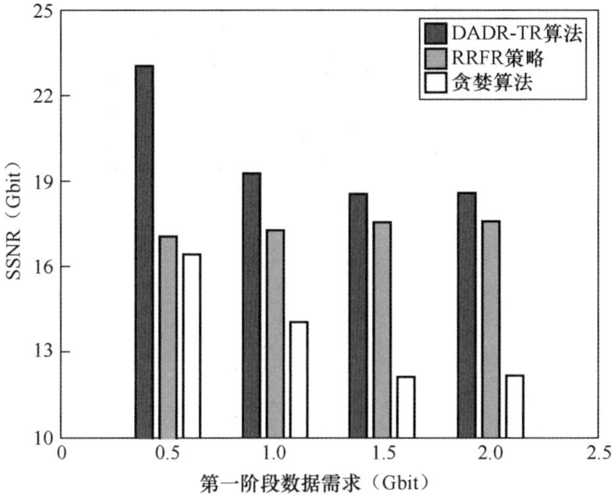

图 8-4　第一阶段数据需求对 SSNR 的影响

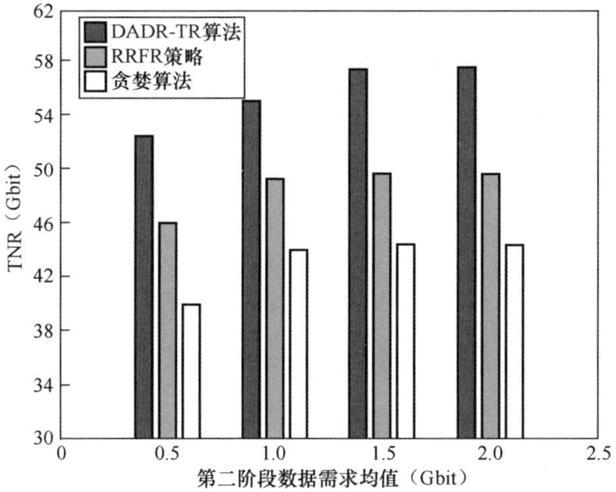

图 8-5　第二阶段数据需求均值对 TNR 的影响

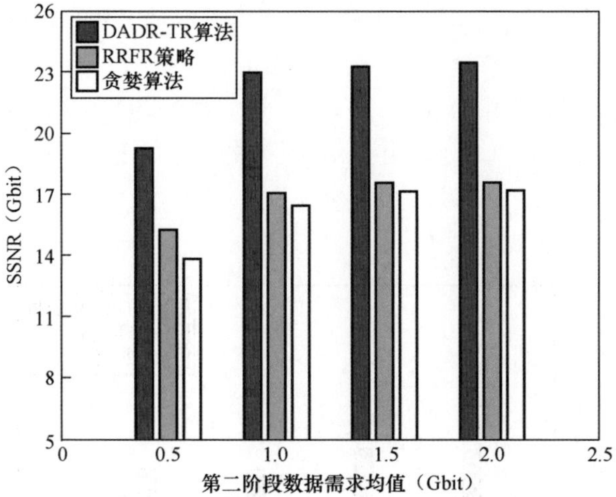

图 8-6 第二阶段数据需求均值对 SSNR 的影响

图 8-7 和图 8-8 分别描述了 3 种算法的存储器容量对网络的 TNR 和 SSNR 的影响。仿真结果显示，随着存储器容量 B_{max} 的增加，3 种算法的 TNR 和 SSNR 均增长。该现象正如所期望的，因为给定一个越大的存储器容量，就意味着越多的数据可以被存储下来，进而等待合适的机会回传到地面。进一步发现，随着存储器容量的增加，网络的 TNR 和 SSNR 并不会持续增长，这是因为，当性能增长到一定程度时，网络的通信资源及能量资源将成为数据回传的制约因素，即达到资源瓶颈。此外，可以发现，DADR-TR 算法与其他两种算法相比能更好地利用网络动态的资源，从而具有最佳的网络性能。

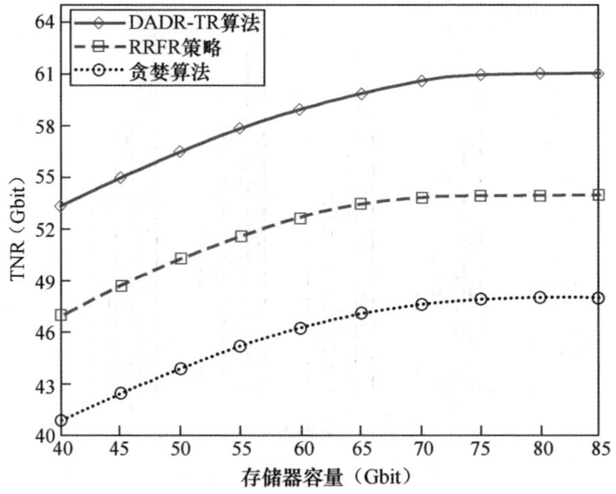

图 8-7 存储器容量对 TNR 的影响

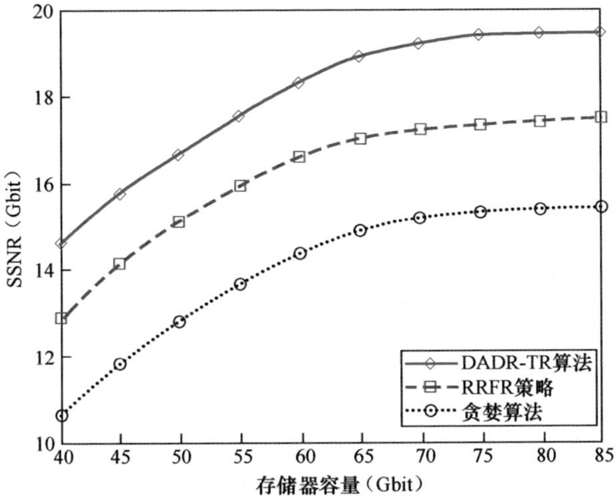

图 8-8　存储器容量对 SSNR 的影响

图 8-9 和图 8-10 分别研究了电池容量 EB_{max} 对 TNR 和 SSNR 的影响。正如所期望的，随着电池容量 EB_{max} 的增加，3 种算法的 TNR 和 SSNR 均增长。这是因为，电池容量越大，卫星在地球向阳面时能吸收并存储下来以备后续使用的太阳能就越多。然而，随着电池容量的增加，网络的 TNR 和 SSNR 均会趋于稳定。这是因为，网络的通信资源及存储器资源在这种情况下会处于瓶颈状态，成为制约数据回传的主要因素。此外，DADR-TR 算法的 TNR 和 SSNR 均优于 RRFR 策略和贪婪算法。该结果可归因于 DADR-TR 算法采用了联合两阶段任务规划，能够使网络资源被更加高效地利用。

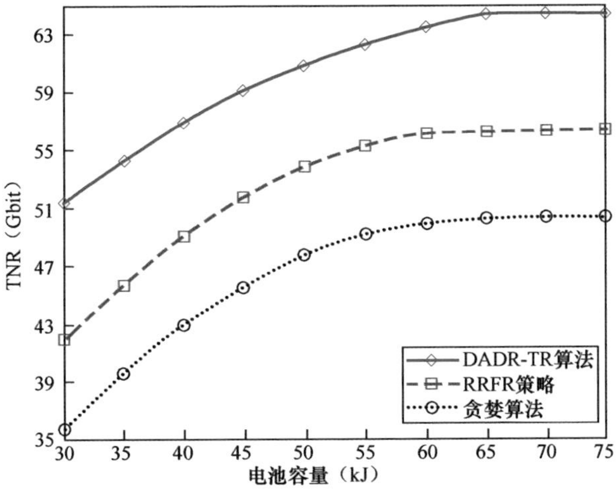

图 8-9　电池容量对 TNR 的影响

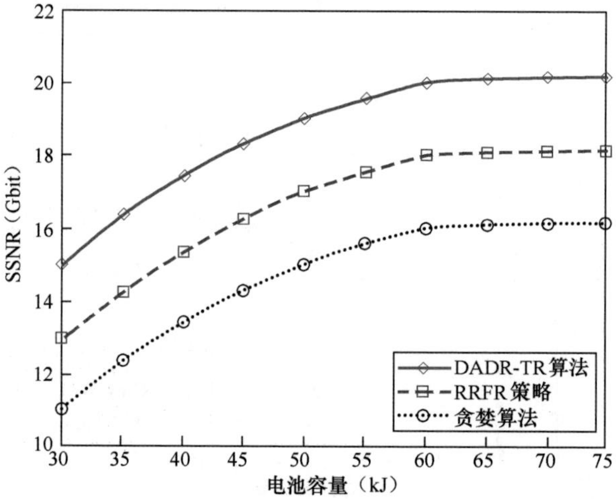

图 8-10　电池容量对 SSNR 的影响

| 8.6　本章小结 |

本章介绍了基于动态突发任务到达模糊信息的两阶段任务规划算法。该算法考虑了第二阶段的动态突发任务数据到达，引入了一个模糊集来刻画第二阶段随机数据到达的不确定性分布，解决了确定性到达的任务与随机到达的任务之间的资源竞争问题。具体而言，本章首先提出了数据到达分布鲁棒的两阶段任务规划算法，即 DADR-TR 算法，从而实现了将原始的随机优化问题转化为一个确定性的锥规划问题，该问题的求解复杂度相对较低。然后，通过仿真实验验证了 DADR-TR 算法与现有算法相比更具鲁棒性，且能更好地应对第二阶段随机到达的任务数据。

参 考 文 献

[1] SHENG M, WANG Y, LI J, et al. Toward a flexible and reconfigurable broadband satellite network: Resource management architecture and strategies[J]. IEEE Wireless Communications, 2017, 24(4): 127-133.

[2] SANCTIS M, CIANCA E, ARANITI G, et al. Satellite communications supporting Internet of remote things[J]. IEEE Internet of Things J Journal, 2016, 3(1): 113-123.

[3] SHI Y, LIU J, FADLULLAH Z M, et al. Cross-layer data delivery in satellite-aerial-terrestrial communication[J]. IEEE Wireless Communications, 2018, 25(3): 138-143.

[4] CHI M, PLAZA A, BENEDIKTSSON J, et al. Big data for remote sensing: Challenges and opportunities[J]. Proceedings of the IEEE, 2016, 104(11): 2207-2219.

[5] LINDSAY F. Learning more about our Earth: An exploration of NASA's contributions to Earth science through remote sensing technologies: GSFC-E-DAA-TN49848[R]. Maryland: NASA Goddard Space Flight Center, 2017.

[6] YU Q, MENG W, YANG M, et al. Virtual multi-beamforming for distributed satellite clusters in space information networks[J]. IEEE Wireless Communications, 2016, 23(1): 95-101.

[7] PORTILLO I, BOU E, ALARCON E, et al. On scalability of fractionated satellite network architectures[C]//2015 IEEE Aerospace Conference. NJ: IEEE, 2015.

[8] RADHAKRISHNAN R, EDMONSON W, AFGHAH F, et al. Survey of inter-satellite communication for small satellite systems: Physical layer to network layer view[J]. IEEE Communications Surveys & Tutorials, 2016, 18(4): 2442-2473.

[9] JIA X, LV T, HE F, et al. Collaborative data downloading by using inter-satellite links in LEO satellite networks[J]. IEEE Transactions on Wireless Communications , 2017, 16(3): 1523-1532.

[10] AMANOR D, EDMONSON W, AFGHAH F. Intersatellite communication system based on visible light[J]. IEEE Transactions on Aerospace and Electronic Systems, 2018, 54(6): 2888-2899.

[11] CHIN K, BRANDON E, BUGGA R, et al. Energy storage technologies for small satellite applications[J]. Proceedings of the IEEE, 2018, 106(3): 419-428.

[12] GOLKAR A, CRUZ I. The federated satellite systems paradigm: Concept and business case evaluation[J]. Acta Astronautica, 2015, 111: 230-248.

[13] PANAGOPOULOS A, ARAPOGLOU P, COTTIS P. Satellite communications at KU, KA, and V bands: Propagation impairments and mitigation techniques[J]. IEEE Communications Surveys & Tutorials, 2004, 6(3): 2-14.

[14] WANG Y, SHENG M, LI J, et al. Dynamic contact plan design in broadband satellite networks with varying contact capacity[J]. IEEE Communications Letters, 2016, 20(12): 2410-2413.

[15] DU J, JIANG C, QIAN Y, et al. Resource allocation with video traffic prediction in cloud-based space systems[J]. IEEE Transactions on Multimedia, 2016, 18(5): 820-830.

[16] YANG Y, XU M, WANG D, et al. Towards energy-efficient routing in satellite networks[J]. IEEE Journal on Selected Areas in Communications, 2016, 34(12): 3869-3886.

[17] ZHANG T, LI H, ZHANG S, et al. A storage-time-aggregated graph-based QoS support routing strategy for satellite networks[C]//2017 IEEE Global Communications Conference. NT: IEEE, 2017.

[18] ZHANG Z, JIANG C, GUO S, et al. Temporal centrality-balanced traffic management for space satellite networks[J]. IEEE Transactions on Vehicular Technology, 2018, 67(5): 4427-4439.

[19] KANEKO K, KAW AMOTO Y, NISHIY AMA H, et al. An efficient utilization of intermittent surface-satellite optical links by using mass storage device embedded in satellites[J]. Performance Evaluation, 2015, 87: 37-46.

[20] LIU J, SHI Y, FADLULLAH Z, et al. Space-air-ground integrated network: A survey[J]. IEEE Communications Surveys & Tutorials, 2018, 20(4): 2714-2741.

[21] DU J, JIANG C, W ANG J, et al. Resource allocation in space multiaccess systems[J]. IEEE Transactions on Aerospace and Electronic Systems, 2017, 53(2): 598-618.

[22] ARANITI G, BEZIRGIANNIDIS N, BIRRANE E, et al. Contact graph routing in DTN space networks: Overview, enhancements and performance[J]. IEEE Communications Magazine, 2015, 53(3): 38-46.

[23] JAMILKOWSKI M, GRANT K, MILLER S. Support to multiple missions in the joint polar satellite system (JPSS) common ground system (CGS)[C]//AIAA SPACE 2015 Conference and Exposition. [s.l.]: [s.n.], 2015: 1-5.

[24] PARABONI A, BUTI M, CAPSONI C, et al. Meteorology-driven optimum control of a multibeam antenna in satellite telecommunications[J]. IEEE Transactions on Antennas and Propagation, 2009, 57(2): 508-519.

[25] DESTOUNIS A, PANAGOPOULOS A. Dynamic power allocation for broadband multi-beam satellite communication networks[J]. IEEE Communications Letters, 2011, 15(4): 380-382.

[26] LIU R, SHENG M, LUI K, et al. An analytical framework for resource-limited small satellite networks[J]. IEEE Communications Letters, 2016, 20(2): 388-391.

[27] ZHOU D, SHENG M, WANG X, et al. Mission aware contact plan design in resource-limited small satellite networks[J]. IEEE Transactions on Communications, 2017, 65(6): 2451-2466.

[28] LI B, RONG Y, SUN J, et al. A distributionally robust minimum variance beamformer design[J]. IEEE Signal Processing Letters, 2018, 25(1): 105-109.

[29] LI B, SUN J, XU H, et al. A class of two-stage distributionally robust games[J]. Journal of Industrial and Management Optimization, 2017, 13(5):1-14.

[30] LI B, QIAN X, SUN J, et al. A model of distributionally robust two-stage stochastic convex programming with linear recourse[J]. Applied Mathematical Modelling, 2018, 58: 86-97.

[31] WIESEMANN W, KUHN D, SIM M. Distributionally robust convex optimization[J]. Operations Research, 2014, 62(6): 1358-1376.

[32] JABR R. Linear decision rules for control of reactive power by distributed photovoltaic

generators[J]. IEEE Transactions on Power Systems, 2018, 33(2): 2165-2174.

[33] BEN-TAL A,GHAOUI L, NEMIROVSKI A. Robust optimization[M]. Princeton: Princeton University Press, 2009.

[34] BERTSIMAS D, DOAN X V, NATARAJAN K, et al. Models for minimax stochastic linear optimization problems with risk aversion[J]. Mathematics of Operations Research, 2010, 35(3): 580-602.

[35] LOBO M, V ANDENBERGHE L, BOYD S, et al. Applications of second-order cone programming[J]. Linear Algebra and its Applications, 1998, 284(1-3): 193-228.

[36] HE S, HUANG Y, LU Y , et al. Resource efficiency: A new beamforming design for multicell multiuser systems[J]. IEEE Transactions on Vehicular Technology, 2016, 65(8): 6063-6074.

[37] LI B, RONG Y, SUN J, et al. A distributionally robust linear receiver design for multi-access space-time block coded MIMO systems[J]. IEEE Transactions on Wireless Communications, 2017, 16(1): 464-474.

[38] LIU Y, DAI Y, LUO Z. Joint power and admission control via linear programming deflation[J]. IEEE Transactions on Signal Processing, 2013, 61(6): 1327-1338.

第三部分小结

第三部分重点介绍了面向动态突发任务的空间信息网络资源管理与优化。首先，第 7 章介绍了已知动态突发任务数据到达分布下的动态资源管理与优化技术，即联合考虑链路调度、电池管理和存储资源管理的耦合关系，设计了一个基于 MDP 的面向动态突发任务需求的多维资源联合调度技术，从而实现了最大化网络长期任务数据传输性能的目的。第 8 章重点介绍了动态突发任务数据到达分布未知条件下的资源管理与优化方法，即考虑第一阶段为确定性任务数据到达和第二阶段为动态突发任务数据到达的两阶段动态突发任务数据到达，针对数据到达分布未知的动态突发任务，介绍了一种基于动态突发任务到达模糊信息的两阶段随机优化架构，并进一步设计了一种数据到达分布鲁棒的两阶段任务规划算法。

第四部分　人工智能在空间信息网络任务规划与资源调度中的应用

本部分将重点介绍人工智能在空间信息网络任务规划与资源调度中的应用。首先，通过研究不同调度周期内任务结构分布的相似性，介绍面向任务结构学习的智能任务规划方法。其次，进一步研究网络资源动态且不可预测对动态资源调度的影响，并介绍基于强化学习（Reinforcement Learning，RL）的智能资源调度方法，以实现动态且不可预测的网络环境下任务需求与动态资源的匹配。

第 9 章研究空间信息网络中资源和任务需求的动态变化对资源调度的重要影响，重点研究变化的任务结构的相似性，引导卫星资源调度的按需调整以适应网络任务需求的动态变化；提出基于霍普菲尔德（Hopfield）算法的卫星资源调度算法来实现高效的卫星任务规划；为适应卫星网络任务的动态性，快速得到任务变化后的资源调度的调整策略，进一步提出基于迁移学习的卫星资源调度算法，学习 Hopfield 网络中的节点选择策略，从而指导任务需求发生变化时快速的任务规划决策。

第 10 章重点研究遥感卫星的工作特点及其所在环境特性的前提下，如何高效地进行资源调度以优化其传输性能的问题。首先，建立遥感卫星网络的模型，以遥感卫星为研究对象，明确其任务传输流程。然后，建立遥感卫星网络的环境模型，详细描述信道、太阳能资源对遥感卫星数据传输的影响。基于上述基本网络模型，将面向任务需求的遥感卫星资源调度问题建模为随机优化问题。由于环境参数的未知性，该优化问题无法直接求解，因而基于强化学习的无模型约束特点，利用强化学习框架进行重新建模，并定义遥感卫星的状态、动作和奖励等要素。最后，介绍基于双层线性近似强化学习的资源调度算法，该算法可实现最大化网络长期任务回传量的目标。仿真结果验证了该算法的收敛性，以及在任务数据回传量方面与现有算法相比的性能增益。

第 9 章　迁移学习在空间信息网络任务规划中的应用

高效的资源调度方法是提高空间信息网络性能的关键。空间信息网络中资源和任务需求的动态变化对资源调度有很重要的影响。本章重点研究变化的任务结构的相似性，引导卫星资源调度的按需调整以适应网络任务需求的动态变化。本章介绍一种基于 Hopfield 算法的卫星资源调度算法来实现高效的卫星任务规划。为了适应卫星网络任务的动态性，快速得到任务变化后资源调度的调整策略，本章进一步介绍基于迁移学习的卫星资源调度算法，可通过学习 Hopfield 网络中的节点选择策略来指导任务需求发生变化时快速的任务规划决策。

| 9.1　引言 |

随着空间信息网络覆盖范围的不断扩大及航天器的广泛应用，数据的指数级增长给资源调度带来了巨大的挑战[1-3]。中继卫星可用于数据的管理和传输，对提高空间信息网络的性能具有重要意义。

卫星的轨道特性包括两个方面：一个是时间窗，表示用户卫星进入中继卫星传输范围的时间段；另一个是服务窗口，具有断续连通特性。此外，任务只有在有效期限内完成才有效。由于时间窗和任务有效性的限制，面向任务需求的资源管理任务的建模和求解过程较复杂，已被证明为 NP 难问题[4]。与此同时，随着任务类型、任务数及资源状态的变化，资源优化问题变得更加复杂。因此，研究能够适应网络变化的资源调度策略成为空间信息网络高效运行的关键[5]。

现有的空间资源调度工作侧重于最大限度地提高完成的任务的总优先级。有研究人员提出了基于优先级的启发式方法，可以有效避免资源冲突[6]。考虑到多维资源联合调度，合理平衡多维资源以保证任务完成效益是一种很有前景的解决方案[7]。此外，有研究人员从动态的角度研究了资源调度策略，促进了空间信息网络的快速发展[3,8,9]。任务数量和有效期限的不确定性给资源调度带来了巨大的挑战，可以通过动态合并任务来提高调度性能[9]。此外，已有研究人员提出了一种两阶段资源调度算法[8]，在动态调度阶段通过抢占式的任务切换和任务分解来提高调度性能。针对紧急任务，可以利用随机优化框架来解决动态混合资源调度问题[3]。

上述研究希望通过高效解决资源调度问题来适应网络的变化。但在任务数很大的情况下，求解过程仍然具有较高的复杂度。因此，需要通过分析任务结构来提取任务特征，从已经解决的任务规划问题中获取经验，充分利用人工智能中的迁移学习算法在空间信息网络资源调度方面的优势，研究资源调度策略，从而提高网络性能。

本章首先介绍通过基于 Hopfield 算法的卫星资源调度算法（Satellite Resource Allocation Algorithm based on Hopfield，SRAAH）来得到高效的面向任务需求的空间信息网络资源调度的策略。然后，针对任务变化给资源调度带来的困难，本章提出基于迁移学习的 Hopfield 卫星资源调度算法（Satellite Resource Allocation Algorithm based on Hopfield and Transfer Learning，SRAAH-TL），可以用来加速解决空间信息网络中的资源调度问题。

| 9.2　系统模型 |

本节详细介绍空间信息网络的网络模型和任务服务模型。

9.2.1　网络模型

本节研究包含一个在低轨执行任务的用户卫星集合 $\mathrm{US}=\{\mathrm{us}_1,\cdots,\mathrm{us}_i\}$，以及一组在地球同步轨道处理和接收数据的中继卫星 $\mathrm{RS}=\{\mathrm{rs}_1,\cdots,\mathrm{rs}_i\}$ 的空间信息网络。图 9-1 所示为网络场景图，由于中继卫星和用户卫星分别在各自的轨道上运行，因此它们之间的相对运动构成了断续连通的时间窗。考虑将规划时间 $T=\{1,\cdots,T\}$ 划分为 T 个时隙。

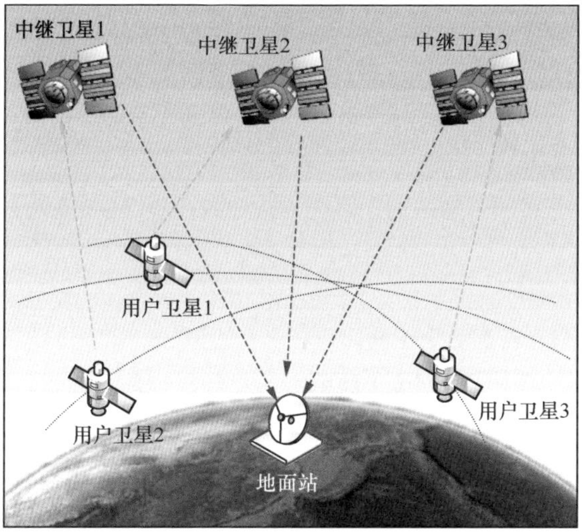

图 9-1　网络场景图

9.2.2 任务服务模型

任务集表示为 $\mathcal{M}=\{M_1,M_2,\cdots,M_m\}$，一项任务 $M\in\mathcal{M}$ 用 4 维向量 (p_M,q_M,s_M,c_M) 来描述，其中 p_M、q_M、s_M 和 c_M 分别表示任务的优先级、持续时间、开始时间和所需时间。m 表示任务集 $\mathcal{M}$ 中成功完成的任务，在任务的有效期内为任务分配足够的资源，以确保任务完成的有效性。

$$s_i \leqslant j \leqslant s_i + q_i, \forall i \in m \tag{9-1}$$

$$\sum_j V_{ij} \geqslant c_M, \forall i \in m \tag{9-2}$$

式（9-1）和式（9-2）表示，一项任务只有在其有效期内完成并且所需的通信资源充足时才有效。

9.3 问题建模

由于任务具有时效性，中继卫星在处理任务时，如果超过了任务规划的有效期，则任务规划无效。$\boldsymbol{\varphi}$ 表示任务的有效期矩阵。如果某项任务在某个时隙处于有效状态，则矩阵 $\boldsymbol{\varphi}$ 中相应的参数设为 0，否则设为 1。因此，式（9-1）可以简化为

$$\boldsymbol{V\varphi}=\boldsymbol{0} \tag{9-3}$$

其中，$\boldsymbol{V}$ 为任务规划结果矩阵。

只有在时间窗内，任务才有机会有效地完成。时间窗约束可以表示为

$$\boldsymbol{V\omega}=\boldsymbol{0} \tag{9-4}$$

其中，$\boldsymbol{\omega}$ 表示时间窗矩阵。

与对任务有效期矩阵的描述相似，如果某项任务在某个时隙存在可见窗口，则矩阵 $\boldsymbol{\omega}$ 中相应的参数设为 0，否则设为 1。用户卫星和中继卫星的轨道参数是已知的，因此时间窗是可预测的。

假设中继卫星在每个时隙中最多只能处理一个任务，对于任务规划结果矩阵，有

$$\sum_i \boldsymbol{V}_{ij} \leqslant \boldsymbol{I} \tag{9-5}$$

其中，$\boldsymbol{I}$ 是一个所有元素都等于 1 的向量。

图 9-2 所示为 2 颗中继卫星、2 颗用户卫星和 5 个任务的资源调度示例。中继卫星 1 和中继卫星 2 有各自的时间窗资源。用户卫星 1 发送任务 $\{M_2,M_4\}$，用户卫星 2 发送任务 $\{M_1,M_3,M_5\}$。通过卫星资源调度，M_2 被分配到中继卫星 1 的第 3 ～ 5 个时间窗。

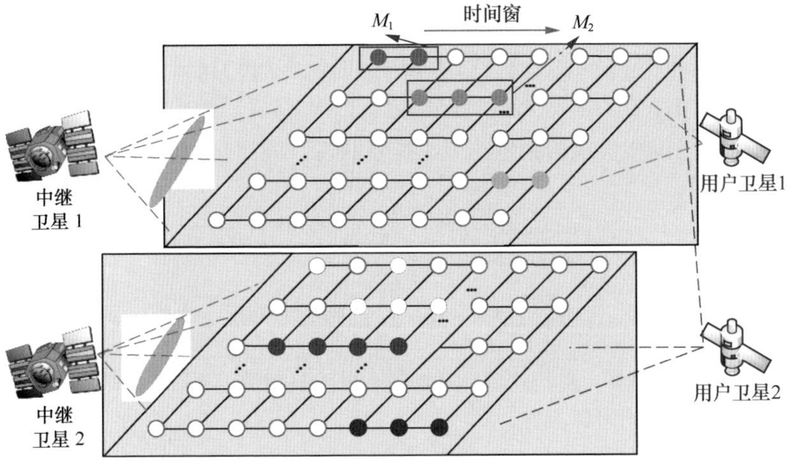

图 9-2　卫星资源调度示例

考虑到网络中的中继卫星上的资源有限，且有多个任务等待被规划，目标是使网络总收益最大化，该总收益表示为成功完成任务的总优先级。根据上述变量和参数，卫星资源调度问题可以表述为

$$\max \sum_{i}\sum_{j} \boldsymbol{P}_i \boldsymbol{V}_{ij}$$
$$\text{s.t. 式 (9-2)} \sim \text{(9-5)} \tag{9-6}$$

上述问题是背包装载问题（KLP），被证明为 NP 难问题[8]。式（9-2）至式（9-5）分别表示任务通信资源需求约束、任务有效期约束、卫星时间窗约束和中继卫星处理能力约束。

9.4　面向任务结构学习的任务规划

本节介绍的 SRAAH 可以有效解决第 9.3 节中提及的卫星资源调度问题。此外，为了应对任务结构的变化，确保任务的时效性，快速找到任务需求发生变化时的网络资源调度策略，本节再介绍一种加速解决资源配置问题的 SRAAH-TL 方案。

9.4.1　基于 Hopfield 算法的资源调度算法

由于 Hopfield 神经网络（Hopfield Neural Network，HNN）能够快速找到优化问题的最优解或次优解，因此被广泛应用于空间信息网络优化问题的求解。本节使用 HNN 有效解决所建模的问题，其中，每个神经元的输出是其他神经元的输入，因此可以认为是一个非线性动态系统[10]。第 9.3 节所述的卫星资源调度问题可以描述为一个由约束和目标组成的能量函数。每个时隙中每个任务的执行对应于 HNN 中的一个神经元。

假设有 T 个时隙和 m 个任务。因此，HNN 中存在 Tm 个神经元。随着迭代的进行，能量函数逐渐减小，最终神经网络趋向稳定。在式（9-7）至式（9-11）的条件下，优化问题的解对应 HNN 实现的稳定的最小能量状态。利用罚函数构造卫星资源调度的能量函数为

$$E=\alpha_1\sum_j\sum_i\sum_{k\neq i}\boldsymbol{V}_{ij}\boldsymbol{V}_{kj}+\alpha_2\sum_i\Big(\sum_j\boldsymbol{V}_{ij}-\boldsymbol{W}_i+\boldsymbol{C}_i\Big)^2+\alpha_3\sum_i\sum_j\varphi_{ij}\boldsymbol{V}_{ij}+\alpha_4\sum_i\sum_j\omega_{ij}\boldsymbol{V}_{ij}-\alpha_5\sum_i\sum_j\boldsymbol{V}_{ij}\boldsymbol{P}_i \tag{9-7}$$

其中，$\boldsymbol{C}$ 为任务需求向量，$\boldsymbol{P}$ 为任务优先向量，$\boldsymbol{\omega}$ 为保持等式约束的补偿向量，$\alpha_1\sim\alpha_5$ 为各约束项和目标项的可调系数。

使用 S 型函数作为神经网络的激活函数：

$$\boldsymbol{V}=f(\boldsymbol{U})=\frac{1}{1+\mathrm{e}^{-\frac{U}{\mu}}} \tag{9-8}$$

其中，$\boldsymbol{V}$ 和 $\boldsymbol{U}$ 分别表示神经网络的输出矩阵和输入矩阵。激活函数是递增函数，逆函数也是递增函数，z 表示激活函数的逆函数：

$$z=f^{-1}(y) \tag{9-9}$$

根据

$$\frac{\partial E}{\partial y_i}=-\frac{\mathrm{d}z_i}{\mathrm{d}t} \tag{9-10}$$

得到

$$\frac{\mathrm{d}E}{\mathrm{d}t}=\sum_i\frac{\partial E}{\partial y}\frac{\mathrm{d}y_i}{\mathrm{d}t}=-\sum_i\frac{\mathrm{d}z}{\mathrm{d}t}\frac{\mathrm{d}y}{\mathrm{d}t}=-\sum_i\frac{\mathrm{d}z_i}{\mathrm{d}y_i}\left(\frac{\mathrm{d}y_i}{\mathrm{d}t}\right)^2=-\sum_i\frac{\mathrm{d}f^{-1}(y_i)}{\mathrm{d}y_i}\left(\frac{\mathrm{d}y_i}{\mathrm{d}t}\right)^2\leqslant 0 \tag{9-11}$$

算法 9.1 给出了 SRAAH 的步骤。首先设定步长和初始神经元，然后根据空间信息网络中的约束条件和目标构造能量函数。接下来计算能量函数对 $\boldsymbol{V}$ 的偏导数，也就是能量函数变化的方向。最后根据能量变化方向开始迭代。

算法 9.1　SRAAH

1：初始化：设置步长 L、初始神经元 W。

2：构造 Hopfield 能量函数 E 。

3：开始循环条件：Hopfield 未到达稳定状态。

4：　　计算网络迭代方向 $\boldsymbol{\delta}$;

5：　　更新神经元输入 $\boldsymbol{U}_{\text{new}}\leftarrow\boldsymbol{U}+\boldsymbol{\delta}$;

6:　　更新神经元输出 $\boldsymbol{V} \leftarrow f(\boldsymbol{U}_{\text{new}})$；

7：结束循环。

8：返回规划结果矩阵 $\boldsymbol{V}$。

9.4.2　基于任务结构的资源调度算法

为了清晰起见，HNN 中的神经元被称为节点，节点表示资源调度结果。SRAAH 在寻找可行最优解时考虑了所有的神经元。所有时隙的所有空间任务都要考虑在内，然而，这些节点中只有少数是非零的。提前预测出哪些节点将被选择进行规划，可以有效减少迭代中计算的节点数量。因此，有效的节点选择策略可以大大减少资源调度算法所消耗的时间。

在 HNN 中，不满足约束的节点和不构成最优解的节点为非机会节点，能够产生最优解的节点为机会节点。节点选择策略将选择出规划矩阵中的机会节点。

机器学习方法在解决无线网络资源调度的难题中发挥了重要作用[11]。最近，一些相关研究利用机器学习来加速无线网络优化算法[12-13]，基于此，本节用神经网络来学习哪些节点被选择为机会节点，通过节点的当前状态计算出该节点是机会节点的可能性，并将此问题转化为一个二元分类问题，即输入是状态特征的向量，输出是由 SRAAH 产生的规划标签。

9.4.3　任务结构学习

本小节首先讨论如何设计合适的任务特征，并解释如何使用神经网络来选择机会节点。

1. 特征及标签

（1）问题无关特性：包括当前节点的任务拥塞状态、当前节点对应任务的有效时间，以及当前节点的时间窗状态。

（2）问题相关特征：与任务的分布密切相关，包括任务开始时间的分布、任务有效性的分布和任务优先级的分布。

（3）标签：任务结构的学习过程可以简化为一个分类问题。节点分为机会节点和非机会节点，分别用“1”和“0”表示。

随着任务分布的变化，各问题在任务有效期等特征上存在显著差异。为了确保模型具有泛化能力，对上述特征进行标准化。

2. 节点分类器学习

本小节使用神经网络作为分类器，以克服支持向量机无法实现准确度和计算复杂度之间动态权衡的问题[12-13]。将特征转化为多维向量作为输入。对应的标签反映一个节点是否是机会节点。

本小节构造一个多层感知器（MLP）作为分类器，隐藏层使用双曲正切函数作为激活函数，输出层使用纯线性函数来表示每个节点被选为机会节点的概率。设神经网络的隐单元为 {32, 64, 16}。机会节点和非机会节点的标签 $\boldsymbol{y}$ 分别记为 (1,0) 和 (0,1)，$\boldsymbol{o}$ 为 MLP 的输出向量。使用的损失函数为

$$\text{loss} = \frac{1}{2}\| \boldsymbol{o}[1] - \boldsymbol{y}[1] \|^2 + \frac{1}{2}\| \boldsymbol{o}[2] - \boldsymbol{y}[2] \|^2 \tag{9-12}$$

在节点选择的过程中，未选择机会节点的代价是巨大的，所以阈值 Λ 的设置对于优化算法的性能至关重要。

算法 9.2 给出了 SRAAH-TL 的详细步骤。与 SRAAH 相比，SRAAH-TL 增加了一个节点选择过程，可以有效缩小探索范围，通过迁移学习中对节点分类器的微调，提高泛化能力。通过减小阈值 Λ，可以扩大可能的探索范围，从而使优化结果更加准确，但计算复杂度也会增加。因此，使用迁移学习时，准确度和计算复杂度之间的权衡是非常重要的。

算法 9.2　SRAAH-TL

1：初始化：设置步长 L、初始神经元 W。
2：构造 Hopfield 能量函数 E。
3：使用额外的训练样本微调分类器。
4：当未到达预期的准确度或运行速度时开始循环。
5：　　减小阈值 Λ；
6：　　利用新阈值 Λ 从 W 中选择机会节点；
7：　　开始循环条件：Hopfield 未到达稳定状态。
8：　　　　计算网络迭代方向 $\boldsymbol{\delta}$；
9：　　　　更新神经元输入 $\boldsymbol{U}_{\text{new}} \leftarrow \boldsymbol{U} + \boldsymbol{\delta}$；
10：　　　　更新神经元输出 $\boldsymbol{V} \leftarrow f(\boldsymbol{U}_{\text{new}})$；
11：　　结束循环。
12：结束循环。
13：返回规划结果矩阵 $\boldsymbol{V}$。

任务结构学习的网络结构如图 9-3 所示，由 3 个部分组成：输入层、隐藏层和输出层。输入层由问题相关特征和问题无关特征组成。在隐藏层中，每一层的神经元数量都在图中表示。在隐藏层之后，通过微调使神经网络更适合新问题，这是一种常用

的迁移学习方法。迁移学习是机器学习的一种，是指在另一个任务中重用一个预先训练好的模型来加快训练过程。最后，输出层输出机会节点的概率。

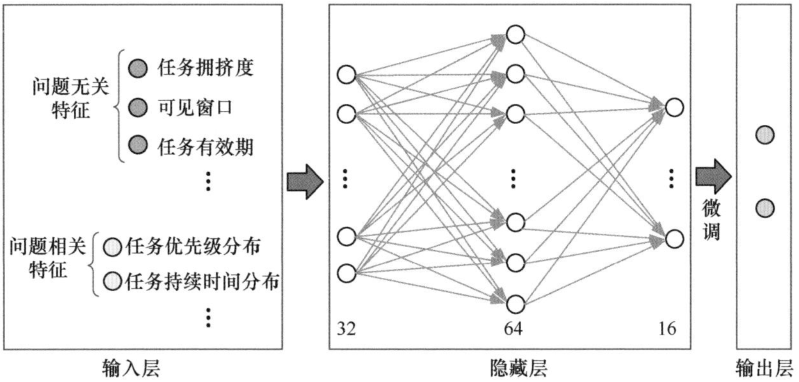

图 9-3　任务结构学习的网络结构

9.5　仿真结果与分析

为了研究任务分布对网络性能的影响，本节对任务分布相似性进行定义，并通过仿真实验验证基于任务结构学习的资源调度算法在准确度和计算复杂度方面的有效性。

9.5.1　任务分布相似性

迁移学习成功的关键是充分利用源与目标之间的相似性[14]。最大平均差（Maximum Mean Discrepancy，MMD）被广泛用于度量分布差异[14-15]。源数据和目标数据之间的相似性表示为

$$D_{\mathrm{MMD}}(D_{\mathrm{s}},D_{\mathrm{t}})=\left\|\frac{1}{n_{\mathrm{s}}}\sum_{X_i\in D_{\mathrm{s}}}\Phi(X_i)-\frac{1}{n_{\mathrm{t}}}\sum_{X_j\in D_{\mathrm{t}}}\Phi(X_j)\right\|_{\mathcal{H}}^2 \tag{9-13}$$

其中，D_{s} 表示源数据集，D_{t} 表示目标数据集，n_{s} 表示源数据集中的数据个数，n_{t} 表示目标数据集中的数据个数，$\mathcal{H}$ 为再生核希尔伯特空间（Reproducing Kernel Hilbert Space，RKHS），$\Phi(\cdot)$ 表示将样本映射到 $\mathcal{H}$ 的非线性特征映射。由于特征在原始特征空间中经常被扭曲，在 RKHS 中进行相似度度量更有效，因此使用映射数据而不是原始数据。

9.5.2　仿真结果

本小节考虑由 20 颗用户卫星和 3 颗中继卫星组成的空间信息网络。20 颗用户卫星位于 4 个太阳同步轨道上，倾角为 97.86°，高度为 619.6km。3 颗中继卫星分别位于

16.7°E、77.0°E 和 176.7°E。调度周期为 7200s，每个时隙的长度为 60s。本小节使用 STK9.0 构建网络模型，SRAAH 在 MATLAB 2019 中实现。

为了验证 SRAAH 的有效性，本小节将其与两种基准算法［基于优先级的任务分配算法（Mission Allocation algorithm based on Priority，MAP）和基于灵活性的任务分配算法（Mission Allocation algorithm based on Flexibility，MAF）］进行比较。MAP 会先对综合优先级高的任务进行资源调度；而在 MAF 中，任务是根据它们的灵活性进行排序的，算法会优先考虑完成灵活性较低的任务。任务有两种类型：时延敏感任务（Delay Sensitive Mission，DSM）和时延容忍任务（Delay Tolerant Mission，DTM）[2]。

从图 9-4 可以看出，随着任务数的增加，总网络效益逐渐增加，但增长速度放缓。这种趋势是意料之中的，因为在一定数量的资源下，任务数的增加将使系统负载加重。当任务数足够多时，总体优先级就不再增加，此时有限的资源就成为瓶颈。拐点代表使用 DTM 的 3 种算法的网络效益开始不同。在拐点之前，所有任务都可以通过 3 种算法成功完成。而在此之后，由于资源利用程度不同，总网络效益也不同。由于 SRAAH 对全局任务状态有更好的把握，所以它在整体网络效益方面优于 MAP 和 MAF。

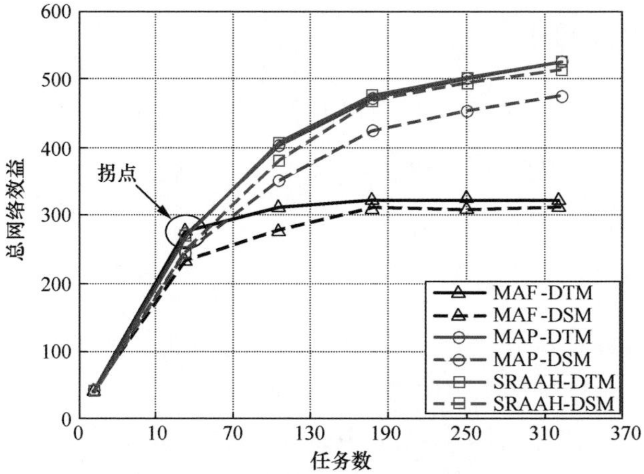

图 9-4　任务数对总网络效益的影响

表 9-1 说明，随着相似度的增加，SRAAH-L 和 SRAAH-TL 的任务分配结果的准确性得到了改进。SRAAH-L 是基于学习的 Hopfield 卫星资源调度算法。运行速度是指上述两种算法的模拟时间与 SRAAH 相比快多少倍。结果表明，与 SRAAH 相比，SRAAH-L 和 SRAAH-TL 的运行速度提升了 4 ～ 5 倍。从任务分布的相似度来看，当

相似度较高时，通过学习可以达到约 2.3% 的准确率差距，但当任务分布发生较大变化时，会产生约 21% 的准确率差距。显然，当任务结构发生剧烈变化时，SRAAH-L 不适合解决卫星资源调度问题。通过迁移学习，可以将约 8% 的准确率差距缩小到约 3%，约 21% 的差距可以缩小到约 11%。同时，运行速度仍然可以得到保证。如表 9-2 所示，SRAAH-TL 实现了在只增加 2 个样本的情况下，速度提升到 SRAAH 的约 6.73 倍，性能差距约为 1.23%，证明了该算法的有效性。随着任务分布相似性的增加和额外样本容量的增加，性能损失逐渐减小。对于与源任务集分布相似度较低的任务集，需要更多的额外样本来缩小准确率差距。

表 9-1　不同算法的性能比较

相似度	准确率差距（%）		仿真时间（s）			运行速度（倍数）	
	SRAAH-L	SRAAH-TL	SRAAH-L	SRAAH-TL	SRAAH	SRAAH-L	SRAAH-TL
低（≤ 0.1）	21.056 660	11.683 601 0	12.567 14	13.523 89	70.606 28	5.618 325	5.220 857
中（0.1 ～ 0.2）	8.865 610	3.317 524 8	13.281 31	13.488 22	67.178 15	5.058 098	4.980 506
高（≥ 0.2）	2.376 074	0.774 403 4	13.602 67	14.225 86	67.147 28	4.936 332	4.720 086

表 9-2　额外样本数量对性能的影响

相似度	额外样本数 =2		额外样本数 =5		额外样本数 =10	
	准确率差距（%）	运行速度（倍数）	准确率差距（%）	运行速度（倍数）	准确率差距（%）	运行速度（倍数）
低（≤ 0.1）	11.944 582	5.245 948	11.683 601 0	5.220 857	2.716 248	5.928 208
中（0.1 ～ 0.2）	6.137 042	5.592 841	3.317 524 8	4.980 506	0.253 621	4.904 267
高（≥ 0.2）	1.233 491	6.737 855	0.774 403 4	4.720 086	0.111 732	6.070 711

9.6　本章小结

本章提出了一种基于迁移学习的卫星资源调度算法，用于加速解决卫星资源调度问题。为了研究动态变化的任务分配对空间信息网络性能的影响，首先定义了卫星任务分布相似性，然后引入迁移学习，利用以往任务的分配信息，适应卫星资源调度的动态性。由仿真结果可以看出，SRAAH-TL 可以适应任务动态变化，及时得到规划结果。本章介绍的算法可以快速获得卫星资源调度的近似最优解，也适用于解决其他无线网络中的整数线性规划（Integer Linear Programming，ILP）和整数非线性规划（Integer Nonlinear Programming，INLP）问题。

参考文献

[1] KUANG L, CHEN X, JIANG C, et al. Radio resource management in future terrestrial-satellite communication networks[J]. IEEE Wireless Communications, 2017, 24(5): 81-87.

[2] SHENG M, ZHOU D, LIU R, et al. Resource mobility in space information networks: Opportunities, challenges, and approaches[J]. IEEE Network, 2019, 33(1): 128-135.

[3] HE L, LI. J, SHENG M, et al. Dynamic scheduling of hybrid tasks with time windows in data relay satellite networks[J]. IEEE Transactions on Vehicular Technology, 2019,68(5): 4989-5004.

[4] ROJANASOONTHON S, BARD J. A grasp for parallel machine scheduling with time windows[J]. Informs Journal on Computing, 2005, 17(1): 32-51.

[5] ZHOU D, SHENG M, LIU R, et al. Channel-aware mission scheduling in broadband data relay satellite networks[J]. IEEE Journal on Selected Areas in Communications, 2018, 36(5): 1052-1064.

[6] XU R, CHEN H, LIANG X, et al. Priority-based constructive algorithms for scheduling agile earth observation satellites with total priority maximization[J]. Expert Systems with Applications, 2016, 51: 195-206.

[7] WANG Y, SHENG M, ZHUANG W, et al. Multi-resource coordinate scheduling for earth observation in space information networks[J]. IEEE Journal on Selected Areas in Communications, 2018, 36(2): 268-279.

[8] DENG B, JIANG C, KUANG L, et al. Two-phase task scheduling in data relay satellite systems[J]. IEEE Transactions on Vehicular Technology, 2018, 67(2): 1782-1793.

[9] WANG J, ZHU X, YANG L, et al. Towards dynamic real-time scheduling for multiple earth observation satellites[J]. Journal of Computer and System Sciences, 2015, 81(1): 110-124.

[10] WEN U, LAN K, SHIH H. A review of hopfield neural networks for solving mathematical programming problems[J]. European Journal of Operational Research, 2009, 198(3): 675-687.

[11] WANG J, JIANG C, ZHANG H, et al. Thirty years of machine learning: The road to pareto-optimal wireless networks[J]. IEEE Communications Surveys & Tutorials, 2020, 22(3): 1472-1514.

[12] SHEN Y, SHI Y, ZHANG J, et al. LORM: Learning to optimize for resource management in wireless networks with few training samples[J]. IEEE Transactions on Wireless Communications, 2020, 19(1): 665-679.

[13] LEE M, YU G, LI G. Learning to branch: Accelerating resource allocation in wireless networks[J]. IEEE Transactions on Vehicular Technology, 2020, 69(1): 958-970.

[14] WANG J, CHEN Y, HU L, et al. Stratified transfer learning for cross-domain activity recognition[C]//2018 IEEE International Conference on Pervasive Computing and Communications (PerCom). NJ: IEEE, 2018.

[15] LONG M, WANG J, DING G, et al. Transfer joint matching for unsupervised domain adaptation[C]// 2014 IEEE Conference on Computer Vision and Pattern Recognition. NJ: IEEE, 2014.

第 10 章　强化学习在空间信息网络智能资源调度中的应用

近年来，遥感卫星得到了广泛的应用，其在国土探测、气象探测等方面发挥了巨大的作用。由于卫星的轨道运动特性，遥感卫星周期性地出现在地球的背阴面和向阳面。处于地球向阳面时，遥感卫星有太阳能供给，受太阳能帆板损耗、电离子辐射等影响，供给量是随机且不可预测的。处于地球背阴面时，遥感卫星没有太阳能供给，只能通过星载电池供能。因此，如何设计高效的资源调度算法，从而优化空间信息网络中遥感卫星网络的长期性能，是亟待研究的重要问题。本章旨在设计一种智能资源调度算法，以应对网络时变的资源状态。通过将强化学习应用在面向资源动态的遥感卫星网络的资源调度中，本章设计了基于双 SARSA 线性函数近似（Double SARSA With Linear Function Approximation，DSWLFA）学习的智能资源调度算法，并进一步通过 STK、MATLAB 和 Python 进行仿真验证。结果表明，本章介绍的算法的性能优于同等条件下其他算法的性能。

10.1　引言

遥感卫星作为空间信息网络的重要组成之一，主要用于农业估产、生态环境监测、气象预报、防灾减灾等方面。目前，遥感卫星与中继卫星、地面站共同组成空间信息网络下的遥感卫星网络。遥感卫星借助星载设备，主要先通过影像的方式加载覆盖范围内的数据，再对其进行处理后发送遥感数据；地面站用于接收遥感数据；中继卫星可作为遥感数据的中转站，必要时协助遥感卫星向地面站发送遥感数据。近年来，人们对高时效、高精度、高效用遥感数据的需求不断增加，我国也加大了对卫星遥感服务的投入与建设，这将不断推动遥感卫星的发展，进一步拓宽其服务领域。遥感卫星愈发体现出了对社会经济发展的有益贡献与价值、同国家经济发展战略的紧密联系及其巨大的发展潜力与空间。资源调度直接影响遥感卫星的工作效率和遥感卫星网络的整体性能，所以遥感卫星资源调度算法的研究对推动空间信息网络的发展意义重大。

由于遥感卫星网络环境的特殊性，其资源状态具有时变性。一方面，遥感卫星具有动态的能量消耗和获取过程。受到轨道特性的影响，遥感卫星总是周期性地出现在地球的背阴面、向阳面。位于地球向阳面的遥感卫星可以从外界获取太阳能源并存入电池中，而位于地球背阴面的遥感卫星则无外界能量补给。特别地，受太阳能帆板损耗、电离子辐射等影响，遥感卫星获取的能源是动态随机且无法预测的。在遥感卫星运转期间，能量消耗包括接收数据、发送数据，以及维持星载热控、星务等各类系统正常运转所需的能量。另一方面，信道条件受到降雨、云层等影响，其变化也是动态且不可预测的。信道条件体现了链路传输数据的能力，影响着遥感卫星的数据传输速率。因此，设计智能资源调度算法，使得遥感卫星在动态变化、不可预知的环境下仍能获得较好的传输性能是亟待解决的关键问题。

遥感卫星网络的信道条件十分特殊。受遥感卫星空间位置的连续变化和气候影响，其信道条件时刻发生着变化。已有课题深入研究了卫星场景下的信道模型，其可根据链路类型分为星地信道模型和星间信道模型，分别用来计算星地链路和星间链路的数据传输速率。在星间信道模型下，传输速率主要受发射功率和对端距离两个变量的影响 [1-2]。在星地信道模型下，传输速率除了受发射功率、对端距离的影响外，还受大气衰减的影响，包括降雨、云层、雾、电离闪烁等 [3]。

遥感卫星网络中，资源调度是指导遥感卫星规划任务的准则。针对资源调度算法的研究有很多，其可根据是否需要预知环境数据分为静态和动态两类。静态算法基于已知环境，要求卫星在开始传输任务前就需要知道未来所有时刻的环境数据。静态算法现已得到人们的广泛研究 [4-5]，虽然它提升了遥感卫星网络性能的上界，但由于过于理想化，其非因果性限制了它的应用，导致适用场景少，无法符合实际生活中的绝大部分场景 [6-7]。动态算法基于未知环境，指的是无须遥感卫星预先给定任何环境数据的算法。当数据的统计特征（如状态转移概率）等已知时，基于 MDP 模型，可利用动态规划算法求解资源调度问题 [1, 8-10]。然而，动态规划算法的计算复杂度会随着问题规模的扩大而急剧增加，为低功率设备带来严重的计算负担 [11]。同时，并非所有过程都有统计特征，而且统计特征也可能随条件、时间而变化，所以仍有不足。

目前，强化学习已经成为解决资源调度问题的有力工具，它不需要以环境数据或状态转移模型等系列条件为前提，更符合实际情况。在强化学习方法中，主要包含 4 个基本要素：智能体、策略函数、值函数和模型 [12]。其中，双网络的框架有利于算法的收敛并消除过度估计问题，避免陷入局部最优 [13-15]。基于强化学习的资源调度算法设计有很多 [6,7,16-17]。然而，截至本书成稿之日，现有研究尚未全面考虑遥感卫星网络资源的时变和能耗的多元。

本章在上述研究背景下，一定程度上还原了遥感卫星网络的真实场景和传输特性，从实际出发解决资源调度问题。具体来说，本章在多维资源联合调度算法设计中充分考虑了卫星属性和工作特点（如星载热控、星务等各类系统维持遥感卫星正常运转所需要的静态能耗），并联合考虑了卫星的多维资源，体现了遥感卫星联合任务获取、发送的资源调度特点。此外，环境数据和位置数据均由仿真软件导出，并有模型依据。本章针对遥感卫星的资源调度算法问题，以强化学习内容为基础，介绍一种符合遥感卫星网络场景且性能好的智能资源调度算法——DSWLFA 算法。该算法不依赖任何非因果数据和统计特征，可以解决遥感卫星网络状态空间无限及参数更新时的过度估计问题。仿真结果表明，DSWLFA 算法可以帮助遥感卫星平衡好其电池资源和动态环境下的数据传输，确保遥感卫星高效进行传输任务，使其在运转期间获得较高的吞吐量。

| 10.2 系统模型 |

本节介绍遥感卫星网络的模型，以及遥感卫星网络所处空间的信道模型和能量模型，并概述了遥感卫星网络的任务传输流程。

10.2.1 网络模型

图 10-1 所示为本章的遥感卫星网络场景。该系统由遥感卫星、中继卫星和地面站组成。其中，遥感卫星以低轨卫星为例，中继卫星以地球同步轨道卫星为例。卫星间建立的是星间链路，卫星与地面站间建立的是星地链路。星间链路存在遥感卫星向中继卫星的单向传输或中继卫星间的双向传输。星地链路只存在遥感卫星、中继卫星向地面站的单向传输。为完成连续的信息传输任务，需要遥感卫星、中继卫星、地面站三者相互协作。

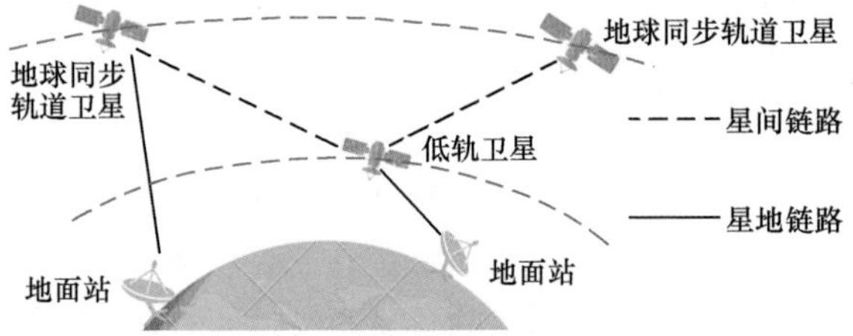

图 10-1 遥感卫星网络场景

地面站集合为 $\text{GS}=\{\text{gs}_1,\text{gs}_2,\cdots,\text{gs}_J\}$，其中 J 表示地面站的总数。地面站用于接收从遥感卫星、中继卫星发来的数据，是所有数据的终点。当遥感数据到达地面站后，通过处理、分析等操作后就能向人们提供所需的信息。遥感卫星集合为 $S=\{s_1,s_2,\cdots,s_K\}$，其中 K 表示遥感卫星的总数。遥感卫星通过星载设备采样环境信息并将其存储为数据，随后发往地面站或中继卫星，这是遥感数据的起点。中继卫星集合为 $\mathrm{RS}=\{\mathrm{rs}_1,\mathrm{rs}_2,\cdots,\mathrm{rs}_L\}$，其中 L 表示中继卫星的总数。中继卫星可以帮助遥感卫星存储、传输数据，一般位于地球同步轨道。由于 3 颗中继卫星即可覆盖全球大部分区域，因此数量合理的中继卫星可以在遥感卫星需要时协助其完成传输任务。

为了方便分析，把连续的时间等间隔分割为若干时间长度相同的时隙，时隙长度记为 τ，同时假设网络运行的总时隙数为 I。第 i 个时隙可表示为 $\mathrm{slot}_i=[t_i,t_{i+1}]$，其中 $i=1,2,\cdots,I$，$t_1=0$ 表示运行开始时刻，t_{I+1} 表示运行结束时刻。为了表述方便，后面统一用下标 i 表示变量在第 i 个时隙的开始时刻 t_i 处的取值，不再赘述。

下面以遥感卫星为研究对象，对其任务传输流程进行概述。遥感卫星可管理的资源包括电池现存能量 B_i 和缓存内的现存数据量 D_i 两部分。B_i 表示当前时刻电池所拥有的能量，D_i 表示当前时刻缓存内的数据量。$P_i=[P_{ir},P_{it}]$ 表示当前时刻的功率分配情况，包括当前时刻的接收功率 P_{ir} 和发射功率 P_{it}，且满足 $P_{ir},P_{it}\geqslant 0$。$P_{ir}(P_{it})=0$ 表示遥感卫星不接收或不发送数据。遥感卫星正是通过决策功率分配来实现资源调度并控制传输任务进行的。环境信息主要包括太阳能和信道两方面。E_i^{H} 表示当前时刻可供遥感卫星吸收的太阳能量，且 $E_i^{\mathrm{H}}\geqslant 0$，$E_i^{\mathrm{H}}=0$ 表示遥感卫星位于地球背阴面，无能量获取。H_i 是信道参数，反映当前时刻信道的好坏，且 $H_i>0$。假设只有当 t_i 时刻到来时，遥感卫星才能获知所处的环境情况 E_i^{H}、H_i。遥感卫星网络联合完成数据传输任务的过程中，在每一时隙的开始时刻，遥感卫星获取环境信息，基于网络当前的资源情况进行功率分配，进而使得网络资源发生变化，并在下一个时隙到来前达到稳定；在下一个时隙到来时，遥感卫星继续基于自身资源情况和环境信息分配功率，周而复始。

遥感卫星通过分配功率实现数据收发，分配的功率情况和收发的数据量、收发的耗能都满足一定的数学关系。遥感卫星上装有太阳能收集板，可将到达的太阳能量存入电池中，保证传输任务的长期进行。由此可见，遥感卫星网络并非封闭，而是依赖外界环境的。由于网络拓扑的动态性和环境变化的随机性、不可预知性，遥感卫星网络是一个动态变化的系统。遥感卫星网络的任务就是，在动态环境的影响下进行资源调度，即对其接收功率和发射功率进行合理分配，从而进行高效的数据传输。因此，资源调度策略越好，其传输性能就越好。本章的目标是设计“学习”算法，给遥感卫星较少的干预控制，让遥感卫星以智能化的方式，在不断尝试中自主寻得最优的功率分配方案，实现最优的资源调度，使其在动态环境下总能维持好的传输性能。

10.2.2　信道模型和能量模型

遥感卫星网络总是处于动态变化的环境中，链路状态、信道条件和能量到达在每个时隙都有差异。环境信息直接影响着遥感卫星的状态转移过程，因此需要深入研究，建立符合遥感卫星网络场景的信道、能量模型。在每个时隙的开始时刻统计环境参数，并假设在一个时隙内环境参数保持不变。

1. 动态信道模型

影响星间链路传输速率的环境参数主要是距离，其计算见式（10-1）[1]：

$$C_{it}^{\mathrm{SS}} = \frac{P_{it}G_{\mathrm{t}}G_{\mathrm{r}}L_{if}^{(k,l)}}{kT_{\mathrm{s}}\left(\dfrac{E_{\mathrm{b}}}{N_{\mathrm{o}}}\right)_{\mathrm{req}}\Omega} \tag{10-1}$$

其中，P_{it} 是发射功率，G_{t} 是遥感卫星的发射天线增益，G_{r} 是中继卫星的接收天线增益，$k=1.380\,649\times10^{-23}\,\mathrm{J/K}$ 是玻尔兹曼常数，T_{s} 是系统的噪声温度，$\left(E_{\mathrm{b}}/N_{\mathrm{o}}\right)_{\mathrm{req}}$ 是SNR，Ω 是链路裕量，c=3×10^{8}m/s 是光速，$s_i^{(k,l)}$ 是遥感卫星 s_k 和中继卫星 rs_l 之间的距离，f 是中心频率，$\left(x_i^k,y_i^k,z_i^k\right)$ 和 $\left(x_i^l,y_i^l,z_i^l\right)$ 分别是遥感卫星 s_k 和中继卫星 rs_l 在空间直角坐标系下的三维坐标，则自由空间损耗 $L_{if}^{(k,l)}$ 可表示为

$$L_{if}^{(k,l)} = \left(\frac{c}{4\pi s_i^{(k,l)}f}\right)^2 \tag{10-2}$$

$$s_i^{(k,l)} = \sqrt{\left(x_i^k - x_i^l\right)^2 + \left(y_i^k - y_i^l\right)^2 + \left(z_i^k - z_i^l\right)^2} \tag{10-3}$$

影响星地链路传输速率的环境参数主要是大气衰减，根据香农公式有[17]

$$C_{it}^{\mathrm{SG}} = B_{\mathrm{c}}\log_2\left(1+\mathrm{SNR}_i^{(k,j)}\right) \tag{10-4}$$

其中，B_{c} 是信道带宽，$\mathrm{SNR}_i^{(k,j)}$ 可进一步表示为

$$\mathrm{SNR}_i^{(k,j)} = \frac{P_{it}G_{\mathrm{t}}G_{\mathrm{r}}L_{if}^{(k,j)}L_{ip}^{(k,j)}}{N} \tag{10-5}$$

其中，P_{it} 是发射功率，G_{t} 是遥感卫星的发射天线增益，G_{r} 是地面站的接收天线增益，N 是噪声功率，$L_{if}^{(k,j)}$ 是遥感卫星 s_k 和地面站 gs_j 间的自由空间损耗，计算同式（10-2）和式（10-3），$L_{ip}^{(k,j)}$ 是遥感卫星 s_k 和地面站 gs_j 间的大气衰减。

$L_{ip}^{(k,j)}$ 主要由降雨衰减和云层衰减两部分组成。分别计算降雨衰减和云层衰减，结合地面站的气象资料，统计其晴朗、阴雨和多云的天数比，综合降雨衰减和云层衰减的影响，就能获得完整的大气衰减。由于星地链路主要工作在 Ka 频段，大气衰减在该频段主要受降雨衰减的影响[3]，因此下面仅介绍降雨衰减的统计方法。

根据 ITU-R P.618-13 建议书对长期降雨衰减统计的评估方法，超过年均 0.01% 时间强度的衰减为[18]

$$A_{0.01\%}^{\mathrm{rain}} = \gamma_{\mathrm{R}}L_{\mathrm{E}} \tag{10-6}$$

其中，γ_{R} 是单位千米的特定衰减，可按式（10-7）计算：

$$\gamma_{\mathrm{R}}=\beta R^{\mu} \tag{10-7}$$

其中，R 是 ITU-R P.838 建议书中定义的降雨率[19]，μ 和 β 是与频率相关的因子。

在式（10-6）中，L_{E} 是有效路径长度，根据 ITU-R P.618-13 建议书[19]，可表示为

$$L_{\mathrm{E}}=\begin{cases}\dfrac{h_{\mathrm{R}}-h_{\mathrm{S}}}{\sin\varphi}, & \varphi \geqslant 5^{\circ} \\ \dfrac{2\left(h_{\mathrm{R}}-h_{\mathrm{S}}\right)}{\sqrt{\sin^{2}\varphi+\dfrac{2\left(h_{\mathrm{R}}-h_{\mathrm{S}}\right)}{R_{\mathrm{e}}}}+\sin\varphi}, & \varphi<5^{\circ}\end{cases} \tag{10-8}$$

其中，h_{R} 是根据 ITU-R P.839 决定的雨量[20]，h_{S} 是指定地面站在平均海平面以上的高度，R_{e} 是地球的有效半径，φ 是地面站的接收天线仰角。

超过年均其他百分比时间强度 $p\%$ 的衰减为

$$A_{p\%}^{\mathrm{rain}}=A_{0.01\%}^{\mathrm{rain}}\left(\frac{p}{0.01}\right)^{-\left[0.655+0.033\ln(p)-0.045\ln\left(A_{0.01\%}^{\mathrm{rain}}\right)-p(1-p)\sin\varphi\right]} \tag{10-9}$$

其中，$0.01 \leqslant p \leqslant 0.5$。

综上，根据星间链路数据传输速率［式（10-1）］和星地链路数据传输速率［式（10-4）］，在给定环境参数和发射功率的条件下，可以进一步计算出当前时隙内遥感卫星发送的总数据量：

$$D_{i}^{\mathrm{T}}=C_{it}\tau_{ih} \tag{10-10}$$

其中，τ_{ih} 表示遥感卫星所建立链路的持续时间，且有 $\tau_{ih} \leqslant \tau$。

当遥感卫星可同时与地面站和中继卫星建立链路连接时，优先选择与地面站建立链路连接并传输数据。当遥感卫星可同时与多个地面站建立链路连接，或同时与多颗中继卫星建立链路连接时，选择传输速率最大的链路。

2. 动态能量模型

动态能量模型包括电池的充电和放电两方面。电池充电是从外界获取能量的过程，电池放电是遥感卫星运转期间耗能的过程。

遥感卫星不断地在地球背阴面和向阳面的更替下运转。处于地球向阳面时，遥感卫星可以吸收太阳能量为电池充电，这是保证遥感卫星长期运转的关键，吸收能量用 E_i^{H} 表示。由于太阳能帆板损耗、电离子辐射等因素的影响，E_i^{H} 是随机且不可预测的。假设遥感卫星吸收太阳能量的过程不是立刻完成的，这就意味着，当前时隙开始时刻到达的太阳能量，只能在下一个时隙开始时刻前才能完全被获取。处于地球背阴面时，遥感卫星无法从外界获取能量，只能依靠储备能量完成数据传输。此外，遥感卫星在由向阳面至背阴面或由背阴面至向阳面的过渡过程中，一个时隙内可能会经历

背阴面和向阳面两种状态。若用 τ_{ie} 表示遥感卫星在每一个时隙中位于地球向阳面的时间，则有

$$0 \leqslant \tau_{ie} \leqslant \tau \tag{10-11}$$

遥感卫星是通过不断分配接收功率和发射功率来完成数据传输任务的，因此能量消耗主要分为接收数据所消耗的能量和发送数据所消耗的能量两大部分。此外，考虑卫星的静态功耗，这意味着即便遥感卫星不进行任何数据的收、发工作，也会在每个时隙有固定的能量消耗。以上 3 个部分共同带来能量消耗，消耗能量 E_i^{C} 可表示为

$$E_i^{\mathrm{C}} = P_{it}\tau_{ih} + P_{ir}\tau + P_{\mathrm{cons}}\tau \tag{10-12}$$

其中，P_{it} 表示发射功率，τ_{ih} 表示链路持续时间，P_{ir} 表示接收功率，P_{cons} 表示静态功耗，τ 表示时隙长度。

10.3 问题建模

以第 10.2 节提出的网络、信道、能量模型为基础，本节把资源调度问题建模为随机优化问题，提出目标函数和限制函数。考虑到求解过程的可行性，因此进一步转化问题，利用强化学习的方法解决此问题。

根据第 10.2 节，遥感卫星的任务传输过程就是在电池和数据缓存的容量限制及环境的影响下进行功率分配，因此这可以看作一个最优化问题。目标函数就是最大化运行期间的总数据发送量，如式（10-13）所示：

$$P_i^{\pi} = \underset{i=1,2,\cdots,I}{\operatorname{argmax}} \sum_{i=1}^{I} D_i^{\mathrm{T}} \tag{10-13}$$

为遥感卫星的电池属性定义上限 $B_{\max}$ 和下限 $B_{\min}$：$B_{\max}$ 表示电池的最大电量，$B_{\min}$ 表示电池的安全门限电量。无论何时，遥感卫星星载电池的存储能量都不可能超过其上限 $B_{\max}$。处于地球向阳面时，由于有太阳能到达，因此星载电池可充电，与地球背阴面相比更易满足高于 $B_{\min}$ 的条件。处于地球背阴面时，遥感卫星能量匮乏，不易满足高于 $B_{\min}$ 的条件。电池剩余能量允许低于 $B_{\min}$，但此时遥感卫星必须停止数据的收、发任务。综合以上规定，消耗的能量满足式（10-14）：

$$P_{\mathrm{cons}}\tau \leqslant E_i^{\mathrm{C}} \leqslant \max\left(B_i - B_{\min}, P_{\mathrm{cons}}\tau\right) \tag{10-14}$$

此外，能量的吸收和消耗要互相平衡。由于电池剩余能量不可能超过其容限，因此一旦吸收和消耗不平衡，就会导致能量溢出，造成资源浪费。综合能量吸收和消耗，电池资源转移需满足式（10-15）：

$$B_i - E_i^{\mathrm{C}} + E_i^{\mathrm{H}} \leqslant B_{\max} \tag{10-15}$$

为遥感卫星的缓存属性定义上限 $D_{\max}$，且数据余量始终不超过上限。遥感卫星发送的数据量不能超过缓存现有的总数据量，满足如下不等式：

$$0 \leqslant D_i^{\mathrm{T}} \leqslant D_i \leqslant D_{\max} \tag{10-16}$$

此外，数据的接收和发送也要互相平衡。一旦接收大于发送就会造成数据溢出，这意味着部分接收的数据会因无法存入缓存而被丢弃，从而造成资源和能量的浪费。综合数据发送和接收，缓存资源转移需满足如下不等式：

$$D_i + D_i^{\mathrm{R}} - D_i^{\mathrm{T}} \leqslant D_{\max} \tag{10-17}$$

其中，D_i^{R} 为接收的数据量；D_i^{T} 为发送的数据量；D_i 为剩余的数据量。

综合考虑式（10-14）至式（10-17），对于遥感卫星网络中的任意一颗遥感卫星，其资源调度的最优化问题都可表述为式（10-18）至式（10-23）：

$$P_i^{\pi} = \underset{i=1,2,\cdots,I}{\operatorname{argmax}} \sum_{i=1}^{I} D_i^{\mathrm{T}} \tag{10-18}$$

$$\text{s.t.} \quad P_{\text{cons}}\tau \leqslant E_i^{\mathrm{C}} \leqslant \max\left(B_i - B_{\min}, P_{\text{cons}}\tau\right) \quad \forall i = 1,2,\cdots,I \tag{10-19}$$

$$B_1 + \sum_{i=1}^{S} E_i^{\mathrm{H}} - \sum_{i=1}^{S} E_i^{\mathrm{C}} \leqslant B_{\max} \quad \forall S = 1,2,\cdots,I \tag{10-20}$$

$$\sum_{i=1}^{S} D_i^{\mathrm{T}} \leqslant \sum_{i=1}^{S-1} D_i^{\mathrm{R}} \quad \forall S = 1,2,\cdots,I \tag{10-21}$$

$$\sum_{i=1}^{S} D_i^{\mathrm{R}} - \sum_{i=1}^{S} D_i^{\mathrm{T}} \leqslant D_{\max} \quad \forall S = 1,2,\cdots,I \tag{10-22}$$

$$P_{\text{ir}}, P_{\text{it}} \geqslant 0 \quad \forall i = 1,2,\cdots,I \tag{10-23}$$

上述问题属于随机优化问题，但由于遥感卫星只能知道当前时隙和历史时隙的环境数据，而无法获知未来时隙的环境数据，故无法求解。因此，本节利用强化学习的方法求解此问题，它不依赖状态转移概率，不需要未来时隙的环境数据，具有可行性。

MDP 是强化学习的基础模型，它的主要特性是：下一个时隙的状态只取决于当前时隙，而与过去时隙无关。由于遥感卫星无法得知未来时隙的能量到达情况和信道条件，且遥感卫星只基于当前资源情况进行功率分配，而与历史时隙无关，因此 MDP 适用于本场景。在网络模型部分，已经将连续的时间离散化。此外，规定遥感卫星在时隙开始时刻分配功率，并在下一个时隙的开始时刻到来前完成一次数据的收发工作。

为了求解问题，定义动作 A、状态 S、奖励 R、策略 π、动作价值 $Q^{\pi}\left(S_i, P_i\right)$、折扣因子 γ 和探索率 ε。下面阐述它们在算法中的作用和意义。

（1）A 表示遥感卫星的动作集合，由功率值表示，单位为 W，包括接收功率、星地链路的发射功率和星间链路的发射功率，均为离散有限集，每个集合都有固定的偏移量。功率的大小影响着接收数据量、发送数据量的多少，也影响能量消耗的多少。星地链路的发射功率集合可表示为$\{A_{tsg}\} = \{0:\delta_{tsg}:P_{tsg}^{MAX}\}$，星间链路的发射功率集合可表示为$\{A_{tss}\} = \{0:\delta_{tss}:P_{tss}^{MAX}\}$，接收功率集合可表示为$\{A_{r}\} = \{0:\delta_{r}:P_{r}^{MAX}\}$。其中，$\delta$表示步长，0表示不接收或不发送数据，$P^{MAX}$表示接收功率或发射功率的最大值。考虑到遥感卫星到地面站、中继卫星间的距离、信道条件等差异，星地链路发射功率的最大值一般大于星间链路发射功率的最大值。

（2）S表示状态集，包含多种指标，主要包括电池状态B_i、数据缓存状态D_i、信道参数H_i和太阳能量E_i^{H}。其中，H_i和E_i^{H}描述的是环境状态，B_i和D_i描述的是遥感卫星的状态。

B_i表示电池剩余能量，单位为J，其满足如式（10-24）所示的约束关系：

$$B_i \leqslant B_{max} \tag{10-24}$$

其中，B_{max}表示电池能量的上限，当电池能量超过B_{max}时，会溢出，造成能量浪费。此外，电池能量还存在一个安全门限B_{min}。当电池能量低于B_{min}时，会给遥感卫星的数据传输甚至寿命带来严重影响。当遥感卫星处于地球向阳面时，为了保证在处于地球背阴面的一段时期内，即在无能量到达的条件下仍能进行数据传输，需要时刻满足电池能量不小于B_{min}。由于处于地球向阳面时遥感卫星可以获取太阳能，因此它绝大多数时刻都能满足该限制条件。当遥感卫星处于地球背阴面时，由于无法获取太阳能，因此可能会在传输中出现电池能量小于安全门限B_{min}的情况，此时遥感卫星将不进行任何数据传输，只存在静态功耗。

D_i表示缓存内的数据余量，单位为bit，其满足如式（10-25）所示的约束关系：

$$0 \leqslant D_i \leqslant D_{max} \tag{10-25}$$

其中，D_{max}表示缓存容量的上限。当数据接收量过多，超过当前缓存的最大限度时，会溢出，造成数据损失和能量浪费。

E_i^{H}表示遥感卫星位于地球向阳面时所吸收的能量，单位为J。

H_i表示星地链路或星间链路的信道参数，是反映信道条件的变量，根据式（10-1）至式（10-9），其定义如下：

$$H_i = \begin{cases} \dfrac{G_t G_r L_{if}^{(k,l)}}{kT_s\left(\dfrac{E_b}{N_o}\right)_{req}\Omega}, & \text{当前链路类型为星间链路} \\ \dfrac{G_t G_r L_{if}^{(k,j)} L_{ip}^{(k,j)}}{N}, & \text{当前链路类型为星地链路} \end{cases} \tag{10-26}$$

定义了以上状态，结合模型，遥感卫星的状态转移过程可表述如下：

$$D_{i+1} = D_i + D_i^{\mathrm{R}} - D_i^{\mathrm{T}} \tag{10-27}$$

$$B_{i+1} = B_i + E_i^{\mathrm{H}} - E_i^{\mathrm{C}} \tag{10-28}$$

其中，数据发送量 D_i^{T} 满足式（10-10），能量消耗 E_i^{C} 满足式（10-12）。

（3）奖励 R 是遥感卫星通过执行某个动作，推动其由一个状态转移至另一个状态后所获得的奖励。奖励是具体的数值，它可根据场景自行设定。假设只要遥感卫星发送数据，奖励就为正值。当遥感卫星不发送数据时，奖励值为 0。考虑到遥感卫星的任务是数据传输，因此把遥感卫星一次发送的数据量作为奖励 R_i。传输的数据量越大，奖励越大，说明本次行为越好，反之亦然：

$$R_i = D_i^{\mathrm{T}} \geqslant 0 \tag{10-29}$$

（4）策略 π 是遥感卫星选择动作的依据，例如条件概率分布 $\pi(A|S)$ 就是一种策略，该策略给出了在每个状态下执行各种动作的概率，以此指导遥感卫星选择动作。

（5）动作价值 $Q^{\pi}(S_i, P_i)$ 是遥感卫星在状态 S_i 下，执行动作 P_i 后获得回报的期望。奖励反映动作对当前时隙的影响，而动作价值反映动作对后续所有时隙的影响。

$$Q^{\pi}(s,p) = E^{\pi}(G_i \mid S_i = s, P_i = p) \tag{10-30}$$

（6）由于连续任务没有最终状态，因此需要在累积奖励的基础上引入折扣因子 γ，使回报收敛到某值，表示如式（10-31）所示：

$$G_i = R_i + \gamma R_{i+1} + \gamma^2 R_{i+2} + \cdots = \sum_{k=0}^{\infty} \gamma^k R_{i+k} \tag{10-31}$$

其中，$\gamma \in [0,1]$。$\gamma = 0$ 表示只考虑当前时隙的奖励，$\gamma = 1$ 表示所有未来时隙的奖励全部考虑在内。

（7）学习过程是不断迭代的过程，探索率 ε 的作用是防止训练陷入局部最优。如果遥感卫星总是选择价值最大的动作，那么其他动作就无法执行，这些动作潜在的价值就无法被发掘，导致训练效果不佳。因此，遥感卫星要根据实际情况，兼顾其他动作和最佳动作，避免陷入局部最优。

在强化学习中，求解的目标是通过探索学习，得到最佳功率分配策略，使长期回报的期望最大。所以，式（10-18）可重写为

$$\max \quad \lim_{I \to \infty} \mathbb{E}\left[\sum_{i=1}^{I} \gamma^{i-1} R_i\right] \tag{10-32}$$

| 10.4　面向动态资源的智能资源调度 |

本节首先给出 DSWLFA 算法的框架，然后详细介绍每个步骤的实现方法，最后通过仿真得出结论。

10.4.1　算法框架

本节介绍的 DSWLFA 算法基于强化学习，以 SARSA（State-Action-Reward-State-Action）算法为主体，并结合了双网络和线性近似的思想（重点提出线性近似中特征函数的定义），其框架如图 10-2 所示。

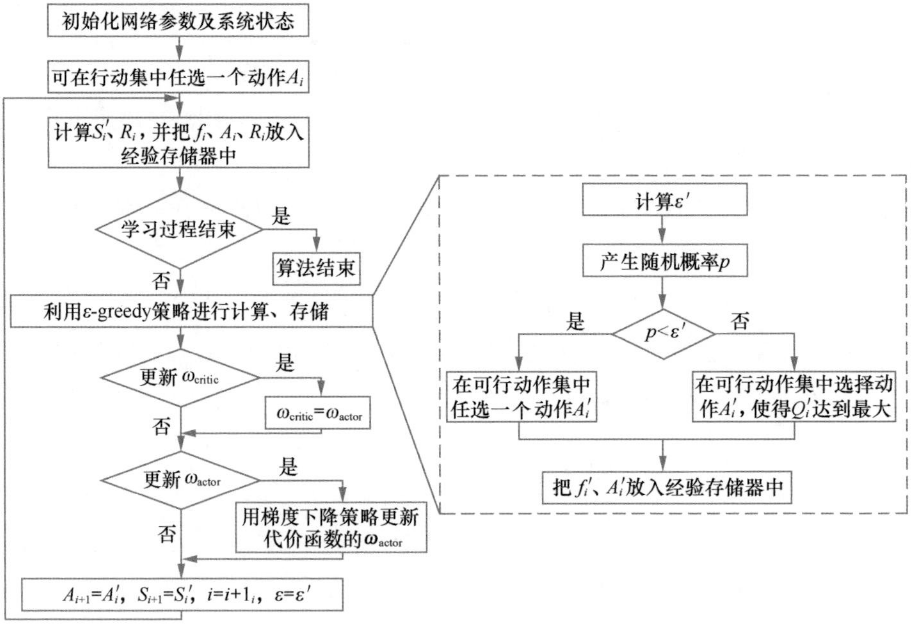

图 10-2　算法框架

该算法主要包括以下内容。

（1）SARSA 算法：该算法是一种基于值的学习算法，是 DSWLFA 算法的基础。然而，与传统的 SARSA 算法单层网络不同的是，DSWLFA 算法引入了双网络的框架和线性近似，由于在线性近似中应用经验回放的概念，因而会每隔固定时隙更新网络参数。DSWLFA 算法在保留 SARSA 算法基本思路的前提下，又做了适当改进。

（2）ε-greedy 策略：greedy 策略指的是系统以概率值 1 采取对当前最有利的选择。以此类推，ε-greedy 策略指的则是系统以概率值 $1-\varepsilon$ 采取对当前最有利的选择，而以

概率值 ε 随机采取选择，ε 的大小将直接影响策略的性能。该策略是 SARSA 算法用于动作选择和参数更新的统一策略，因而 SARSA 算法是在线算法的一种。

（3）线性近似：由于遥感卫星的状态是无限、连续的，无法直接求解动作价值，因此 DSWLFA 算法采取线性方法来近似动作价值函数，得到近似动作价值，用于动作选择和参数更新。

（4）参数更新：参数更新是在代价函数的基础上，使用梯度下降策略的过程。由于 DSWLFA 算法采用双层网络，因此参数更新是两层网络共同影响的结果。

10.4.2　DSWLFA 算法

下面详细介绍 DSWLFA 算法各部分的实现原理和步骤。

1. SARSA 算法

SARSA 算法中的“S”“A”“R”分别表示状态、动作、奖励，字母的顺序也体现了算法执行的顺序，即由状态（记为 S）根据 ε-greedy 策略选择动作（记为 A），计算奖励（记为 R）。系统转移至另一个状态（记为 S'）后，再基于 ε-greedy 策略选择另一动作（记为 A'）。其中，S'、A' 不仅用于后续网络参数的更新，也会作为下一轮迭代的初始状态 S 和动作 A，开始新一轮的“S-A-R-S-A”。传统的 SARSA 算法由于仅有一层网络，因此会在网络更新过程中产生过度估计的问题，影响学习效果。DSWLFA 算法在此基础上，使用两个结构相同、参数不同的网络，其中主网络（记为 Actor 网络）用于产生动作和更新模型参数，目标网络（记为 Critic 网络）用于计算目标动作价值，从 Actor 网络的历史中“吸取教训、总结经验”。为了经验回放 S、A、R、S' 和 A'，还需要一个经验存储器。这个经验存储器可固定容量，当容量达到上限时，以最新数据代替最旧数据。

2. ε-greedy 策略

SARSA 算法作为一种在线算法，无论是动作选择还是参数更新，都采用 ε-greedy 策略。该算法使用近似动作价值来评判动作对后续长期过程的影响，近似动作价值越大，动作越好，反之则越差。因此，ε-greedy 策略在此处的含义是，系统以 $1-\varepsilon$ 的概率选择使得近似动作价值函数最大的动作，以 ε 的概率随机选择动作，可表示为

$$\Pr\left(P_i=\underset{\{A_f\}_i}{\operatorname{argmax}}\,Q_i\left(S_i,P_i,\boldsymbol{\omega}_{\text{actor}}\right)\right)=1-\varepsilon,\quad 0\leqslant\varepsilon\leqslant 1 \tag{10-33}$$

其中，$\{A_f\}_i$ 表示可行动作集合，$\boldsymbol{\omega}_{\text{actor}}$ 表示行为 P_i 在 Actor 网络中对应的权重向量，将在后文重点介绍。当 $\varepsilon=0$ 时，ε-greedy 策略就是贪婪算法；当 $\varepsilon=1$ 时，ε-greedy 策略就是随机算法。

3. 线性近似

由于状态参数的连续无限性，即使将状态离散化，为了尽可能减少失真，其状态表的规模也是巨大的。因此，考虑使用一个线性网络 $[\boldsymbol{\omega}]$ 来近似表示动作价值函数。该网络的输入是状态及动作，输出是动作价值的估计值。

特征向量是状态和动作的函数，以不超过 1 的具体数值表示不同指标下基于当前状态所执行动作的好坏，具体有以下 6 个维度的考察。

（1）第一维表示该动作是否考虑电池能量状态，即执行动作消耗的能量能否消除由于吸收太阳能量引起的潜在能量溢出现象，其特征函数 $f_1(S_i,P_i)$ 为

$$f_1(S_i,P_i)=\begin{cases}1, & B_i+E_i^{\mathrm{H}}-E_i^{\mathrm{C}}\leqslant B_{\max}\\ 0, & \text{其他}\end{cases} \tag{10-34}$$

其中，E_i^{C} 可根据式（10-12）计算。

（2）第二维表示该动作是否考虑缓存状态，即发送的数据量能否消除由于接收数据引起的潜在数据溢出现象，其特征函数 $f_2(S_i,P_i)$ 为

$$f_2(S_i,P_i)=\begin{cases}1, & D_{\max}^{\mathrm{R}}\leqslant D_{\max}\cap D_i+D_i^{\mathrm{R}}-D_i^{\mathrm{T}}D_{\max}\\ 0, & \text{其他}\end{cases} \tag{10-35}$$

其中，D_i^{T} 可根据式（10-10）计算，$D_{\max}^{\mathrm{R}}$ 表示最大接收数据量。

（3）第三维表示该动作是否与最佳功率分配一致。由于星地链路和星间链路模型的差异，第三维的特征函数 $f_3(S_i,P_i)$ 需根据链路情况分别表示。

在连续两条星地链路中，根据注水定理求解最佳功率。

$$P_{it}^{\mathrm{WF}}=\max\left(0,\frac{1}{\tau_{i\mathrm{h}}+\tau_{(i+1)\mathrm{h}}}\left(B_{[i,i+1]}+\frac{\tau_{(i+1)\mathrm{h}}}{\overline{H_i}}+\frac{\tau_{i\mathrm{h}}}{H_i}\right)-\frac{1}{H_i}\right) \tag{10-36}$$

$$\overline{H_i}=\frac{1}{i}\sum_{m=1}^{i}H_m \tag{10-37}$$

$$\begin{aligned}B_{[i,i+1]}=&\max(0,B_i-B_{\min}-B_{\mathrm{s}}-P_{i\mathrm{t}}\tau)\\&+\max(0,\min(B_i-P_{i\mathrm{t}}\tau-B_{\mathrm{s}}-\max(0,B_i-B_{\min}-B_{\mathrm{s}}\\&-P_{i\mathrm{t}}\tau)+E_i^{\mathrm{H}},B_{\max})-B_{\min}-B_{\mathrm{s}})\end{aligned} \tag{10-38}$$

其中，$B_{\mathrm{s}}=P_{\mathrm{cons}}\tau$，表示静态能耗；$P_{it}^{\mathrm{WF}}$ 表示最佳功率；$\overline{H_i}$ 是历史信道参数的平均值，它的作用是估计下一个时隙的信道参数。$B_{[i,i+1]}$ 表示第 i 个和第 $i+1$ 个时隙内可分配给数据传输的最大能量。为了保证最佳功率的可行性，可进行如式（10-39）所示的限制：

$$P_{it}^{\mathrm{opt}}=\min\left(\left\lfloor P_{it}^{\max},P_{it}^{\mathrm{WF/LP/SGLM/GSLM}}/\delta_i\right\rfloor\times\delta_i\right) \tag{10-39}$$

其中，$P_{it}^{\max}$ 表示当前可行动作集合内发射功率的最大值，$\lfloor\cdot\rfloor$ 表示向下取整运算，δ_i 表示所在时隙发射功率集的步长。那么，两个时隙内的总数据传输量 $D_{[i,i+1]}^{\mathrm{T}}$ 可表示为

$$D_{[i,i+1]}^{\mathrm{T}}=\tau_{ih}C_{it}\left(P_{it}^{\mathrm{opt}},H_i\right)+\tau_{(i+1)h}C_{(i+1)t}\left(\min\left(P_{(i+1)t}^{\max},\left\lfloor P_{it}^{\mathrm{WF}}/\delta_{i+1}\right\rfloor\times\delta_{i+1}\right),\overline{H_i}\right) \tag{10-40}$$

其中，$P_{(i+1)t}^{\max}$ 表示当前时隙在 $\left[P_{ir},P_{it}^{\mathrm{opt}}\right]$ 的功率分配方式下，转移至下一个时隙后，可行动作集合内发射功率的最大值。

在连续两条星间链路中，根据线性规划求解最佳功率：

$$P_{it}^{\mathrm{LP}}=\begin{cases}\max\left(0,\min\left(\dfrac{B_i'}{\tau_{ih}},\dfrac{D_i'}{\tau_{ih}H_i}\right)\right), & H_i<\overline{H_i}\\ P_{it}^{\max}, & 其他\end{cases} \tag{10-41}$$

其中，D_i'、B_i' 表示已知下一个时隙的资源分配后，可用于当前时隙的剩余资源：

$$D_i'=\begin{cases}D_i+D_i^{\mathrm{R}}-\tau_{(i+1)h}C_{(i+1)t}\left(P_{(i+1)t}^{\max 0},\overline{H_i}\right), & D_i+D_i^{\mathrm{R}}\leqslant D_{\max}\\ \min\left(D_i,D_i+D_i^{\mathrm{R}}-D_{\max}\right), & 其他\end{cases} \tag{10-42}$$

$$B_i'=\begin{cases}B_{[i,i+1]}-P_{(i+1)t}^{\max 0}\tau_{(i+1)h}, & B_{[i,i+1]}+B_{\mathrm{s}}+B_{\min}\leqslant B_{\max}\\ \min\left(B_i,B_{[i,i+1]}+B_{\mathrm{s}}+B_{\min}-B_{\max}\right), & 其他\end{cases} \tag{10-43}$$

$P_{(i+1)t}^{\max 0}$ 表示当前时隙在 $\left[P_{ir},0\right]$ 的功率分配方式下，下一个时隙可行动作集合内发射功率的最大值。利用式（10-39），进一步对两种情况下的 P_{it}^{LP} 进行限制，即可得到 P_{it}^{opt}。那么，两个时隙内的总数据传输量 $D_{[i,i+1]}^{\mathrm{T}}$ 可表示为

$$D_{[i,i+1]}^{\mathrm{T}}=\begin{cases}\tau_{ih}C_{it}(P_{it}^{\mathrm{opt}},H_i)+\tau_{(i+1)h}C_{(i+1)t}(P_{(i+1)t}^{\max 0},\overline{H_l}), & H_i<\overline{H_l}\\ \tau_{ih}C_{it}(P_{it}^{\mathrm{opt}},H_i)+\tau_{(i+1)h}C_{(i+1)t}(P_{(i+1)t}^{\max},\overline{H_l}), & 其他\end{cases} \tag{10-44}$$

在星间链路到星地链路中，根据拉格朗日乘子法求解最佳功率分配：

$$P_{(i+1)t}^{\mathrm{SGLM}}=\max\left(0,\min\left\lfloor\left(\frac{B_{\mathrm{c}}}{H_i\times\ln 2}-\frac{1}{\overline{H_i}}\right)/\delta_{(i+1)}\right\rfloor\times\delta_{(i+1)},P_{(i+1)t}^{\max 0}\right) \tag{10-45}$$

将式（10-42）和式（10-43）中的 $P_{(i+1)t}^{\max 0}$ 替换为 $P_{(i+1)t}^{\mathrm{SGLM}}$，即可求得 B_i'、D_i'，进而求得 P_{it}^{SGLM}：

$$P_{it}^{\mathrm{SGLM}}=\max\left(0,\min\left(\frac{B_i'}{\tau_{ih}},\frac{D_i'}{\tau_{ih}H_i}\right)\right) \tag{10-46}$$

利用式（10-39）对最佳功率进行限制，得到 P_{it}^{opt} 。则两个时隙内的总数据传输量 $D_{[i,i+1]}^{T}$ 可表示为

$$D_{[i,i+1]}^{T}=\tau_{ih}C_{it}\left(P_{it}^{opt},H_{i}\right)+\tau_{(i+1)h}C_{(i+1)t}\left(P_{(i+1)t}^{SGLM},\overline{H_{i}}\right) \tag{10-47}$$

在星地链路到星间链路中，根据拉格朗日乘子法求解最佳功率分配：

$$P_{it}^{GSLM}=\max\left(0,\frac{B_{c}}{\overline{H_{i}}\ln 2}-\frac{1}{H_{i}}\right) \tag{10-48}$$

利用式（10-39）对最佳功率进行限制，得到 P_{it}^{opt} 。那么，两个时隙内的总数据传输量 $D_{[i,i+1]}^{T}$ 可表示为

$$D_{[i,i+1]}^{T}=\tau_{ih}C_{it}\left(P_{it}^{opt},H_{i}\right)+\tau_{(i+1)h}C_{(i+1)t}\left(P_{(i+1)t}^{max},\overline{H_{i}}\right) \tag{10-49}$$

综上，改变 P_{ir} 并计算其对应的 P_{it}^{opt} ，通过比较对应的 $D_{[i,i+1]}^{T}$ 找到一组最佳的功率分配 $P_{i}^{opt}=\left[P_{ir}^{opt},P_{it}^{opt}\right]$，使 $D_{[i,i+1]}^{T}$ 达到最大，即可体现当前链路的功率分配情况。

$$f_{3}\left(S_{i},P_{i}\right)=\begin{cases}1, & P_{i}^{opt}=P_{i}\\ 0, & \text{其他}\end{cases} \tag{10-50}$$

（4）第四维表示当能量充沛时，是否能充分利用网络资源，避免能量浪费，其特征函数 $f_{4}\left(S_{i},P_{i}\right)$ 为

$$f_{4}(S_{i},P_{i})=\begin{cases}1, & E_{i}^{H}>B_{max}-B_{i}+E_{imax}^{C}\cap E_{i}^{C}=E_{imax}^{C}\\ 0, & \text{其他}\end{cases} \tag{10-51}$$

其中，E_{imax}^{C} 表示遥感卫星当前时隙可行动作集合内可消耗的最大能量。

（5）第二维中，定义数据溢出的对应特征值为 0，这是由于实际接收数据量和消耗能量不匹配，导致了能量的浪费。第五维则是第二维的补充情况，表示当能量充裕时，因为数据溢出造成的能量浪费可以忽略，其特征函数 $f_{5}\left(S_{i},P_{i}\right)$ 为

$$f_{5}(S_{i},P_{i})=\begin{cases}1, & D_{max}^{R}\leqslant D_{max}\cap B_{i}+E_{i}^{H}-E_{i}^{C}>B_{max}\cap D_{i}+D_{i}^{R}-D_{i}^{T}>D_{max}\\ 0, & \text{其他}\end{cases} \tag{10-52}$$

（6）第六维表示接收功率的分配情况，其特征函数 $f_{6}\left(S_{i},P_{i}\right)$ 为

$$f_{6}\left(S_{i},P_{i}\right)=\frac{\min\left(D_{max}-D_{i}+D_{i}^{T},D_{i}^{R}\right)}{D_{max}} \tag{10-53}$$

特征向量只能基于当前时隙反映行为的好坏，过于绝对，需要进一步结合权重，因此引入了 $\boldsymbol{\omega}_{actor/critic}$ 的概念。每一种接收功率和发射功率的组合，都会对应一个 $\boldsymbol{\omega}_{actor/critic}$ 向量，用来表示各维度的权重。当状态、动作确定的特征向量通过线性网络后，根据当前的网络参数，每一种接收功率和发射功率的组合都会有其对应的权重向

量 $\boldsymbol{\omega}_{\text{actor/critic}}$。因此，各维度就会有相应的权重，再结合特征向量，最终就能近似得到动作价值，其计算公式为

$$Q_i\left(S_i,P_i,\boldsymbol{\omega}_{\text{actor/critic}}\right)=\boldsymbol{f}_i^{\mathrm{T}}\boldsymbol{\omega}_{\text{actor/critic}} \tag{10-54}$$

4. *参数更新*

Actor 网络的更新以代价函数为基础，对其采用梯度下降策略，参数更新的过程就是不断学习、优化权重向量的过程。下面以星地链路为例进行介绍。

对于星地链路动作集合 $\left\{A_{\mathrm{r}}\right\}\times\left\{A_{\mathrm{tsg}}\right\}$ 中的每一个动作，在经验存储器中抽取 M 个数量的样本 $\left\{S_i,P_i,R_i,S_i',P_i'\right\}$，计算如下：

$$Q_i\left(S_i,P_i,\boldsymbol{\omega}_{\text{actor}}\right)=\boldsymbol{f}_i^{\mathrm{T}}\boldsymbol{\omega}_{\text{actor}} \tag{10-55}$$

$$Q_i'\left(S_i',P_i',\boldsymbol{\omega}_{\text{critic}}\right)=\boldsymbol{f}_i'^{\mathrm{T}}\boldsymbol{\omega}_{\text{critic}} \tag{10-56}$$

其中，$Q_i\left(S_i,P_i,\boldsymbol{\omega}_{\text{actor}}\right)$ 表示状态 S_i、动作 P_i 通过 Actor 网络后输出的近似动作价值。$Q_i'\left(S_i',P_i',\boldsymbol{\omega}_{\text{critic}}\right)$ 表示状态 S_i'、动作 P_i' 通过 Critic 网络后输出的近似动作价值。

P_i' 的产生同样依据 ε-greedy 策略，即

$$\Pr\left(P_i'=\underset{\left\{A_f\right\}_{i+1}}{\operatorname{argmax}}\,Q_i\left(S_i',P_i',\boldsymbol{\omega}_{\text{actor}}\right)\right)=1-\varepsilon,\qquad 0<\varepsilon\leqslant 1 \tag{10-57}$$

接着计算代价函数 $Y\left(\boldsymbol{\omega}_{\text{actor}}\right)$：

$$Y\left(\boldsymbol{\omega}_{\text{actor}}\right)=\frac{1}{2M}\sum_{n=1}^{M}\left[TQ_n\left(S_n',P_n',\boldsymbol{\omega}_{\text{critic}}\right)-Q_n\left(S_n,P_n,\boldsymbol{\omega}_{\text{actor}}\right)\right]^2 \tag{10-58}$$

$$TQ_n\left(S_n',P_n',\boldsymbol{\omega}_{\text{critic}}\right)=R_n+\gamma Q_n'\left(S_n',P_n',\boldsymbol{\omega}_{\text{critic}}\right) \tag{10-59}$$

其中，下标 n 表示样本序号对应的时隙序号。

$TQ_n\left(S_n',P_n',\boldsymbol{\omega}_{\text{critic}}\right)$ 就是目标动作价值，对 $\boldsymbol{\omega}_{\text{actor}}$ 使用梯度下降策略，完成一次 $\boldsymbol{\omega}_{\text{actor}}$ 的更新过程：

$$\Delta\boldsymbol{\omega}_{\text{actor}}=\frac{\partial Y\left(\boldsymbol{\omega}_{\text{actor}}\right)}{\partial\boldsymbol{\omega}_{\text{actor}}}$$

$$\boldsymbol{\omega}_{\text{actor}}=\boldsymbol{\omega}_{\text{actor}}-\Delta\boldsymbol{\omega}_{\text{actor}} \tag{10-60}$$

其中，

$$\Delta\boldsymbol{\omega}_{\text{actor}}=-\frac{\alpha}{M}\sum_{n=1}^{M}\left[TQ_n\left(S_n',P_n',\boldsymbol{\omega}_{\text{critic}}\right)-Q_n\left(S_n,P_n,\boldsymbol{\omega}_{\text{actor}}\right)\right]\boldsymbol{f}_n^{\mathrm{T}} \tag{10-61}$$

当遍历经验存储器内的所有动作后，就完成了一次 Actor 网络的更新。星间链路和星地链路参数更新的唯一区别是动作集合不同。

为了便于算法的收敛，在学习过程中，参数 ε 、 α 可随着学习的推进而递减：

$$\varepsilon_i = 0.9994^{(i-1)/T} \tag{10-62}$$

$$\alpha_i = \frac{0.000\,01}{(i-1)/T+1} \tag{10-63}$$

Critic 网络的更新比较简单，只需将 Actor 网络的参数复制到 Critic 网络中即可：

$$\boldsymbol{\omega}_{\text{critic}} = \boldsymbol{\omega}_{\text{actor}} \tag{10-64}$$

一般来说，Actor 网络的更新要比 Critic 网络的更新快。此外，由于星地链路和星间链路有不同的信道模型和动作集合，因此星地链路、星间链路需要对应不同的双层网络。这两个双层网络具有相同的结构，以上述相同方式进行更新。

5. **可行动作集合**

可行动作集合 $\{A_f\}_i$ 表示当前时隙所有可选动作的集合，它是动作集合的子集，下面介绍其计算方法。

当电池能量状态或缓存状态超过对应门限的最大值时，就会产生溢出现象。溢出意味着资源的浪费，是可能且被允许发生的，已在特征函数中对该现象进行了定义和评价。但当某些行为输入网络时，在理论计算中，其所需的能量消耗超过遥感卫星当前所能给予的最大值，意味着资源的凭空产生，这是不可能发生的。这就是为什么动作总是在可行动作集合中选择，而非在动作集合中选择。

虽然这是一种不好的现象，但并不考虑将其放入特征函数中。这是因为，DSWLFA 算法依赖 ε-greedy 策略，即使这些不可行动作在线性近似中会拉低近似动作价值，但仍有 ε 的概率会在随机下选中这些动作，导致学习过程中断。因此，为了保证学习过程的连续性，引入了更严格的可行动作集合，使得在 ε-greedy 策略之前，就排除这些不可行动作。

每一个动作 P_i 都包括接收功率 P_{ir} 和发射功率 P_{it} 两个部分。由信道模型部分可知，P_{it} 在给定信道参数下都会对应一个传输速率 C_{it} 。结合已知动作集合 $\{A_{\text{t}}\}_i \times \{A_{\text{r}}\}$ ，就可以得到可行动作集合 $\{A_f\}_i$ 满足的约束条件，如式（10-65）所示：

$$\begin{cases} \tau_{ih} P_{it} + \tau P_{ir} \leqslant \max\left(B_i - B_{\min} - P_{\text{cons}}\tau, 0\right) \\ \tau_{ih} C_{it}\left(P_{it}, H_i\right) \leqslant D_i \end{cases} \quad \forall P_i \in \{A_f\}_i \tag{10-65}$$

其中，$P_{it} \in \{A_{\text{t}}\}_i$ 、$P_{ir} \in \{A_{\text{r}}\}_i$ ，$\{A_{\text{t}}\}_i$ 根据当前时隙的链路状态确定。缓存和电池能量这两种约束共同确保了可行动作集合的正确性。

DSWLFA 算法的伪代码见算法 10.1。

算法 10.1　DSWLFA 算法

1：初始化参数：ε、$\boldsymbol{\omega}_{\text{actor}}$=$\boldsymbol{\omega}_{\text{critic}}=\boldsymbol{\omega}_0$、$M$、$\alpha$、$T_{\text{copy}}$、$T_{\text{train}}$、$i$、$\gamma$。

2：观察状态 S_i。

3：使用 ε-greedy 策略在可行动作集合中选择一个动作 A_i。

4：while $i \leqslant I$ do

5：　计算 R_i。

6：　观察状态 S_i'。

7：　使用 ε-greedy 策略在可行动作集合中选择一个动作 A_i'。

8：　把样本 $\left(S_i, A_i, R_i, S_i', A_i'\right)$ 放入经验存储器中，S 以特征向量 $\boldsymbol{f}$ 表示。

9：　if $i\%T_{\text{copy}} == 0$ then

　　根据式（10-58）更新参数 $\boldsymbol{\omega}_{\text{critic}}$。

10：　end if

11：　if $i\%T_{\text{train}} == 0$ then

　　在经验存储器中抽取 M 个样本。

　　计算代价函数。

　　对代价函数使用梯度下降策略。

　　根据式（10-52）至式（10-55）更新参数 $\boldsymbol{\omega}_{\text{actor}}$。

12：　end if

13：　$S_{i+1}=S_i'$，　$A_{i+1}=A_i'$。

14：　$i=i+1$

15：　根据式（10-56）和式（10-57）更新参数 ε。

16：end while

17：训练结束，输出 $\boldsymbol{\omega}_{\text{critic}}$。

10.5　仿真结果与分析

本节首先通过 STK 获取链路、环境数据，然后通过 MATLAB 对数据进行重新处理。接着，将处理后的数据作为环境参数，通过 Python 实现 DSWLFA 算法，并与其他算法进行比较，分析结果，得出结论。

10.5.1　仿真过程

本节的仿真场景由 3 颗中继卫星、6 个地面站和 1 颗遥感卫星组成。3 颗中继卫星位于地球同步轨道，6 个地面站分别位于北京 (40°N, 116°E)、喀什 (39.5°N, 76°E)、青岛 (36°N, 120°E)、三亚 (18°N, 109°E)、西安 (34°N, 108°E) 和南京 (32°N, 118.8°E)，遥感卫星位于高度为554.8km的近地轨道。由于遥感卫星在高度为554.8km的轨道上围绕地球运转，因此该遥感卫星网络的拓扑周期约为一天。

通过STK运行上述网络，导出一个拓扑周期内的链路连接和环境信息，包括遥感卫星与所有地面站和中继卫星间链路建立的起始时间、终止时间和持续时间，遥感卫星的经度、纬度、高度信息，以及遥感卫星位于地球向阳面的时长等。以上数据仅在每分钟的开始时刻统计，导出的第一列数据体现了每个单位时间内遥感卫星位于地球向阳面的时长，反映了遥感卫星处于地球背阴面和向阳面交替的现象；第二列数据体现了遥感卫星各单位时间的经纬度信息；第三列数据反映了遥感卫星和地面站、中继卫星间的链路连接情况。

对导出的数据重新进行时隙化，以300s为一个时隙，则该参数设置下遥感卫星网络的一个拓扑周期内有288个时隙。重新得到遥感卫星在每个时隙处于地球向阳面的时间 τ_{ie} 、链路通断和持续时长 τ_{ih} 。根据式（10-3）可计算遥感卫星和中继卫星间的距离 $s_i^{(k,l)}$，根据式（10-1）可计算星间链路的数据传输速率。根据式（10-6）至式（10-9）可得到中心频率在28.5GHz附近的6个地面站降雨衰减的CDF曲线。由于星地链路主要工作在Ka频段，大气衰减在该频段主要受降雨衰减的影响[1]，因此可近似把降雨衰减作为大气衰减值 $L_{ip}^{(k,j)}$ 。根据式（10-4）可计算星地链路的数据传输速率。

假设到达遥感卫星的太阳能量满足 $[E_{min},E_{max}]$ 上的均匀分布，且 $E_{min}=0.3E_{max}$ ， E_{min} 表示太阳能量的最小值， E_{max} 表示太阳能量的最大值。若用 η_{ie} 表示遥感卫星位于地球向阳面的时间百分比，则有

$$\eta_{ie}=\frac{\tau_{ie}}{\tau} \tag{10-66}$$

用 E_i 表示在 $\eta_{ie}=1$ 的理想情况下，模拟可被电池获取的太阳能量，那么实际能被电池获取的能量 E_i^{H} 可表示为

$$E_i^{H}=E_i\eta_{ie} \tag{10-67}$$

假设星地链路的发射功率集 $\{A_{tsg}\}$ 为 $\{0:1:80\}$ ，星间链路的发射功率集 $\{A_{tss}\}$ 为 $\{0:1:70\}$ ，接收功率集 $\{A_r\}$ 为 $\{0:30:30\}$ ，星地链路的信道带宽为250MHz。同时，假设卫星每个时隙存在10W的固定静态功耗，若选择接收数据，则其接收速率始终为100Mbit/s。此外，设置学习过程的相关参数 $\gamma=0.9$ 、 $T_{copy}=3T$ 、 $T_{train}=2T$ 、 $I=10\,002T$ 、 $B_{min}=0.6B_{max}$ 。

综合以上所有参数，用Python语言编写代码，实现算法，得到算法的输出参数。

10.5.2 性能评估

为了验证DSWLFA算法的优越性，将其与3种参考算法（贪婪算法、随机算法和Q-learning算法）进行对比。

为了解决状态无限连续的问题，DSWLFA 算法通过线性网络的方法，以权重向量和特征向量的内积来近似表示动作价值。权重向量就是网络参数，通过权重向量的更新可间接实现动作价值的更新。DSWLFA 算法在面临决策时，对于每一个可行动作，都结合网络参数，利用线性近似的方法求得其近似动作价值，选择使近似动作价值最大的一组接收功率和发射功率。

贪婪算法的特点是在每一个时隙最大限度地利用网络的能量资源。在面临决策时，贪婪算法总是选择能耗最大的发射功率、接收功率组合。

随机算法在面临决策时，总是在可行动作集合中随机选择动作执行。

Q-learning 算法把遥感卫星的自身状态离散化，从而使得状态集有限离散，可以直接计算、存储并更新动作价值函数。与 SARSA 算法不同的是，Q-learning 算法在学习过程中总是选择当前动作价值函数的最大值来更新参数。Q-learning 算法在面临决策时，会基于当前状态，选择使得动作价值函数最大的一组接收功率和发射功率来执行。

首先，分析 DSWLFA 算法在学习过程中的性能变化。

图 10-3 展示了随着学习过程的不断进行，两种学习算法的性能变化趋势。以 T_{copy} 为统计间隔（学习周期），记录间隔时间内的传输数据总量，反映学习效果。可以看到，在学习过程中，DSWLFA 算法和 Q-learning 算法的性能不断优化，最终达到稳定，整体呈现出在波动中“先上升，后平稳”的趋势。这说明，在这两种学习算法框架下，资源调度策略不断优化，最终收敛，性能达到各自最优。此外，纵向比较两种学习算法下的传输数据量，可以看到，DSWLFA 算法的性能比 Q-learning 算法更好。这是由于 Q-learning 算法对状态进行离散化处理，因此在状态表征方面存在一定的失真，导致性能不佳。

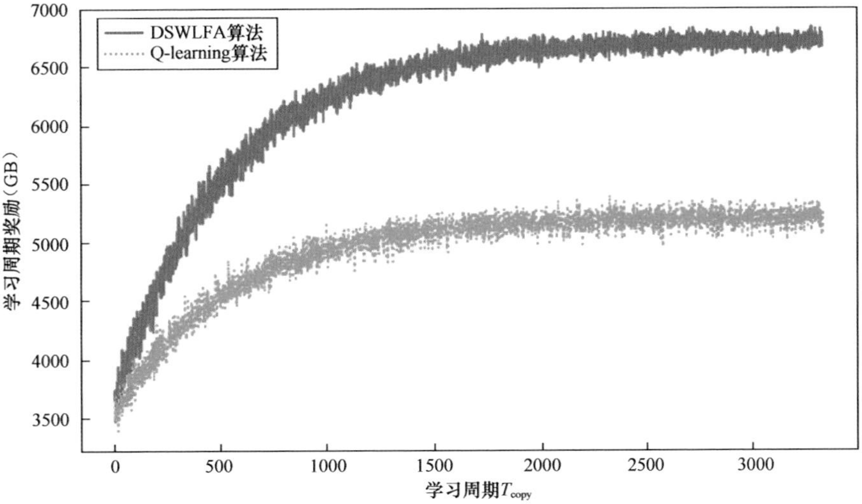

图 10-3　学习过程中两种算法的性能变化趋势

图 10-4 展示了 DSWLFA 算法的收敛情况。梯度下降策略是该算法的更新原则，网络参数总是朝着代价函数值下降的方向更新，并在达到最小值后稳定。可以看到，随着学习过程的进行，代价函数值在波动中整体呈现出下降后收敛的态势，和理论分析一致。

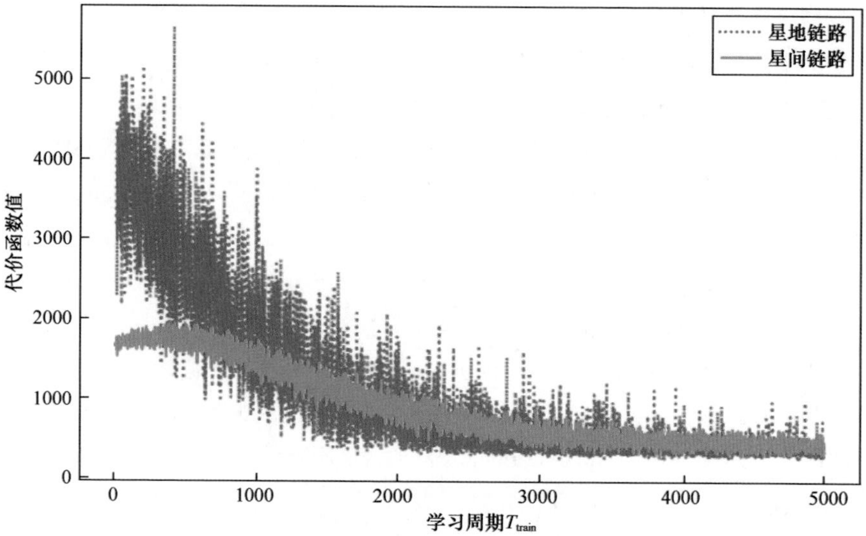

图 10-4 DSWLFA 算法的收敛情况

遥感卫星按照上述 4 种资源调度算法，在每个时隙的开始时刻对功率分配做出决策，包括接收和发送两部分的功率选择。以遥感卫星在一个拓扑周期内传输的总比特数作为评价指标，反映 4 种算法的性能。为了严格控制变量，4 种算法仿真需要在完全相同的环境参数和初始状态下进行。此外，为了消除极端环境参数对性能的影响，需要随机产生多组不同的环境，以运行结果的均值作为一个拓扑周期内传输的总比特数，记为周期奖励，体现算法性能。

图 10-5 展示了在 4 种算法下，电池容限的变化对周期奖励的影响。图中，性能最好的是 DSWLFA 算法，贪婪算法次之，然后是 Q-learning 算法，随机算法最差。可以看到，在另两维资源固定的情况下，随着电池容限的增加，4 种算法的性能都呈现出“先上升，后平稳”的趋势。其中，贪婪算法的性能最先收敛，说明在当前的参数设置下，贪婪算法对该维度资源的利用最不充分。当电池容限较小时，传输性能主要受限于电池容限，因此电池容限的增加可以显著改善性能。但当电池容限增加到一定程度后，其他维度的资源成为限制性能的主要因素，因此，即便继续增大电池容限，

其对性能也是几乎没有影响的。

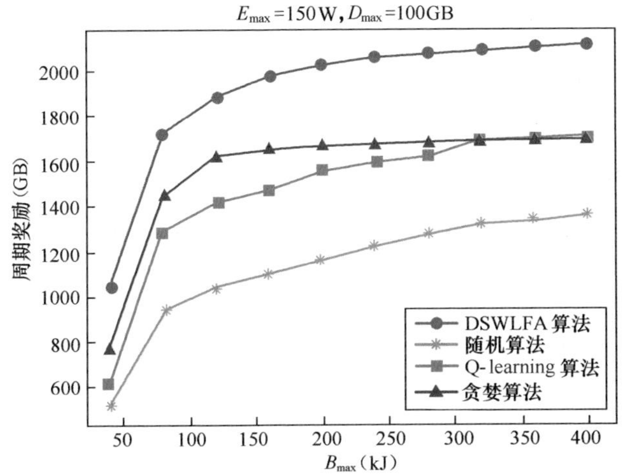

图 10-5　电池容限对周期奖励的影响

图 10-6 展示了在 4 种算法下，吸收太阳能峰值的变化对周期奖励的影响。从整体性能来看，DSWLFA 算法的性能最好，贪婪算法次之，然后是 Q-learning 算法，随机算法最差。可以看到，在另两维资源固定的情况下，随着吸收太阳能峰值的增加，4 种算法的性能都呈现出“先提升，后平稳”的趋势。其中，DSWLFA 算法和贪婪算法与其他两种算法相比收敛更慢，说明在当前的参数设置下，这两种算法对该维度资源的利用更充分。随着吸收太阳能峰值的不断增加，其对传输性能的影响逐渐降低，这是因为，当吸收太阳能峰值达到一定值后，网络受其他维度资源的限制，导致性能出现“瓶颈”。此外，当吸收太阳能峰值较小时，由于可行的功率分配方案严重受限，因此无法完全体现 4 种算法对功率分配的指导意义，导致其性能接近。

图 10-7 展示了在 4 种算法下，缓存容限的变化对周期奖励的影响。图中，整体性能最好的是 DSWLFA 算法，然后是贪婪算法，Q-learning 算法次之，性能最差的是随机算法。可以看到，在另两维资源固定的情况下，随着缓存容限的增加，4 种算法的性能都呈现出“先提升，后平稳”的趋势，这种平稳是其他维度资源限制造成的性能饱和。值得一提的是，当缓存容限较小时，DSWLFA 算法和贪婪算法的性能接近。这是因为，当缓存容限较小时，传输现存数据对能耗需求不大，而另两维资源对于这个较小的缓存容限来说相对充沛，总能满足此能耗需求，因而此时 DSWLFA 算法对能量存储再利用的意义不大，其性能和贪婪算法相近。

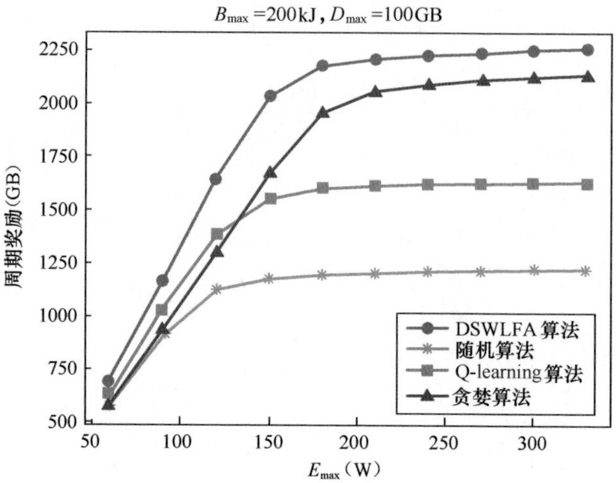

图 10-6　吸收太阳能峰值对周期奖励的影响

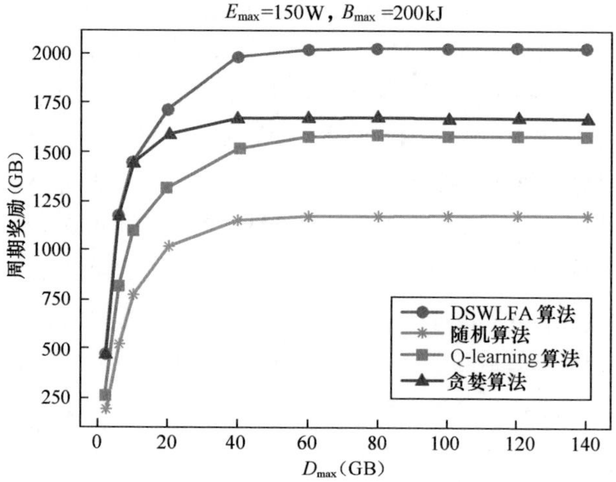

图 10-7　缓存容限对周期奖励的影响

10.6　本章小结

本章重点关注了网络可用资源时变且不可预测的场景中，遥感卫星如何高效地进行资源调度以优化其任务数据传输性能的问题。首先，针对遥感卫星网络环境动态变化的特点，将其任务数据传输过程建模为一个最大化长期数据传输量的随机优化问题。然后，利用强化学习无模型约束的特点，重新建模该问题，并针对遥感卫星网络的特点，利用线性近似设计了几种特征函数来刻画遥感卫星特殊的能量获取过程。接着，基于上述建模，设计了一种基于双层线性近似强化学习的动态资源调度算法（DSWLFA 算法）。最后，仿真验证了该算法的收敛性及对动态网络资源的适应性，可保证长期任务数据的传输性能。

参考文献

[1] ZHOU D, SHENG M, LUO J, et al. Collaborative data scheduling with joint forward and backward induction in small satellite networks[J]. IEEE Transactions on Communications, 2019, 67(5): 3443-3456.

[2] ZHOU D, SHENG M, LI B, et al. Distributionally robust planning for data delivery in distributed satellite cluster network[J]. IEEE Transactions on Wireless Communications, 2019, 18(7): 3642-3657.

[3] ZHOU D, SHENG M, LIU R Z, et al. Channel-aware mission scheduling in broadband data relay satellite networks[J]. IEEE Journal on Selected Areas in Communications, 2018, 36(5): 1052-1064.

[4] GUNDUZ D, STAMATIOU K, MICHELUSI N, et al. Designing intelligent energy harvesting communication systems[J]. IEEE Communications Magazine, 2014, 52(1): 210-216.

[5] TUTUNCUOGLU K, YENER A. Optimum transmission policies for battery limited energy harvesting nodes[J]. IEEE Transactions on Wireless Communications, 2012, 11(3): 1180-1189.

[6] ORTIZ A, AL-SHATRI H, LI X, et al. Reinforcement learning for energy harvesting point-to-point communications[C]//2016 IEEE International Conference on Communications (ICC). NJ: IEEE, 2016.

[7] ORTIZ A, AL-SHATRI H, LI X, et al. Reinforcement learning for energy harvesting decode-and-forward two-hop communications[J]. IEEE Transactions on Green Communications and Networking, 2017, 1(3): 309-319.

[8] OZEL O, TUTUNCUOGLU K, YANG J, et al. Transmission with energy harvesting nodes in fading wireless channels: Optimal policies[J]. IEEE Journal on Selected Areas in Communications, 2011, 29(8): 1732-1743.

[9] ZHOU D, SHENG M, ZHU Y, et al. Mission QoS and satellite service lifetime tradeoff in remote sensing satellite networks[J]. IEEE Wireless Communications Letters, 2020, 9(7): 990-994.

[10] BLASCO P, GUNDUZ D, DOHLER M. A learning theoretic approach to energy harvesting communication system optimization[J]. IEEE Transactions on Wireless Communications, 2013,

12(4): 1872-1882.

[11] USAHA W, BARRIA J. Reinforcement Learning for Resource Allocation in LEO Satellite Networks[J]. IEEE Transactions on Systems, Man, and Cybernetics, Part B (Cybernetics), 2007, 37(3): 515-527.

[12] 拉维尚迪兰 . Python 强化学习实战：应用 OpenAI Gym 和 Tensorflow 精通强化学习和深度学习 [M]. 连晓峰 , 等译 . 北京 : 机械工业出版社 , 2018.

[13] HU X, LIU S, CHEN R, et al. A deep reinforcement learning-based framework for dynamic resource allocation in multibeam satellite systems[J]. IEEE Communications Letters, 2018, 22(8): 1612-1615.

[14] FU Y, LI C, YU R, et al. A decision-making strategy for vehicle autonomous braking in emergency via deep reinforcement learning[J]. IEEE Transactions on Vehicular Technology, 2020, 69(6): 5876-5888.

[15] MASADEH A, WANG Z, KAMAL A E. An actor-critic reinforcement learning approach for energy harvesting communications systems[C]//2019 28th International Conference on Computer Communication and Networks (ICCCN). NJ: IEEE, 2019.

[16] GREGORI M, GÓMEZ-VILARDEBÒ J. Online learning algorithms for wireless energy harvesting nodes[C]//2016 IEEE International Conference on Communications (ICC). NJ: IEEE, 2016.

[17] AL-TOUS H, BARHUMI I. Distributed reinforcement learning algorithm for energy harvesting sensor networks[C]//2019 IEEE International Black Sea Conference on Communications and Networking (BlackSeaCom). NJ: IEEE, 2019.

[18] ITU. Propagation data and prediction methods required for the design of earth-space telecommunication systems[R]. Recommendation ITU-R P.618-13, 2017.

[19] ITU. Specific attenuation model for rain for use in prediction methods[R]. Recommendation ITU-R P.838-3, 2005.

[20] ITU. Rain height model for prediction methods[R]. Recommendation ITU-R P.839-4, 2013.

第四部分小结

第四部分重点介绍了人工智能在空间信息网络任务规划与资源调度中的应用。首先，第 9 章介绍了不同调度周期内任务及结构分布的相似性，提出了面向任务结构学习的智能任务规划算法。该算法能适应网络任务需求的动态变化，在任务需求发生变化时能够快速做出反应，并实现卫星资源调度的按需调整。第 10 章以遥感卫星为研究对象，详细描述了信道、太阳能资源对遥感卫星数据传输的影响，将面向任务需求的遥感卫星资源调度问题建模为随机优化问题，并提出了基于强化学习的智能资源调度算法，从而实现了动态且不可预测的网络环境下任务需求与动态资源的匹配。

中国电子学会简介

中国电子学会于 1962 年在北京成立，是 5A 级全国学术类社会团体。学会拥有个人会员 10 万余人、团体会员 1200 多个，设立专业分会 47 个、专家委员会 17 个、工作委员会 9 个，主办期刊 13 种，并在 26 个省、自治区、直辖市设有相应的组织。学会总部是工业和信息化部直属事业单位，在职人员近 200 人。

中国电子学会的 47 个专业分会覆盖了半导体、计算机、通信、雷达、导航、微波、广播电视、电子测量、信号处理、电磁兼容、电子元件、电子材料等电子信息科学技术的所有领域。

中国电子学会的主要工作是开展国内外学术、技术交流；开展继续教育和技术培训；普及电子信息科学技术知识，推广电子信息技术应用；编辑出版电子信息科技书刊；开展决策、技术咨询，举办科技展览；组织研究、制定、应用和推广电子信息技术标准；接受委托评审电子信息专业人才、技术人员技术资格，鉴定和评估电子信息科技成果；发现、培养和举荐人才，奖励优秀电子信息科技工作者。

中国电子学会是国际信息处理联合会（IFIP）、国际无线电科学联盟（URSI）、国际污染控制学会联盟（ICCCS）的成员单位，发起成立了亚洲智能机器人联盟、中德智能制造联盟。世界工程组织联合会（WFEO）创新专委会秘书处、中国科协联合国咨商信息与通信技术专业委员会秘书处、世界机器人大会秘书处均设在中国电子学会。中国电子学会与电气电子工程师学会（IEEE）、英国工程技术学会（IET）、日本应用物理学会（JSAP）等建立了会籍关系。